AUTOREN DIESES REGELWERKES

Björn Böving, Mainz | Wolfgang Clotten, Mannheim | Jürgen Felgenträger, Bamberg | Dr. Klaus-Dieter Fuhrmann, Uelzen | Dr.-Ing. Rainer Henseleit, Frankfurt | Peter Höper, Burbach | Holger Krüger, Stuttgart | Thomas Rehder, Bamberg | Jörg Rohmann, Werne | Jürgen Schäfer, Pinneberg | Wolfgang Schmidt, Bad Hersfeld | Franz Zengler, Werne

5. überarbeitete Auflage 2012

Detailskizzen: Markus Friedrich Datentechnik, Eichwalde bei Berlin
Printed in Germany
ISBN 978-3-9801831-9-2

TECHNISCHE REGELN

für die Planung und Ausführung von Abdichtungen
mit Polymerbitumen- und Bitumenbahnen

abc der Bitumenbahnen

VORWORT

VORWORT

Seit der ersten Auflage im Jahre 1952 zählt das „abc der Bitumenbahnen" zu den wichtigsten technischen Regelwerken. Es hat sich als Herstellerrichtlinie für den Bereich der Dachabdichtung mit Polymerbitumen- und Bitumenbahnen als allgemein anerkannte Regel der Technik eingeführt. Immer wieder aktualisiert und fortgeschrieben, erfreuen sich die „Technischen Regeln für die Planung und Ausführung von Abdichtungen mit Polymerbitumen- und Bitumenbahnen – abc der Bitumenbahnen" bei allen am Bau Beteiligten hoher Beliebtheit. Über die Jahre und Jahrzehnte hinweg immer wieder um neue Themen ergänzt, ist das Regelwerk ausführlicher und präziser geworden. Aus diesem Grund war es an der Zeit, Aufbau und Struktur einer intensiven Prüfung zu unterziehen. Das Ergebnis dieser Prüfung ist ein struktureller Neuaufbau des Regelwerks. Die Einsatzmöglichkeiten von Bitumenbahnen geben die übergeordnete Struktur vor. So befassen sich die großen Kapitel mit Flachdachabdichtung, Bauwerksabdichtung, weiteren Einsatzmöglichkeiten, Anwendungen im Steildach sowie Bitumenschindeln, ergänzt um ein vorgeschaltetes Kapitel zum Material Bitumenbahnen. Diverse Anhänge behandeln die Themen Windlasten, Bauphysik und Entwässerung/Notentwässerung.
Auch die Inhalte wurden gründlich überprüft und dem Fortschritt der Materialentwicklung und dem Zuwachs an neuen Erkenntnissen in Planung und Ausführung angepasst.
In der nun vorliegenden Fassung von 2011 wurden alle, in diesem Themenfeld relevanten, neuen DIN- und DIN EN-Normen sowie die gesetzlichen Vorschriften berücksichtigt. Die Inhalte wurden grundlegend überarbeitet und zum Teil umfangreich ergänzt. Berücksichtigung fanden die Überarbeitung der Konstruktionsnormen DIN 18531, der DIN 18195 sowie die neue Anwendungsnorm DIN V 20000-203 ebenso wie die novellierte EnEV 2009. Eine kritische Überprüfung erfuhren alle Detailskizzen, von denen einige grundlegend überarbeitet wurden. Die Detailskizzen finden sich nun nicht mehr separat in einem eigenen Kapitel, sondern sind den Ausführungen über die einzelnen Detailausbildungen direkt zugeordnet.
Mit den „Technischen Regeln – abc der Bitumenbahnen" möchten wir Planern, Verarbeitern, Studierenden und Auszubildenden ein praktisches, verlässliches Arbeitsmittel und eine klare Richtschnur für die sach- und fachgerechte Planung und Ausführung von Abdichtungen mit Polymerbitumen- und Bitumenbahnen an die Hand geben.
Es kann aber nicht alle möglichen Sonderfälle erfassen, in denen andere technische Lösungen notwendig sind. Die zeichnerischen Darstellungen sind unmaßstäbliche Systemskizzen und müssen auf den Anwendungsfall abgestimmt werden. Das Anwenden der „Technischen Regeln – abc der Bitumenbahnen" befreit daher nicht von der Verantwortung für eigenes Handeln.
Alle in diesem Regelwerk enthaltenen Informationen wurden vom vdd bzw. den Autoren nach bestem Wissen sorgfältig ausgewählt, zusammengestellt und formuliert. Die Autoren sowie der vdd und seine Mitarbeiter können jedoch keine Gewähr für die Aktualität, Richtigkeit, Vollständigkeit oder Qualität dieser Informationen übernehmen. Insbesondere haften die Autoren sowie der vdd und seine Mitarbeiter nicht für Schäden, die eventuell durch die Nutzung der Informationen entstehen, es sei denn, die Schäden sind vom vdd oder seinen Erfüllungsgehilfen vorsätzlich oder grob fahrlässig verursacht worden.

vdd Industrieverband Bitumen-Dach- und Dichtungsbahnen e.V.
Frankfurt/Main, Januar 2011

INHALTSVERZEICHNIS

INHALTSVERZEICHNIS

Kapitel 1

Kapitel 1

2. KAPITEL
Polymerbitumen- und Bitumenbahnen – Herkunft, Zusammensetzung, Ökologie

Kapitel 2

2.1 BITUMENBAHNEN

2.1.1 Allgemeines

(1) Bahnen für die Abdichtung von nicht genutzten und genutzten Dachflächen müssen für den Verwendungszweck geeignet sowie aufeinander und auf die Unterlage der Dachabdichtung abgestimmt sein.
Die im jeweiligen Einzelfall für die Abdichtung von Dächern geeigneten Werkstoffe und der zweckmäßige Schichtenaufbau von Dämmung und Dachabdichtung sollen bereits bei der Planung des Daches festgelegt werden.
Für eine dauerhafte Funktionstüchtigkeit der Abdichtung kommt der richtigen Auswahl der Bahnen und des Aufbaus eine entscheidende Bedeutung zu.

(2) Bitumenbahnen bestehen aus Trägereinlagen und beidseitigen Bitumendeckschichten.
Die Eigenschaften von Bitumenbahnen für Dach- und Bauwerksabdichtungen sind in den europäischen Normen geregelt, z. B. DIN EN 13707, DIN 13969.
Die anwendungsbezogenen Mindestanforderungen an Bitumenbahnen sind in den jeweiligen Anwendungsnormen (z. B. DIN V 20000-201, DIN V 20000-202) definiert.
Der Anforderungsteil der Anwendungsnormen ist in die Liste der technischen Baubestimmungen (Muster LTB des DIBt) aufgenommen.
Entsprechend der Bauregelliste A Teil 3 soll der Verwendbarkeits- und Anwendbarkeitsnachweis bei Produkten, die nicht den vorgenannten Mindestanforderungen entsprechen, durch ein allgemeines bauaufsichtliches Prüfzeugnis (abP) geführt werden.

2.1.2 Aufbau

(1) **Trägereinlagen** haben die Aufgabe, die Bitumenschichten zu armieren. Sie bestimmen das mechanische Verhalten der Bahnen und das Verhalten bei der Verarbeitung in Abhängigkeit von der Verarbeitungstechnik, dem Untergrund und der Temperatur.
Sie nehmen weiterhin Einfluss auf bauphysikalische Kenngrößen wie den s_d-Wert und auf das Brandverhalten von Bedachungen gegen Brandbeanspruchung von außen.
Die wesentlichen Eigenschaften werden beschrieben durch:
- Festigkeit
- Dehnfähigkeit
- Einreiß- und Weiterreißfestigkeit
- Nagelausreißfestigkeit
- Perforationsbeständigkeit (oder -festigkeit)
- Maßhaltigkeit
- Dimensionsstabilität
- Gradheit
- Formstabilität und Planlage
- Haftfestigkeit des Bahnengefüges
- Dampfdiffusionswiderstand
- Brandverhalten

Kapitel 2

Gebräuchlich sind folgende Trägereinlagen:
- Glasvlies (V)
- Glasgewebe (G)
- Polyestervlies (PV)
- Kombinationsträgereinlage mit überwiegendem Glasanteil (KTG)
- Kombinationsträgereinlage mit überwiegendem Polyesteranteil (KTP)
- Metall-Kunststoff-Verbund (VCu, VAl)

Glasvlies (V)
Ein Glasvlies besteht aus einzelnen (monofilen) Glasfasern, die regellos orientiert, gleichmäßig verteilt und mit einem Binder verklebt sind. Glasvlies kann Verstärkungen aufweisen. Der Anteil an Glasfasern am Flächengewicht der Einlage beträgt mehr als 70 %.
Vorteile: Dimensionsstabilität, Maßhaltigkeit, Brandverhalten.

Glasgewebe (G)
Textilglasgewebe, im folgenden kurz Glasgewebe genannt, ist ein Gewebe, das vorzugsweise aus Glasfilamentgarn in der Kettrichtung und Glasstapelfaservorgarn in der Schussrichtung besteht und das mit einer wasserabweisenden Ausrüstung (Hydrophobausrüstung) versehen ist.
Vorteile: Dimensionsstabilität, Maßhaltigkeit, Festigkeit, Einreiß- und Weiterreißfestigkeit, Nagelausreißfestigkeit, Perforationsbeständigkeit (oder -festigkeit), Brandverhalten.

Polyestervlies (PV)
Ein Polyestervlies besteht aus Spinnfasern oder Filamenten aus Polyester (PES). Es ist vorverfestigt durch Vernadelung oder Wärme und thermisch (T) oder durch Binder (B) endverfestigt. Der Anteil an Polyester am Flächengewicht der Einlage beträgt mehr als 75 %.
Vorteile: Festigkeit, Dehnfähigkeit, Einreißfestigkeit, Nagelausreißfestigkeit, Perforationsbeständigkeit (oder -festigkeit).

Kombinationsträgereinlage (KTG)
Eine Kombinationsträgereinlage mit überwiegendem Glasanteil besteht aus Vliesen (Glasvlies und/oder Polyestervlies) und Gelegen oder Geweben aus Kunststoff- und/oder Glasfäden. Der Anteil an Glasvlies und -fäden am Flächengewicht der Einlage beträgt mehr als 50 %.
Vorteile: Festigkeit, Einreiß- und Weiterreißfestigkeit, Nagelausreißfestigkeit, Dimensionsstabilität, Perforationsbeständigkeit (oder -festigkeit), Brandverhalten.

Kombinationsträgereinlage (KTP)
Eine Kombinationsträgereinlage mit überwiegendem Polyesteranteil besteht aus Vliesen (Glasvlies und/oder Polyestervlies) und Gelegen oder Geweben aus Kunststoff- und/oder Glasfäden. Der Anteil an Kunststoffvlies und -fäden am Flächengewicht der Einlage beträgt mehr als 50 %.

Vorteile: Festigkeit, Einreißfestigkeit, Nagelausreißfestigkeit, Dimensionsstabilität, Perforationsbeständigkeit (oder -festigkeit), Brandverhalten, Weiterreißfestigkeit.

Metallband (z.B. Kupfer (Cu), Aluminium (Al)), Metall-Kunststoffverbundfolien
Vorteile: hoher Diffusionswiderstand, Luftdichtigkeit.

(2) **Bitumendeckschichten** bestehen aus Oxidations- oder Polymerbitumen. Sie bestimmen die Wasserdichtheit, das Witterungs- und Temperaturverhalten sowie die Alterungsbeständigkeit. Sie bestimmen weiterhin in Verbindung mit der Trägereinlage die Flexibilität, Verarbeitbarkeit und das Langzeitverhalten der Bitumenbahnen.

Polymerbitumen hat im Vergleich zu Oxidationsbitumen u. a. folgende besondere Leistungseigenschaften:

- hervorragendes Langzeitverhalten und Alterungsbeständigkeit
- erhöhte Wärmestandfestigkeit
- verbessertes Kaltbiegeverhalten sowie erhöhte Kälteflexibilität – in Kombination mit Polyestervlies- und Kombinationsträgereinlagen ergeben sich sowohl bei Elastomerbitumen- als auch bei Plastomerbitumenbahnen ausgezeichnete mechanische Eigenschaften (Zugverhalten, Dehnfähigkeit und Perforationssicherheit)
  Hinweis: Dies ist auch ein wichtiger Aspekt für die Verarbeitung bei Witterungsverhältnissen, die sich nachteilig auf die Leistungen auswirken können (siehe auch 3.4.1 (2)).

(3) **Oberflächengestaltung**/-ausrüstung von Bitumenbahnen:
Je nach Einsatzzweck und Anforderung sind bei der Herstellung von Bitumenbahnen folgende Oberflächenausstattungen möglich:

- als mineralischer leichter Oberflächenschutz (z.B. Schieferplättchen, Granulat)
- als flächiger leichter Oberflächenschutz (z.B. Metallfolienkaschierung)
- als haftverbessernde Schichten (z.B. Sand, Vlies, Folie)
- als trennende Schichten (z.B. Sand, Folie, Vlies)

Hinweis: Farbabweichungen sind bei mineralisch bestreuten Bitumen- und Polymerbitumenbahnen auch trotz sorgfältigster Fertigungsverfahren nicht immer auszuschließen. Das liegt zum einen an der Bestreuung selbst, die ein Naturprodukt ist und insofern in Form und Farbe niemals einheitlich sein kann. Zum andern können Bitumendeckschichten durch das Wechselspiel von Wärme und Lagerung die Bestreuung verfärben. Erfahrungsgemäß bauen Witterungseinflüsse wie z.B. UV-Strahlung, Nass-Trocken-Zyklen, Niederschläge und Frost-Tau-Wechsel die Verfärbungen innerhalb eines Jahres ab und gleichen die Farbe der Bestreuung an. Die technischen Eigenschaften der Bahnen werden durch diese Vorgänge nicht berührt. Dies gilt auch, wenn sich der Farbton der Bestreuung im Laufe der Nutzungsdauer insgesamt verändert.

Abbildung 1: Aufbau einer Bitumenbahn

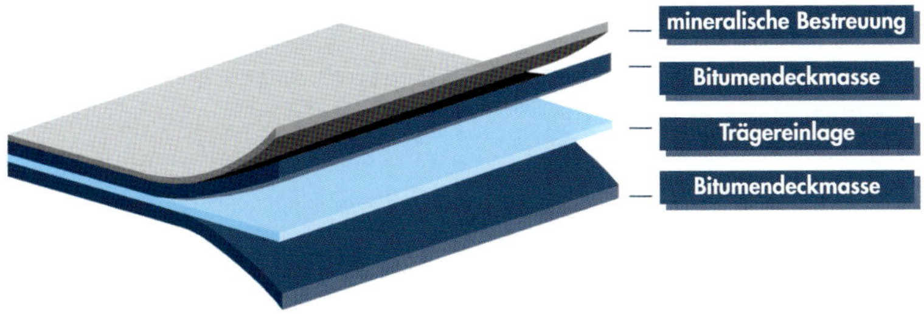

2.1.3 Kurzzeichen

Für die Kennzeichnung der verwendeten Bitumenbahnen gibt es Kurzzeichen, die in den derzeit gültigen deutschen Anwendungsnormen (z. B. DIN V 20000-201) festgelegt sind.

PYE – Elastomerbitumen (Bitumen modifiziert mit thermoplastischen Elastomeren)
PYP – Plastomerbitumen (Bitumen modifiziert mit thermoplastischen Kunststoffen)

V (Zahl) – Glasvlies (Zahl bei V60 = Flächengewicht in g/m²; bei V13 = Gehalt an Löslichem in 1/100 des Gehaltes in g/m²)
PV (Zahl) – Polyestervlies (Flächengewicht in g/m²)
G (Zahl) – Glasgewebe (Flächengewicht in g/m²)
VCu – Verbundträger aus Glasvlies 60 g/m² nach DIN 52141 mit Polyester-Kupferfolienverbund > 0,03 mm
Cu01 – Kupferbandträgereinlage aus Kupferband 0,1 mm nach DIN EN 1652
KTG – Kombinationsträgereinlage mit überwiegendem Glasanteil
KTP – Kombinationsträgereinlage mit überwiegendem Polyesteranteil
S (Zahl) – Schweißbahn (Dicke der unbestreuten Bahn in mm)
DD – Dachdichtungsbahn
KSP – Kaltselbstklebende Polymerbitumenbahn
Zahl – Dicke der Bahn in mm

Beispiele:

Elastomerbitumen-Schweißbahnen

PYE	PV 200	S5
Polymerbitumen (elastomermodifiziert)	Trägereinlage Polyestervlies 200 g/m^2	Schweißbahn 5 mm Dicke

Bitumen-Schweißbahnen

G200	S4
Trägereinlage Glasgewebe 200 g/m^2	Schweißbahn 4 mm Dicke

Bitumen-Dachdichtungsbahnen

G200	DD
Trägereinlage Glasgewebe 200 g/m^2	Dach-Dichtungsbahnen

Kaltselbstklebende Elastomerbitumenbahnen

PYE	KTG	KSP	2,8
Polymerbitumen (elastomermodifiziert)	Kombinationsträgereinlage mit überwiegendem Glasanteil (mind. 120 g/m^2)	kaltselbstklebende Polymerbitumenbahn	2,8 mm Dicke

2.1.4 Bahnenarten

2.1.4.1 Oxidationsbitumenbahnen

Oxidationsbitumenbahnen sind Bitumenbahnen mit Trägereinlagen und beidseitigen Deckmassen aus Oxidationsbitumen.

2.1.4.2 Polymerbitumenbahnen

Polymerbitumenbahnen sind Bitumenbahnen mit Trägereinlagen und beidseitigen Deckmassen aus Polymerbitumen.

Grundsätzlich unterscheidet man zwischen zwei Arten von Polymerbitumen:
- Elastomerbitumen PYE
- Plastomerbitumen PYP

(1) **Elastomerbitumen** besteht aus Destillationsbitumen, das mit Elastomeren z. B. SBS (Styrol-Butadien-Styrol) modifiziert ist.

Besondere Eigenschaften von Elastomerbitumenbahnen sind:
- geringe Temperaturempfindlichkeit bei der Nutzung

- gute Wärmestandfestigkeit, auch unter Berücksichtigung schroffer Temperaturwechsel
- sehr gute Kälteflexibilität
- ausgeprägtes elastisches Verhalten
- lange Lebens-/Nutzungsdauer mit hoher Witterungs- und Alterungsbeständigkeit
- gute Verklebbarkeit von Elastomerbitumen-Dachdichtungsbahnen mit Elastomerbitumen-Heißklebemasse oder Heißbitumen 100/25
- ausgezeichnete Verschweißbarkeit bei Elastomerbitumen-Schweißbahnen

Kapitel 2

(2) **Plastomerbitumen** besteht aus Destillationsbitumen, das mit Plastomeren z. B. APP (ataktischem Polypropylen) modifiziert ist.

Besondere Eigenschaften von Plastomerbitumenbahnen sind:
- geringe Temperaturempfindlichkeit bei der Nutzung
- sehr gute Wärmestandfestigkeit und gute Kälteflexibilität
- plastisches Verhalten, das der Bahn gleichzeitig eine hohe Flächenstabilität verleiht
- lange Lebens-/Nutzungsdauer mit hoher Witterungs- und Alterungsbeständigkeit
- gute Verschweißbarkeit bei Plastomerbitumen-Schweißbahnen

2.1.4.3 Kaltselbstklebende Polymerbitumenbahnen

Kaltselbstklebende Polymerbitumenbahnen sind Bitumenbahnen mit Trägereinlagen und beidseitigen Deckmassen aus Polymerbitumen. Die unterseitige Deckmasse ist werkseitig kaltselbstklebend ausgerüstet.

Kaltselbstklebende Polymerbitumenbahnen werden gegenüber den herkömmlichen Bahnen bei folgenden Anwendungsfällen bevorzugt:
- temperaturempfindliche Unterkonstruktionen und Details
- nutzungsbedingt brand- und explosionssensible Bereiche, wo hohe Temperaturen oder offene Flamme bei der Verlegung zu vermeiden sind
- schwierige baukonstruktive Dachformen (stark geneigte Flächen, Sheds etc.)

Im Systemaufbau können kaltselbstklebende Bahnen als Dampfsperre, Zwischen- und Oberlage zum Einsatz kommen.

2.1.4.4 Hochwertbahnen

(1) In den Anwendungsnormen DIN V 20000-201 und DIN V 20000-202 sind Mindestanforderungen an Bitumen- und Polymerbitumenbahnen definiert.

(2) In der Praxis werden jedoch häufig höhere Anforderungen an eine Abdichtung gestellt. Dies führte zur Entwicklung von höherwertigen Bahnen aus Polymerbitumen mit Eigenschaften, die weit über den Mindestanforderungen der Norm liegen. Diese Hochwertbahnen bieten bessere Leistungseigenschaften als die genormten Standardbahnen und bewirken ein gesteigertes Sicherheitsniveau auf dem Dach.

Kapitel 2

(3) Sie werden überall dort eingesetzt, wo hohe Qualität, baustellengerechte Verarbeitung und langfristige Funktionstüchtigkeit gefragt sind. Im Dachschichtenpaket werden sie als Bahnen für Ober-, Zwischen- und Unterlagen sowie Dampfsperrbahnen und einlagige Verlegung verwendet.

(4) Sie bestehen aus besonders beanspruchbaren Trägereinlagen, z. B.:
- Kombinationsträgereinlagen mit hoher Reißfestigkeit, Dehnfähigkeit und Perforationssicherheit bei Abdichtungsbahnen
- Aluminium-Kunststoff-Verbundeinlagen mit hoher Durchtrittfestigkeit und Perforationssicherheit bei Dampfsperrbahnen

sowie
- aus hochwertigen Polymerbitumen-Deckschichten: besondere Elastomer- und/oder Plastomerbitumenrezepturen mit hoher Wärmestandfestigkeit, Kälteflexibilität und Alterungsbeständigkeit.

2.2 ÖKOLOGIE

2.2.1 Allgemeines

Hauptrohstoff für die Herstellung von Bitumenbahnen ist das Bitumen. In der Natur findet man Bitumen in Form von sog. Naturasphalten, z. B. in Trinidad. Großtechnisch wird Bitumen heute aus Erdöl gewonnen, das meist in großer Tiefe unter der Erdoberfläche lagert und durch Bohrungen zutage gefördert wird.

2.2.2 Herkunft

(1) Die großtechnische Herstellung des Bitumens aus Erdöl beruht auf dem Prinzip der Destillation, also der Trennung flüssiger Stoffe durch Verdampfung und ihre anschließende Wiederverflüssigung.

(2) Die ersten „Dachpappen" wurden Mitte des 19. Jahrhunderts auf Teerbasis hergestellt. Bitumen steht seit 1906 für Abdichtungsstoffe zur Verfügung.

(3) Bitumen wird umgangssprachlich fälschlicherweise oft mit Teer gleichgesetzt. Bitumen und Teer sind beide zwar dunkelfarbig und wasserunlöslich, chemisch jedoch völlig unterschiedliche Stoffe. Bitumen ist ein Erdölprodukt, während Teer durch die Pyrolyse von Steinkohle gewonnen wird.

(4) Seit den 70er Jahren des letzten Jahrhunderts war der Anteil an Teer- bzw. Teersonderbahnen am gesamten Dachbahnenmarkt verschwindend gering. Seit 1979 ist das für die Herstellung von Bitumen- und Polymerbitumenbahnen verwendete Bitumen völlig frei von Teer und Teerprodukten. Ebenso werden keine Teerdachbahnen mehr hergestellt.

2.2.3 Physiologische Eigenschaften

Bitumen enthält keine wasserlöslichen oder wasserbelastenden Stoffe und darf daher auch zur Auskleidung von Trinkwasserbehältern eingesetzt werden.

2.2.3.1 Keine Wassergefährdung

Aufgrund dieser Eigenschaften ist Bitumen, ebenso wie die in den Polymerbitumenbahnen verwendeten Polymere, von der Kommission zur Bewertung wassergefährdender Stoffe als nicht wassergefährdend eingestuft (Umweltbundesamt, Bitumen Kenn-Nr. 326). Eine ausführliche Liste zum Thema Wassergefährdung und Wassergefährdungsklassen ist auf der Internetseite des Umweltbundesamtes unter www.umweltbundesamt.de hinterlegt.

Kapitel 2

2.2.3.2 Unbedenklichkeit bei der Verarbeitung

(1) Bei der Verarbeitung von Bitumen- und Polymerbitumenbahnen nach dem Schweiß- bzw. Gießverfahren unterschreiten die gemessenen Luftkonzentrationen von Benzo(a)pyren, der Leitsubstanz Polyzyklischer Aromatischer Kohlenwasserstoffe (PAK), die Nachweisgrenze der verwendeten Analyseverfahren[1].

(2) Die vorliegenden Ergebnisse zeigen, dass die PAK-Exposition für die Arbeitnehmer bei der Verarbeitung von Bitumenbahnen den normalen Umweltbedingungen entspricht.

(3) Ergänzend zu diesen Untersuchungen wurden von der Berufsgenossenschaft der Bauwirtschaft Messungen der Konzentrationen von Dämpfen und Aerosolen aus Bitumen auf Baustellen unter üblichen Arbeitsbedingungen vorgenommen. Die Ergebnisse sind in zwei Expositionsbeschreibungen zur Überwachung von Arbeitsbereichen „Schweißen von Bitumenbahnen" sowie „Heißverarbeiten von Bitumen im Gießverfahren zum Verkleben von Dämmstoffen und Bitumenbahnen" veröffentlicht [2]. Dabei zeigt sich, dass beim Schweißen von Bitumenbahnen die ermittelten Konzentrationen von Dämpfen und Aerosolen aus Bitumen unterhalb von 3 mg/m^3 liegen, wenn die dort beschriebenen Maßnahmen eingehalten werden. Damit ist eine Gefährdung für die Verarbeiter ausgeschlossen.

2.2.3.3 Unbedenklichkeit von verlegten Bitumenbahnen

Neben arbeitsplatzbezogenen Analysen wurden auch Laboruntersuchungen hinsichtlich PAK-Emissionen von Bitumen bei Temperaturen von 80 °C bzw. 190 °C durchgeführt. Die Versuchsbedingungen wurden dabei so gewählt, wie sie in der Praxis kaum erreicht werden dürften. Die Auswertung des AMES-Tests zeigte für alle gewonnenen und überprüften Substanzen keinerlei Anhaltspunkte für eine mutagene Wirkung (80 °C). Selbst bei sehr hohen Temperaturen (190 °C) konnte Benzo(a)pyren nicht nachgewiesen werden[3][4].
Untersuchungen der Universität in Gießen [5] zeigen, dass Dämpfe und Aerosole aus Bitumen erst bei einer Mindesttemperatur von 80 °C nachweisbar sind. Unterhalb dieser Temperatur sind diese auch mit den neuesten Untersuchungsmethoden nicht nachweisbar. Die bei 80 °C gemessenen Werte von Dämpfen und Aerosolen aus Bitumen sind so gering, dass sie mit den empfindlichsten Nachweismethoden gerade so eben bestimmbar sind, aber mit Sicherheit keinen Einfluss auf die Umwelt haben.

Kapitel 2

2.2.3.4 Verhalten von Bitumen im Brandfall

Im Brandfall entstehen neben den bei Verbrennungen üblichen Abgasen wie z. B. Kohlendioxid keine weiteren z. B. halogenierten, aggressiven umwelt- oder gesundheitsgefährdenden Stoffe.

2.2.4 Entsorgung von Polymerbitumen- und Bitumenbahnen

Abfälle aus Polymerbitumen- und Bitumenbahnen (Europäischer Abfallkatalog – EWC-Nummer 17 03 02 „Bitumengemische") werden nach der gültigen Fassung des Kreislaufwirtschafts- und Abfallgesetztes einer Entsorgung zugeführt.

Eine Variante der Entsorgung ist das Recycling von Polymerbitumen- und Bitumenbahnen. Hierfür gibt es praxiserprobte Verfahren.

2.2.5 Beseitigung teerhaltiger Produkte

Beim Abriss von Altdächern, bei denen der Verdacht besteht, dass teerhaltige Produkte verarbeitet wurden, ist eine entsprechende Prüfung erforderlich. Werden teerhaltige Produkte rückgebaut, sind diese gem. Kreislaufwirtschafts- und Abfallgesetz unter der EWC-Nummer 17 03 03 Teer und teerhaltige Produkte zu beseitigen. Regionale Abfallsatzungen sind zu beachten.

Literatur:

[1] Untersuchungen des Instituts für Arbeits- und Sozialmedizin der Justus-Liebig-Universität, Gießen, veröffentlicht: Schmidt, H.: Emissionen polycyclischer, aromatischer Kohlenwasserstoffe beim Verarbeiten von Bitumen und Polymerbitumen-Bahnen, Bitumen 2/1992 u. 2/1993

[2] Expositionsbeschreibungen zur Überwachung von Arbeitsbereichen „Schweißen von Bitumenbahnen", www.gisbau.de/bitumen.html

[3] Prof. Dr. med. H. Sonntag, Gutachterliche Stellungnahme zur Frage der gesundheitlichen Relevanz von Emissionen aus Bitumen-Dachbahnen bei Temperaturen von bis zu 80 °C, Hygiene-Institut der Universität Heidelberg, November 1989

[4] Prof. Dr. med. H. Sonntag, Dr. rer. nat. L. Erdinger, Gutachterliche Stellungnahme zur Frage der gesundheitlichen Bedeutung von Emissionen mutagener Verbindungen aus Heißbitumen bei 190 °C. Hygiene-Institut der Universität Heidelberg, September 1992

[5] Knecht, U.; Stahl, S.; Woitowitz, H.-J.: „Handelsübliche Bitumensorten: PAH-Messgehalte und temperaturabhängiges Emissionsverhalten unter standardisierten Bedingungen", Gefahrstoffe – Reinhaltung der Luft, S. 429 – 434

3. KAPITEL
Flachdachabdichtungen – Funktionssichere technische Lösungen

3.1 PLANUNG VON FLACHDACHKONSTRUKTIONEN

(1) Nicht genutzte Flachdächer sind nur zum Zwecke der Pflege und Wartung und allgemeinen Instandhaltung begehbare Flächen. Sie sind nicht für den dauernden Aufenthalt von Personen, die Nutzung durch Verkehr oder für intensive Begrünung vorgesehen.
Die Abdichtung wird nach DIN 18531 bemessen.

(2) Genutzte Flachdächer sind Flächen, die für den Aufenthalt von Personen oder für die Intensivbegrünung vorgesehen sind.
Die Abdichtung wird nach DIN 18195 bemessen.

3.1.1 Grundsätzliche Anforderungen an die Planung nicht genutzter und genutzter Flachdächer

(1) Bei der Planung des Bauwerks, seiner Dachkonstruktion und der Dachabdichtung sind die Voraussetzungen für eine fachgerechte Anordnung und Ausführung zu schaffen. Die Beanspruchungs- und Einflussgrößen, die für die Funktion und den Bestand des Dachaufbaus von Bedeutung sind, müssen bereits dabei sowie bei der Auswahl der Stoffe berücksichtigt werden. Dabei ist die Wechselwirkung zwischen der Dachabdichtung und den darunter- bzw. darüberliegenden Schichten zu berücksichtigen und gegebenenfalls die Beanspruchung der Abdichtung durch entsprechende konstruktive Maßnahmen in zulässigen Grenzen zu halten.

(2) Die Art der Dachabdichtung und ihre Bemessung ist von dem gewählten Dachaufbau (z. B. nicht belüftet oder belüftet), von der Unterkonstruktion, von der Beanspruchung und Nutzung des Bauwerks abhängig. Einzelangaben siehe DIN 18531-3. Die Auswahl der Stoffe erfolgt nach DIN 18531-2.

(3) Dampfsperre, Luftdichtheitsschicht und Wärmedämmung sind wesentliche Bestandteile des Feuchte- und Wärmeschutzes für das Bauwerk. Die Bemessung und Festlegung der Ausführungsart und Details der bauphysikalischen Funktionsschichten sind durch den Planer vorzunehmen.
Die Dampfsperre vermindert oder verhindert die Diffusion von Wasserdampf. Bei geeigneter Stoffauswahl und sachgerechter Verarbeitung erfüllt sie gleichzeitig die Funktion der Luftdichtheitsschicht. Je nach zu erwartendem Temperaturgefälle zwischen innen und außen und Feuchtigkeitsanfall ist der s_d-Wert der Dampfsperre zu wählen.
Durch die Verwendung von Bitumenbahnen mit Metallbandeinlage und Metall-Kunststoff-Verbund-Einlage werden hohe Dampfsperrwirkungen erzielt. Dadurch wird schädlicher Tauwasseranfall im Dämmstoff vermieden.
Die Wärmedämmschicht ist eine Schicht im Dachaufbau, die den Wärmedurchgang zwischen innen und außen vermindert. Sie ist entsprechend den Anforderungen und Belastungen flächenbezogen zu dimensionieren. Die jeweils gültige Energieeinsparverordnung und der Mindestwärmeschutz sind zu beachten.

(4) Dächer mit Abdichtungen müssen den bestehenden Brandschutzvorschriften für Bedachungen der Landesbauordnungen entsprechen. Zusätzlich sind die Anforderungen an das Brandverhalten der verwendeten Stoffe einzuhalten. Bedachungen mit vollständig bedeckender, mindestens 5 cm dicker Schüttung aus Kies 16/32 oder mit Bedeckung aus mindestens 4 cm dicken Betonwerksteinplatten oder anderen mineralischen Platten gelten als Bedachungen, die gegen Flugfeuer und strahlende Wärme widerstandsfähig sind.

(5) Für die bessere Ableitung des Niederschlagswassers sollten Dachabdichtungen mit einem Gefälle von mind. 2 % (1,2°) geplant werden. Das Gefälle kann durch die Tragkonstruktion, durch eine zusätzliche Gefälleschicht (z. B. Estrich) oder eine Gefälledämmschicht erreicht werden.

(6) Dächer mit einem Gefälle unter 2 % (1,2°) und/oder innenliegende Rinnen und Kehlen mit einem Gefälle unter 1 % (0,6°) erfordern auf Grund erhöhter Beanspruchung aus stehendem Wasser besondere Maßnahmen. Diese Flächen sollten z. B. mit schwerem Oberflächenschutz, Plattenbelag oder Hochwertbahnen versehen werden.

(7) Um Arbeitserschwernisse durch stehendes Wasser während des Arbeitsvorgangs auszuschließen, sollte die Unterlage mit einem Gefälle versehen werden.

(8) Anzahl, Größe und Art der Entwässerung und Notentwässerung sind nach DIN EN 12056-3 und DIN 1986-100 zu planen und zu dimensionieren (siehe Anhang III). Teildachflächen müssen getrennt entwässert werden. Dies gilt z.B. für Flächen, die durch erhöht ausgebildete Bewegungsfugen bzw. durch Gefällegebung entstehen.

(9) Bewegungsfugen sind vom Planer vorzusehen und müssen in der Unterlage erkennbar sein (siehe auch DIN 18530 „Massive Deckenkonstruktionen für Dächer").

(10) Übergänge zwischen Dachdecke und vorgehängter Fassade aus Fertigteilen können als Bewegungsfuge ausgebildet werden. Hier ist ein Abdichtungsanschluss über Hilfskonstruktion erforderlich.

(11) Die nach der DIN EN 1991-1-4 ermittelten Windsoglasten müssen über geeignete Maßnahmen in die Unterkonstruktion abgeleitet werden. Dies kann über Verklebung, mechanische Befestigung und Auflast erfolgen.

(12) Auf geneigten Dachflächen können zusätzliche Maßnahmen zur Lagesicherung der Funktionsschichten gegen Abgleiten angewendet werden. Dies kann, abhängig von den örtlichen Verhältnissen, bereits bei Dachneigungen ab ca. 3° (5,2 %) notwendig sein.

(13) Der Abdichtung darf keine Übertragung von planmäßigen Kräften parallel zu ihrer Ebene zugewiesen werden. Dies gilt auch für den Nachweis der Standsicherheit, z.B. von aufgeständerten Solaranlagen.

(14) Von gleicher Bedeutung ist, dass bei Planung und Ausführung von Dächern die bauphysikalischen Beanspruchungen konstruktiv und werkstoffgerecht berücksichtigt werden. Dazu zählen insbesondere der Wärmeschutz, der Tauwasserschutz und die lastenunabhängigen Formänderungen der Dachdecke.

(15) Objekt- und standortbezogene Gegebenheiten sind bei der Planung ausreichend zu berücksichtigen, z. B. Beanspruchungen durch wärmereflektierende Bekleidungen von aufgehenden Bauteilen und/oder Emissionen aus Produktionsprozessen.

(16) Grundsätzlich sind die Belange der Arbeitssicherheit für die Ausführung der Dachabdichtung zu berücksichtigen (s. DIN 4426).

Kapitel 3

3.1.2 Anforderungen an die Unterlage für den Dachaufbau

Die Unterlage muss so beschaffen sein, dass eine fachgerechte Herstellung der Schichten des Dachaufbaues erfolgen kann. Ungünstig sind:

- größere Unebenheiten des Untergrundes
- zu raue Flächen
- zu porige Flächen
- scharfe Schalungskanten und Grate
- unrichtige Höhenlage der Oberfläche des Untergrundes zu den Anschlüssen und Abläufen
- Rundungen oder Anschrägungen von Ecken und Kanten
- Spannungs- und Setzrisse
- zu feuchte Flächen
- ungenügende Festigkeit der Oberfläche
- verölte Flächen, Farbreste
- ungeeignete Art oder Lage von durchdringenden Bauteilen (nicht ausreichender Arbeitsraum)
- falsche Lage der Bewegungsfuge
- fehlende oder ungeeignete Anschluss- oder Abdichtungsmöglichkeiten der Dachabdichtung bei Rohr- oder sonstigen Durchführungen, Befestigungen, Verankerungen, u. ä.
- fehlende oder ungeeignete Möglichkeiten zur Sicherung von senkrechten oder geneigten Anschlüssen der Dachabdichtung gegen Abgleiten
- fehlende oder ungeeignete Entwässerungseinrichtungen
- falsche Höhen anderer Bauteile, an die die Dachabdichtung angeschlossen werden soll (Wasserrückstau, Gefahr der Wasserhinterläufigkeit)
- Fehlen von Widerlagen für die Dämmschicht bei geneigten Flächen
- Fehlen von Dübelleisten oder ähnlichem bei geneigten Dachflächen zur Sicherung der Dachabdichtung gegen Abgleiten.

3.1.2.1 Stahlbetondecken

Stahlbetondecken einschließlich vorhandener Gefälleschichten müssen ausreichend erhärtet und oberflächentrocken sein und eine abgeriebene, stetig verlaufende Oberfläche haben. Kanten und Ecken müssen durch geeignete Maßnahmen gebrochen werden. Statisch erforderliche Bewegungsfugen müssen mind. 500 mm seitlich von Ecken und Aufkantungen entfernt liegen. Etwa erforderlicher Gefällebeton sollte aus Stoffen mit geringem Wärmedämmwert bestehen (z. B. Estrich). Aussparungen für Dachdurchdringungen, z. B. Abläufe, Dunstrohre usw. sind bauseits herzustellen.

3.1.2.2 Betonfertigteile

Bims-, Poren-, Spann- und Schwerbetonplatten

(1) Die Platten müssen fest aufliegen und eine stetig verlaufende Oberfläche bilden. Eventuell vorhandene Höhenunterschiede zwischen einzelnen Platten sind auszugleichen. Außerdem müssen alle Fugen in der Oberfläche planeben geschlossen oder z. B. mit Blechstreifen abgedeckt sein.

(2) Um Bewegungen an den Plattenstößen, die aus Formänderungen resultieren, abzumindern, müssen die Querstöße (Kopfenden) mit 200 mm breiten Trennstreifen abgedeckt werden. Diese Streifen sind gegen Verschieben durch einseitiges Heften zu sichern. Bei großformatigen (> 1 m Breite) Platten, z. B. TT-Platten oder Kassetten-Platten, sind zusätzlich auch die Längsstöße mit Trennstreifen abzudecken.

(3) Mechanische Befestigungen auf Spannbetonplatten sind vom Statiker festzulegen.

3.1.2.3 Stahltrapezprofile

(1) Stahltrapezprofile müssen DIN 18807 „Stahltrapezprofile" entsprechen. Sie sind nach den „Richtlinien für die Montage von Stahlprofilblechen für Dach- und Deckenkonstruktionen" des Industrieverband für Bausysteme im Metallleichtbau e.V. (IFBS) zu verlegen.

(2) Die Durchbiegung der Stahltrapezprofile darf in Feldmitte zwischen den Bindern oder Pfetten l/300 bei der Anwendungskategorie K1 und l/500 bei der Anwendungskategorie K2 nicht überschreiten. Bei Dachneigungen unter 2 % (1,2°) muss mit Wassersackbildung gerechnet werden. Die Eigendurchbiegung der Obergurte quer zur Spannrichtung darf bei verklebten Dachaufbauten max. 3 mm betragen.

(3) Die Stahltrapezprofile müssen so verlegt sein, dass ihre Obergurte eine ebene Fläche bilden, damit der Untergrund der Dachabdichtung ebenflächig aufgeklebt oder mechanisch befestigt werden kann (siehe DIN 18807-3).

(4) Dämmschichten müssen in ihrer Art und ihrer Dicke auf den Abstand der Obergurte der Stahltrapezprofile abgestimmt sein.

(5) Die Blechdicke von Stahltrapezprofilen sollte im Hinblick auf die mechanische Beanspruchung bei der Herstellung der Dachabdichtung mind. 0,88 mm betragen. Bei dünneren Blechen besteht die Gefahr der Deformierung oder Verbeulung.

(6) Einzellasten über 100 kg (z. B. palettierte Baustoffe, Maschinen und Geräte) dürfen nur im Auflagerbereich der Stahltrapezprofile auf Bohlen oder ähnlichen lastverteilten Unterlagen abgestellt und vorübergehend gelagert werden.

(7) Auf dem Untergrund soll kein Wasser stehen bleiben. Deshalb sollte in Tiefpunkten durch Anbohrung der Ablauf von während der Ausführung eingedrungenem Wasser ermöglicht werden.

(8) Dachabläufe sind durch den Planer an Tiefpunkten anzuordnen. Sie sind auf der Unterkonstruktion mechanisch zu befestigen.

(9) An Ausschnitten für Abläufe und Rohrdurchführungen sind Verstärkungsbleche notwendig. Größere Aussparungen müssen nach statischen Erfordernissen ausgebildet werden.

(10) Treten im Bereich von An- und Abschlüssen zwischen der Unterkonstruktion und den aufgehenden Bauteilen bzw. Dachrandkonstruktionen unterschiedliche Bewegungen auf, so ist der An- und Abschluss beweglich auszubilden (siehe Detailskizzen 15 und 22).

(11) Es dürfen nur verzinkte Stahltrapezprofile mit zusätzlich werksseitig aufgebrachtem Korrosionsschutz gem. DIN 18807 verwendet werden.

(12) Ein Voranstrich, der als Haftvermittler auf der Oberfläche der Obergurte aufgebracht wird, ist kein zusätzlicher Korrosionsschutz im Sinne der Zulassungsbestimmungen.

(13) Der Einbau einer Dampfsperre wird generell empfohlen, insbesondere ist sie erforderlich bei klimatisierten Räumen, Feuchträumen und bei Räumen mit Temperaturen $\geq$ 20 °C und relativer Luftfeuchtigkeit $\geq$ 60 %. Übernimmt die Dampfsperre die Funktion der Luftdichtheitsschicht nach DIN 4108-7, ist sie an allen Detailpunkten luftdicht anzuschließen. Zur Herstellung der Luftdichtheit und Erhöhung der Regensicherheit können im Bereich von Quernähten zusätzliche Maßnahmen erforderlich sein, z. B. flächige Unterlage, Blechstreifen oder Erhöhung der Überdeckung. Längsnähte sind auf den Obergurten anzuordnen.

3.1.2.4 Schalung aus Vollholz und Holzwerkstoffen

3.1.2.4.1 Allgemeines

Parallel zu den Auflagern verlaufende Stöße dürfen nur auf den unterstützenden Bauteilen (z. B. Pfetten oder Sparren) angeordnet werden. Die Auflagertiefe muss mind. 20 mm betragen.

3.1.2.4.2 Schalung aus Vollholz

(1) Holzschalung aus Brettern als Untergrund für den Dachaufbau muss mindestens Sortierklasse S 10 nach DIN 4074-1 entsprechen. Schalung aus Vollholz unter Abdichtungen ist aus gespundeten Brettern (Nut und Feder) nach DIN 4072 herzustellen.

(2) Die Nenndicke darf 24 mm nicht unterschreiten. Die Bretter sollten höchstens 160 mm breit sein und müssen auf jedem Sparren mit mindestens zwei Drahtstiften befestigt sein. Bei einem Verhältnis der lichten Weite zwischen den Sparren zur Nenndicke über 30 soll die Dicke der Schalung entsprechend erhöht werden. Die erforderliche Schalungsdicke kann auch durch einen Einzelnachweis nach DIN 1052 ermittelt werden. Die Schalung sollte imprägniert sein. Sie darf nicht mit Schutzmitteln behandelt sein, die den Dachaufbau schädlich beeinflussen, andernfalls sind Trennlagen anzuordnen.

3.1.2.4.3 Schalung aus Holzwerkstoffen

Spanplatten, Flachpress- und Baufurnierplatten

(1) Kunstharzgebundene Holzspanplatten nach DIN EN 13986 sind begrenzt wetterbeständig und unterliegen einer Dickenquellung. Sie sind deshalb als Unterlage für Dachabdichtungen nur bedingt geeignet.

(2) Holzwerkstoffplatten sind unmittelbar nach dem Verlegen gegen Witterungseinflüsse zu schützen.

(3) Die Platten müssen unabhängig von der Plattenlänge mit offener Fuge verlegt werden. Über den Fugen sind Trennstreifen zu verlegen und gegen Verschieben zu sichern.

(4) Die rechtwinklig zu den Auflagern verlaufenden freien Ränder der Platten müssen stets miteinander durch Nut und Feder oder gleichwertige Maßnahmen verbunden sein.

(5) Bei der Herstellung von Schalungen aus Holzwerkstoffen sind die folgenden Punkte zu beachten:
- Für die Bemessung der Schalung aus Holzwerkstoffen gilt DIN 1052.
- Kunstharzgebundene Holzspanplatten müssen DIN EN 13986 Plattentyp P5 oder P7, Spanplatten DIN EN 312, Bau-Furniersperrholz Typ BFU 100 G DIN 68705-3, OSB-Platten DIN EN 300 Typ OSB/3 oder OSB/4 entsprechen. Die Platten müssen trocken, gleichmäßig dick sein und dürfen keine Binde- und Schutzmittel enthalten, die den Dachaufbau schädlich beeinflussen. Falls chemischer Holzschutz nach DIN 68800-3 vorgesehen ist, darf das verwendete Holzschutzmittel die Dachabdichtung nicht schädlich beeinflussen, andernfalls sind Trennlagen anzuordnen.
- Die Kantenlänge der Platten sollte 2,05 m nicht überschreiten.
- Bei mechanischer Befestigung der Dachabdichtung darf die Nenndicke des Holzwerkstoffes 22 mm nicht unterschreiten.
- Fugen sind unter Berücksichtigung der zu erwartenden Längen- und Breitenänderungen infolge Quellens auszubilden. Diese Dimensionsänderungen sind in der Regel bei Flachpressplatten mit 2 mm/m und bei Bau-Furniersperrholz/OSB-Platten mit 1 mm/m zu berücksichtigen.
- Die Mindestneigung soll 2 % (1,2°) betragen. Eine Unterschreitung der Mindestdach-

neigung ist möglich, wenn eine evtl. Wassersackbildung statisch berücksichtigt wird und die Abdichtung aus hochwertigen Polymerbitumenbahnen ausgeführt wird.

3.1.2.5 Vorhandene Dachabdichtungen

Bestehende Dachabdichtungen müssen für die Verlegung einer neuen Dachabdichtung mit oder ohne Zusatzdämmung geeignet sein.

Vor Instandsetzungen und Dacherneuerungen sind Bestandsaufnahmen, Zustandsfeststellungen und – beim Vorliegen von Schäden – Ursachenermittlungen durchzuführen. Art und Umfang der Voruntersuchungen sind abzustimmen auf z. B.:
- die Art und den Aussagewert vorliegender Dokumente
- das Schadensbild des Altdaches
- die Ziele und Art der geplanten Maßnahmen

Kapitel 3

Dazu können folgende Untersuchungen notwendig sein:

(1) Die Weiterverwendbarkeit vorhandener Dachschichten ist zu prüfen.

(2) Verbleibende Dachschichten müssen mit den neu aufzubringenden Schichten verträglich sein.

(3) Der Zustand und die Tragfähigkeit der Dachunterkonstruktion ist zu prüfen, insbesondere wenn durch geplante Instandsetzungsmaßnahmen die Dachlast erhöht wird.

(4) Der vorhandene Dachaufbau ist in Bezug auf die gültige EnEV zu prüfen.

(5) Die bauphysikalische Situation eines Daches bei Einbau von neuen Schichten ist zu prüfen.

(6) Im Falle einer Nutzungsänderung des Gebäudes muss das Dach den neuen bauphysikalischen Anforderungen angepasst werden.

(7) Die Gefälle- und Entwässerungssituation ist zu prüfen.

(8) An- und Abschlüsse sind auf Zustand, Funktion und weitere Eignung zu prüfen.

(9) Neue und vorhandene Dachschichten müssen untereinander und mit der Tragkonstruktion positionsstabil und lagesicher verbunden werden.

Sollte das Ziel der Instandsetzungen lediglich eine auf eine kurzfristige Reststandzeit des Gebäudes oder Daches abgestimmte Reparatur sein, so können ggf. die vorgenannten Untersuchungen eingeschränkt werden oder ganz entfallen.

3.1.3 Beanspruchungen der Dachabdichtung

3.1.3.1 Mechanische Beanspruchung

Dachabdichtungen müssen die auf sie einwirkenden, planmäßig zu erwartenden Lasten auf tragfähige Bauteile weiterleiten und dürfen dadurch nicht geschädigt werden. Ferner müssen sie den planmäßigen Formänderungen der Tragkonstruktion und von Werkstoffen des Dachschichtenaufbaus, z. B. Längenänderungen und Bewegungen im Bereich der Fugen von Dämmplatten, standhalten.
DIN 18531-1 unterscheidet zwischen folgenden mechanischen Beanspruchungsstufen:

Stufe I: Hohe mechanische Beanspruchung
Stufe II: Mäßige mechanische Beanspruchung

(1) **Hohe mechanische Beanspruchung (Stufe I) liegt z. B. vor:**

- bei Tragkonstruktionen aus Stahltrapezprofilen
- bei Betonfertigteilen, Betondielen
- bei allen An- und Abschlüssen
- bei Verlegung der Dachabdichtung direkt auf:
  - Schalungen aus Holz oder Holzwerkstoffen
  - Ortbetonuntergründen mit Rauigkeiten und Höhenversprüngen
  - harten Dämmstoffen (XPS)
  - Mineralfaserdämmstoffen
- bei Dächern, die häufig zur Inspektion oder Wartung begangen werden
- bei Extensivbegrünung
- bei Dachabdichtungen in besonders Hagelschlag gefährdeten Gebieten

(2) **Mäßige mechanische Beanspruchung (Stufe II) liegt z. B. vor:**

- bei Tragkonstruktionen aus Ortbeton
- bei Verlegung der Dachabdichtung direkt auf :
  - expandiertem Polystyrol (EPS)
  - Schaumglas
  - PUR/PIR

3.1.3.2 Thermische Beanspruchung

Dachabdichtungen müssen so geplant und ausgeführt sein, dass sie bei den Oberflächentemperaturen, die üblicherweise zu erwarten sind (-20 °C bis +80 °C), funktionsfähig bleiben. DIN 18531-1 unterscheidet zwischen folgenden thermischen Beanspruchungsstufen:

Stufe A: Hohe thermische Beanspruchung
Stufe B: Mäßige thermische Beanspruchung

Hohe thermische Beanspruchung (Stufe A) liegt z. B. vor bei Abdichtungen, die der Witterung direkt ausgesetzt sind, wie Abdichtungen ohne Oberflächenschutz oder mit nur leichtem Oberflächenschutz.

Dachabdichtungen unter einer Gesteinsschüttung aus Kies, Umkehrdächer und begrünte Dächer gelten als **mäßig thermisch beansprucht.**

3.1.3.3 Beanspruchungsklassen für Dachabdichtungen

Durch die Kombination der mechanischen und thermischen Beanspruchungsstufen werden gemäß DIN 18531-1 vier Beanspruchungsklassen gebildet. Sie sind als grundsätzliche Unterscheidungen anzusehen, denen im Einzelfall die jeweiligen Konstruktionsarten von Dachabdichtungen zuzuordnen sind.

*Tabelle 1: Beanspruchungsklassen für Dachabdichtungen (aus DIN 18531-1)**

Beanspruchungsklassen	Hohe mechanische Beanspruchung I	Mäßige mechanische Beanspruchung II
Hohe thermische Beanspruchung A	IA	IIA
Mäßige thermische Beanspruchung B	IB	IIB

*Wiedergegeben mit Erlaubnis des DIN Deutsches Institut für Normung e.V. Maßgebend für das Anwenden der DIN-Norm ist deren Fassung mit dem neuesten Ausgabedatum, die bei der Beuth Verlag GmbH, Burggrafenstraße 6, 10787 Berlin, erhältlich ist.

3.1.4 Anwendungskategorien für Dachabdichtungen nicht genutzter Dächer

(1) Je nach geplantem Anwendungszweck werden zwei Qualitätsstufen für Dachabdichtungen unterschieden:
- als Standard die Anwendungskategorie K1
- als höherwertige Ausführung die Anwendungskategorie K2. Bei ihr ist eine erhöhte Zuverlässigkeit, eine längere Nutzungsdauer und/oder ein geringerer Instandhaltungsaufwand zu erwarten. Abdichtungen für die Anwendungskategorie K2 erfordern nicht nur höhere Anforderungen an die zu verwendenden Stoffe und den Systemaufbau, sondern auch erhöhte Anforderungen an die Planung des Gefälles, die Anordnung der Entwässerungselemente und die Detailgestaltung.

(2) Aus wirtschaftlichen und nachhaltigen Gründen ist zu empfehlen, Dachabdichtungen nach Anwendungskategorie K2 zu planen und auszuführen.

(3) Die Bemessung der Dachabdichtung für die Anwendungskategorien erfolgt nach DIN 18531-3 (siehe Kapitel 3.3).

3.1.4.1 Anwendungskategorie K1

(1) Dachabdichtungen, an die übliche Anforderungen gestellt werden, sind der Anwendungskategorie K1 zuzuordnen. Voraussetzung ist, dass eine Mindestneigung der Abdichtungsebene von 2 % (1,2°) eingehalten wird.

(2) Für Dächer und/oder Dachbereiche mit einem Gefälle < 2 % (< 1,2°) gelten für die Dachabdichtung hinsichtlich der Stoffauswahl die Bemessungsregeln für die Anwendungskategorie K2 (siehe DIN 18531-3, Abschnitt 4).

3.1.4.2 Anwendungskategorie K2

(1) Dachabdichtungen, an die durch Planer/Bauherren (z. B. aufgrund höherwertiger Gebäudenutzung, Hochhäuser) erhöhte Anforderungen gestellt werden, sind der Kategorie K2 zuzuordnen. Hierbei ist mindestens ein Gefälle von 2 % (1,2°) in der Abdichtungsebene und mind. 1 % im Bereich von Kehlen einzuhalten.

(2) Dachabdichtungen für Dächer mit einem Gefälle < 2 % (< 1,2°) sind in Anwendungskategorie K2 nicht möglich.

3.1.5 Dachkonstruktionen nicht genutzter und genutzter Dächer

Für genutzte Dachflächen ist die statische Tragfähigkeit der in den nachfolgenden Abbildungen aufgeführten Unterkonstruktionen entsprechend nachzuweisen. Der Folgeaufbau oberhalb der Abdichtung ist auf die Nutzung abzustimmen.

3.1.5.1 Das nicht belüftete (einschalige) Dach

ist eine Dachkonstruktion, bei der der Dachaufbau unmittelbar auf der Unterkonstruktion aufliegt.

Abbildung 2: Das nicht belüftete (einschalige) Dach, Variante 1

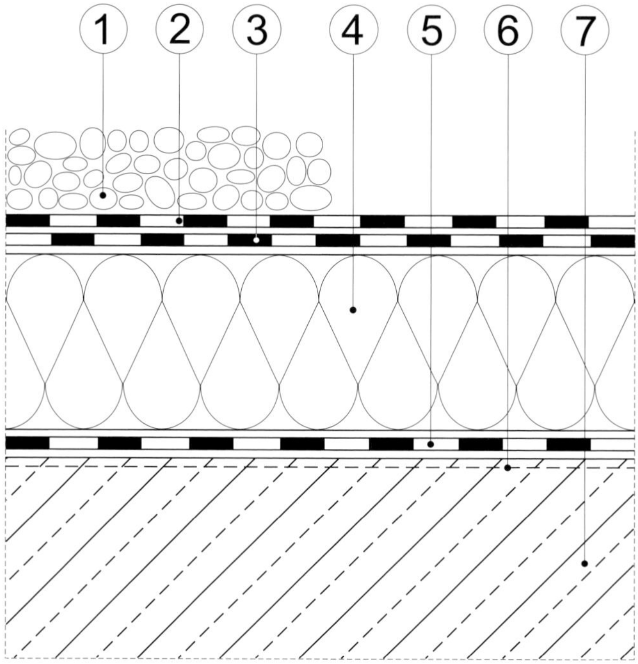

1	Schwerer Oberflächenschutz	5	Dampfsperre
2	Oberlage der Abdichtung (Polymerbitumenbahn)	6	Bitumen-Voranstrich
3	Erste Lage der Abdichtung	7	Unterkonstruktion, Beton
4	Wärmedämmung		

Abbildung 3: Das nicht belüftete (einschalige) Dach, Variante 2

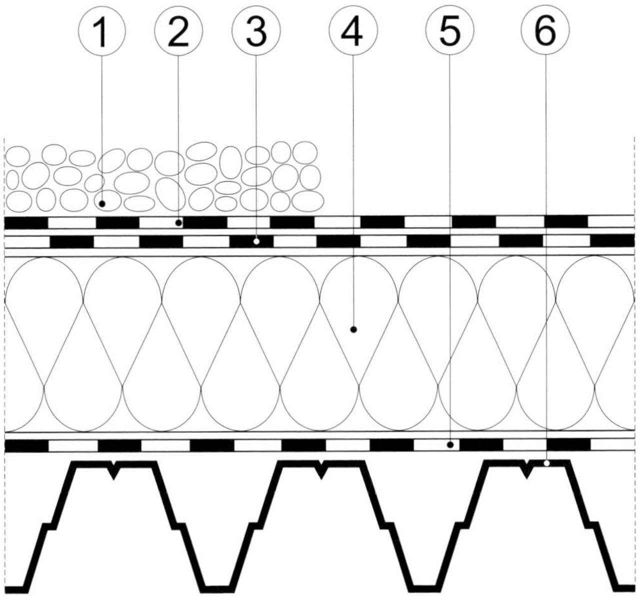

(1) Schwerer Oberflächenschutz

(2) Oberlage der Abdichtung (Polymerbitumenbahn)

(3) Erste Lage der Abdichtung

(4) Wärmedämmung

(5) Dampfsperre

(6) Unterkonstruktion, Stahltrapezprofil

3.1.5.2 Das Umkehrdach

ist eine nicht belüftete einschalige Dachkonstruktion, bei der der Dachaufbau unmittelbar auf der Unterkonstruktion aufliegt. Dabei wird die Wärmedämmschicht über der Abdichtung verlegt und mit Auflast/Oberflächenschutz versehen.

Abbildung 4: Das Umkehrdach

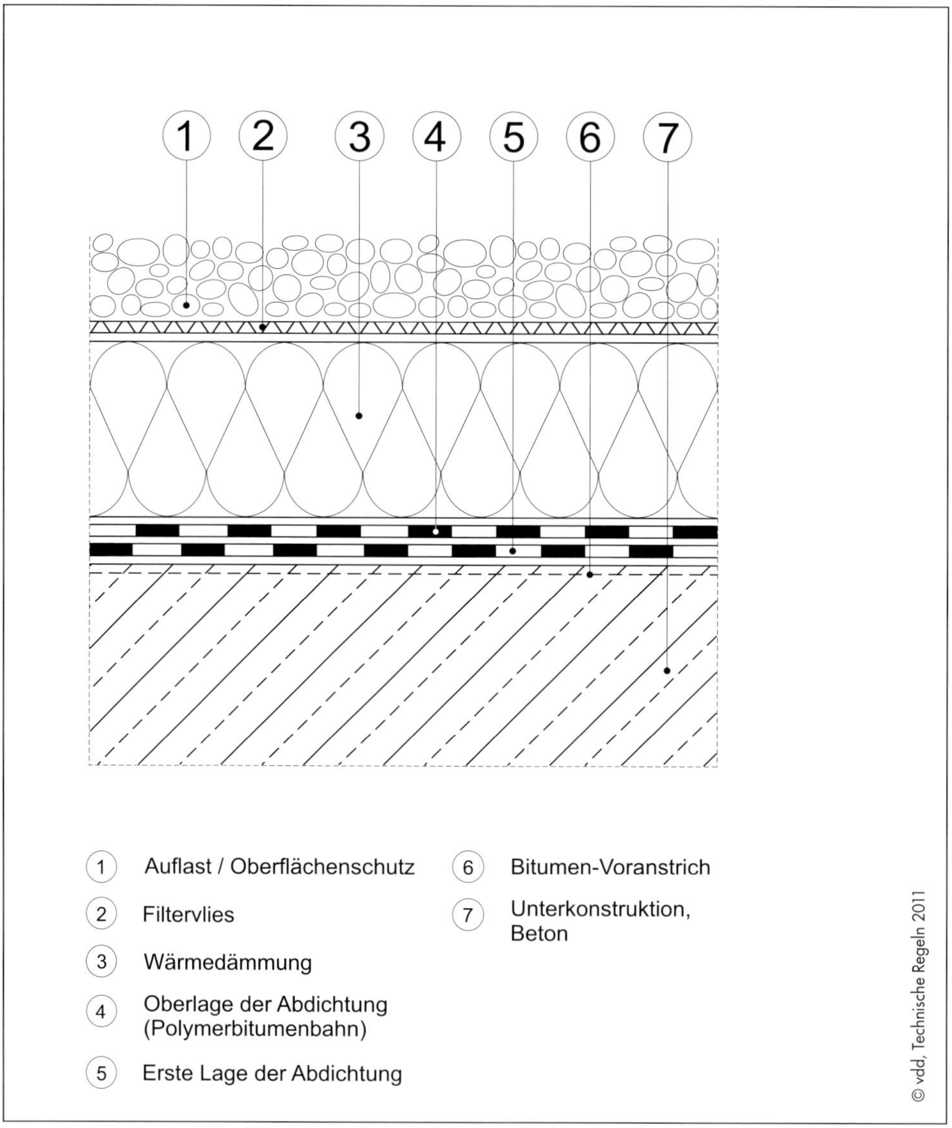

3.1.5.3 Das Plusdach

ist eine nicht belüftete einschalige Dachkonstruktion, bei der der Dachaufbau unmittelbar auf der Unterkonstruktion aufliegt. Dabei wird ein Teil der Dämmschicht unter und ein Teil über der Abdichtung angeordnet. Die letzte Lage der Dämmschicht wird mit einer Auflast/Oberflächenschutz versehen.

Abbildung 5: Das Plusdach

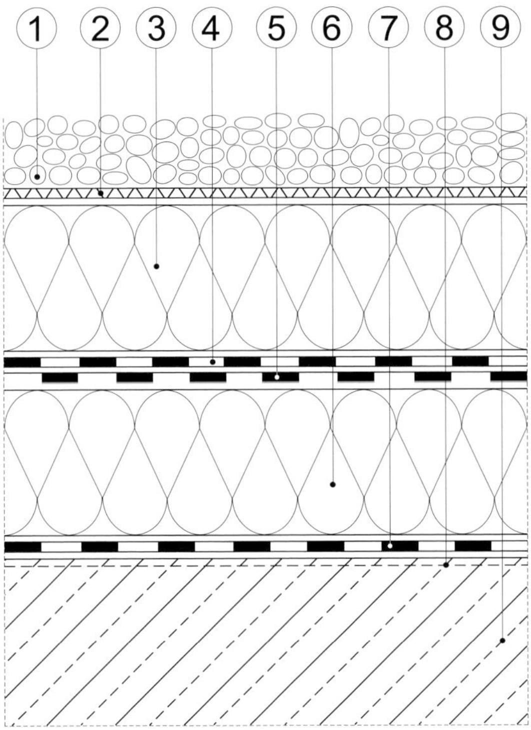

3.1.5.4 Das Kompaktdach

ist eine nicht belüftete einschalige Dachkonstruktion, bei der der Dachaufbau unmittelbar auf der Unterkonstruktion aufliegt. Bei diesem Dachaufbau werden alle Schichten kompakt miteinander und mit dem Untergrund verklebt. Hierzu können geeignete Dämmstoffe systembedingt mit oder ohne Dampfsperre eingesetzt werden. Die Herstellervorschriften sind zu beachten.

Abbildung 6: Das Kompaktdach

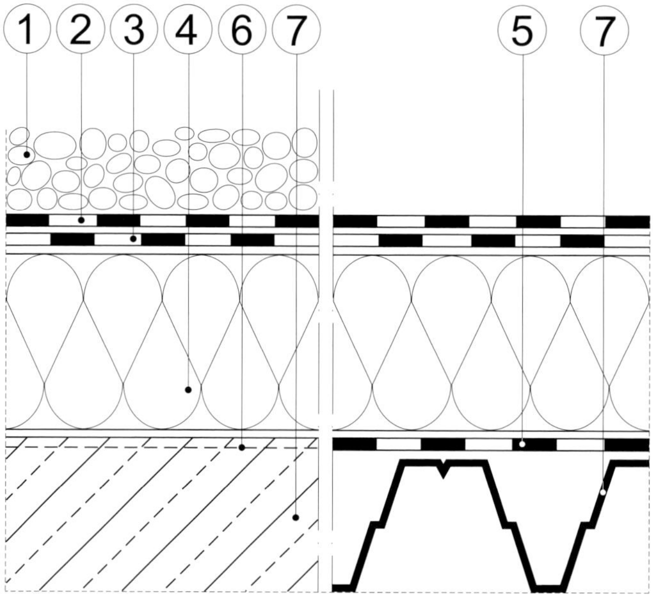

(1) Schwerer Oberflächenschutz
(2) Oberlage der Abdichtung (Polymerbitumenbahn)
(3) Erste Lage der Abdichtung
(4) Wärmedämmung
(5) Unterlagsbahn
(6) Bitumen-Voranstrich
(7) Unterkonstruktion

3.1.5.5 Das belüftete (zweischalige) Dach

ist eine Dachkonstruktion mit einer oberen und einer unteren Schale mit einem dazwischenliegenden von außen belüfteten Dachraum.

Abbildung 7: Das belüftete (zweischalige) Dach

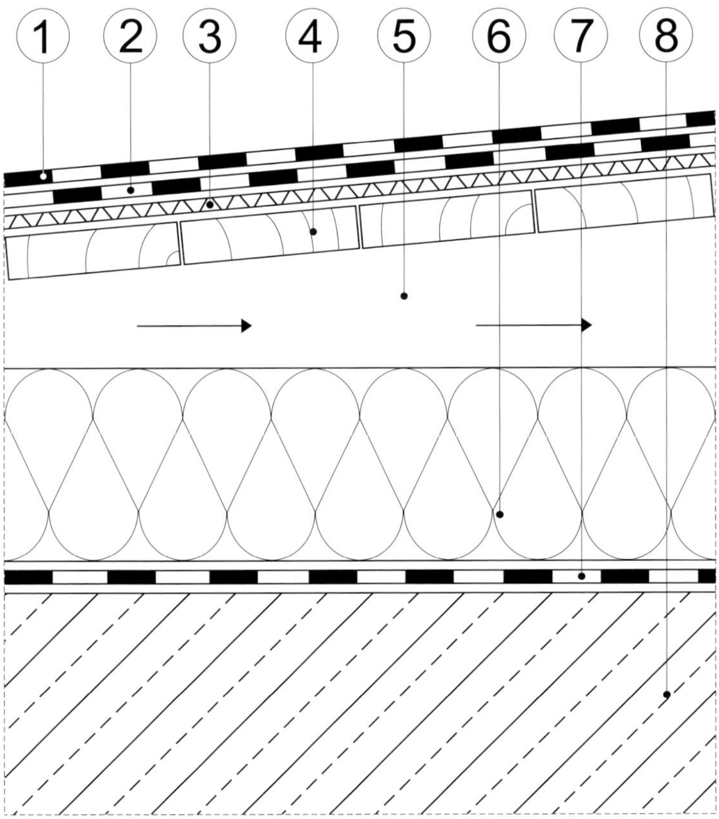

(1) Oberlage der Abdichtung (Polymerbitumenbahn)

(2) Erste Lage der Abdichtung

(3) Trenn- und Ausgleichsschicht

(4) Unterkonstruktion

(5) Belüfteter Dachraum

(6) Wärmedämmung

(7) Dampfsperre

(8) Geschossdecke

3.2 STOFFE

3.2.1 Allgemeines

Stoffe für den Dachaufbau von nicht genutzten und genutzten Dachflächen müssen für den Verwendungszweck geeignet sowie aufeinander und auf die Unterlage der Dachabdichtung abgestimmt sein.

Für eine dauerhafte Funktionstüchtigkeit des Dachaufbaus kommt der richtigen Auswahl der Stoffe eine entscheidende Bedeutung zu.

3.2.2 Bitumen-Voranstrichmittel

Voranstriche auf Bitumenbasis sind als Lösung oder Emulsion verfügbar. Die Verarbeitung lösemittelhaltiger Voranstriche darf nur im Freien erfolgen. Die einschlägigen Vorschriften und Richtlinien (z.B. BG Bau (Berufsgenossenschaft der Bauwirtschaft)) für den Umgang mit lösemittelhaltigen Anstrichen sind einzuhalten.

Kapitel 3

3.2.3 Bitumen-Klebemassen und Deckaufstrichmittel (heiß zu verarbeiten)

(1) Als Klebemassen sind Oxidationsbitumen mit einem Erweichungspunkt nach DIN EN 1427 von 80 °C bis 125 °C oder Polymerbitumen mit einem Erweichungspunkt ≥ 100 °C zu verwenden.

(2) Heiß zu verarbeitende Oxidbitumenklebemassen sind auf ca. 200 °C zu erhitzen. Bei der Aufbereitung der Klebemasse darf eine Temperatur von 230 °C nicht überschritten werden. Heiß zu verarbeitende Polymerbitumenklebemassen sind auf ca. 170 °C bis max. 200 °C zu erhitzen.

(3) Für die Verklebung von Bitumenbahnen auf Dachneigungen ≥ 3° und von Elastomerbitumen-Dachdichtungsbahnen sind Klebemassen aus Oxid- oder Polymerbitumen mit einem Erweichungspunkt ≥ 100 °C zu verwenden. Abhängig von den örtlichen Verhältnissen können zusätzliche Maßnahmen nach Kapitel 3.4.6.4 notwendig werden.

3.2.4 Kaltklebemassen und Klebstoffe

3.2.4.1 Kaltklebemassen aus Bitumen

(1) Für das punkt- und/oder unterbrochen streifenweise Aufkleben von Dampfsperren, von Wärmedämmschichten aus Schaumstoffen oder Mineralfasern oder der ersten Abdichtungslage können Kaltklebemassen aus Bitumen verwendet werden. Die Einsatz- und Verarbeitungshinweise der Hersteller sind zu beachten.

(2) Bei der Verklebung der ersten Lage auf lösemittelempfindlichen Dämmstoffen (z. B. Polystyrol) mit lösemittelhaltigen Bitumenklebemassen sind die Herstellervorschriften zu beachten.

3.2.4.2 Klebstoffe aus Polyurethan

Für das streifenweise Aufkleben von Dampfsperren, Wärmedämmschichten oder Abdichtungen können Klebstoffe aus Polyurethan verwendet werden.

Die Einsatz- und Verarbeitungshinweise der Hersteller sind zu beachten.

3.2.5 Wärmedämmstoffe

3.2.5.1 Wärmedämmstoffe für nicht belüftete Dächer

Tabelle 2: Dämmstoffe für nicht belüftete Dächer (nach DIN V 4108-10)

Stoffe	Norm	Kurzzeichen	Druckfestigkeitsklassen	Baustoffklasse nach DIN 4102-1	Baustoffklasse nach DIN EN 13501-1
Polystyrol Hartschaum (EPS)	DIN EN 13163	DAA	dm	B1/B2	E
			dh		
Mineralwolle (MW)	DIN EN 13162	DAA	----	A1/A2	A1/A2
Polyurethan (PUR/PIR)	DIN EN 13165	DAA	dh	B1/B2	E
			ds		
Polystyrol Extruderschaum (XPS)	DIN EN 13164	DUK	dh	B1	E
			ds		
			dx		
Phenolharz-Hartschaum (PF)	DIN EN 13166	DAA	-----	B1/B2	C
Schaumglas (CG)	DIN EN 13167	DAA	dh	A1	A1
			ds		
			dx		
Expandiertes Perlite (EPB)	DIN EN 13169	DAA	ds	A2/B1/B2	A1/E
Expandiertes Kork (ICB)	DIN EN 13170	DAA	-----		-
Holzfaser	DIN EN 13171	DAA	dh	B1/B2	E
			ds		

Legende Tabelle 2:
DAA = Außendämmung von Dach oder Decke, vor Bewitterung geschützt, Dämmung unter Abdichtungen
DUK = Außendämmung des Daches, der Bewitterung ausgesetzt (Umkehrdach)
dm = mittlere Druckbelastbarkeit für nicht genutzte Dächer mit Abdichtungen
dh = hohe Druckbelastbarkeit für genutzte Dachflächen, Terrassen
ds = sehr hohe Druckbelastbarkeit für Industrieböden, Parkdecks
dx = extrem hohe Druckbelastbarkeit für hochbelastete Industrieböden, Parkdecks

Kapitel 3

3.2.5.2 Wärmedämmstoffe für belüftete Dächer

Die in Tabelle 2 aufgeführten Dämmstoffe können auch in belüfteten Dachkonstruktionen eingesetzt werden. Die Mindestanforderungen an die Eigenschaften nach DIN V 4108-10 (Anwendungsgebiet DZ) sind zu beachten. Diese Dämmstoffarten werden in der Regel lose verlegt.

3.2.5.3 Platten und Dämmbahnen

(1) Für die Wärmedämmung von Dachflächen dürfen nur genormte und bauaufsichtlich zugelassene Dämmstoffe verwendet werden. Dämmstoffe der Baustoffklasse B3 „leicht entflammbar" bzw. Euroklasse F dürfen nicht verwendet werden.

(2) Soll bei Dämmbahnen die Kaschierung als erste Lage einer mehrlagigen Dachabdichtung gelten, siehe Kapitel 3.3.2(4).

3.2.5.4 Gefälledämmung

(1) Zur Herstellung von geneigten Dachflächen können keilförmig geschnittene Dämmplatten und Dämmbahnen eingesetzt werden.

(2) Bitumengebundene Schüttungen aus expandierten Mineralien können ebenfalls zur Gefällegebung und zum Niveauausgleich verwendet werden. Die Einsatz- und Verarbeitungshinweise der Hersteller sind zu beachten.

(3) Die Dachabdichtung ist abhängig von der Dachneigung entsprechend Kapitel 3.3.3.1 bis 3.3.3.4 auszubilden.

3.2.5.5 Dämmstoffdicken auf Stahltrapezprofilen

In der Praxis ist es im Allgemeinen nicht möglich, die Dämmplattenstöße stets auf den Obergurten anzuordnen, da die Abmessungen der Stahltrapezprofile quer zur Spannrichtung und die der Dämmplatten nicht übereinstimmen. Häufig liegen deshalb die Dämmplattenstöße über den Untergurten (Tiefsicken). Der Einsatz von durchtrittsicheren Bitumendampfsperrbahnen ist zu empfehlen. Falls keine durchtrittsicheren Bitumendampfsperrbahnen eingebaut werden, wird die Verwendung von Dämmplatten mit einer Mindestdicke nach Tabelle 3 empfohlen.
Diese Angabe gilt unabhängig von den sich aus DIN 4108 oder EnEV ergebenden Dämmstoffdicken, die in jedem Fall als Mindestdicken eingehalten werden müssen.

Tabelle 3: Mindestdämmstoffdicken auf Stahltrapezprofilen

Größte lichte Weite zwischen den Obergurten in mm	Wärmedämmstoff Mindestdicke in mm			
	EPS	PUR/PIR	Mineralfaser	Schaumglas
70	40	40	50	40
100	50	50	80	50
130	60	60	100	60
150	70	60	120	70
160	80	70	120	80
170	90	80	140	90
180	100	80	140	90

3.2.6 Bitumenbahnen

3.2.6.1 Bahnen für Dampfsperren

Bitumenbahnen können als Dampfsperre nach Kapitel 3.4.4 verlegt werden.

Bitumen-Dampfsperrbahnen werden den verschiedensten Beanspruchungen und Anforderungen gerecht. Sie bieten folgende Vorteile:

- Wasserdampfdichtheit
- Luftdichtheit
- einfache und sichere Fügbarkeit der Nähte
- einfache Anschlussmöglichkeit an aufgehende Bauteile
- sehr gute Eignung als behelfsmäßige Abdichtung
- bei geeigneter Oberflächenausrüstung kein zusätzlicher Klebstoff erforderlich für das Aufbringen von Dämmstoff
- bei brandlastarmer Ausrüstung hoher Widerstand gegen Brandbeanspruchung von unten
- Durchtrittfestigkeit auf Profilblechen
- Perforationsfestigkeit auf massiven Untergründen
- Windsogsicherheit
- Winddichtheit
- Dauerhaftigkeit
- einfache Verlegung

Die für Bitumen-Dampfsperrbahnen maßgeblichen Eigenschaften sind in DIN EN 13970 definiert.

Kapitel 3

3.2.6.2 Bahnen für die Abdichtung nicht genutzter und genutzter Dächer

Bitumenbahnen können in Dachabdichtungen einlagig oder mehrlagig nach Kapitel 3.3 verlegt werden.
Je nach Vereinbarung können Stoffe nach DIN V 20000-201 und DIN V 20000-202 oder davon abweichende, durch abP (allgemeines bauaufsichtliches Prüfzeugnis) zugelassene Bahnen verwendet werden.

Durch die Verwendung von Abdichtungsbahnen, die vom Anforderungsprofil der Normen abweichen, kann vielfach gezielter auf die Belastungen durch thermo-mechanische Einwirkungen auf die Dachabdichtung reagiert werden.

3.2.6.2.1 Nicht genutzte Dächer

Die für Bitumenbahnen für Dachabdichtungen maßgeblichen Eigenschaften sind in DIN EN 13707 definiert.

Bitumenbahnen für Dachabdichtungen sind in DIN 18531-2 genannt.

Die Mindestanforderungen an die Produkteigenschaften und die Anwendungstypen sind in der Anwendungsnorm DIN V 20000-201 festgelegt.
DE = Bahnen für einlagige Dachabdichtungen
DO = Bahnen für die Oberlage einer mehrlagigen Dachabdichtung
DU = Bahnen für die untere Lage einer mehrlagigen Dachabdichtung
DZ = Bahnen für die Zwischenlage bzw. Zusatzlage einer mehrlagigen Dachabdichtung

Bei geeigneter Oberflächenausrüstung können Bahnen für einlagige Abdichtungen auch als Oberlagen, untere Lagen und Zwischenlagen, Bahnen für Oberlagen auch als untere Lagen und Zwischenlagen und untere Lagen auch als Zwischenlagen verwendet werden.
Die Konstruktionsnorm DIN 18531 legt für die einzelnen Produkte je nach Beanspruchungsart Eigenschaftsklassen fest.

*Tabelle 4: Eigenschaftsklassen der Abdichtungsbahnen (aus DIN 18531-2)**

Eigenschaftsklasse	**Hoher mechanischer Widerstand**	**Mäßiger mechanischer Widerstand**
Widerstand gegen hohe thermische Beanspruchung	E1	E3
Widerstand gegen mäßige thermische Beanspruchung	E2	E4

*Wiedergegeben mit Erlaubnis des DIN Deutsches Institut für Normung e.V. Maßgebend für das Anwenden der DIN-Norm ist deren Fassung mit dem neuesten Ausgabedatum, die bei der Beuth Verlag GmbH, Burggrafenstraße 6, 10787 Berlin, erhältlich ist.

Kapitel 3

3.2.6.2.2 Genutzte Dächer

Die für Bitumenbahnen für Abdichtungen genutzter Dächer maßgeblichen Eigenschaften sind in DIN EN 13969 definiert.

Bitumenbahnen für Abdichtungen genutzter Dächer sind in DIN 18195-2 genannt.

Die Mindestanforderungen an die Produkteigenschaften und die Anwendungstypen sind in der Anwendungsnorm DIN V 20000-202 festgelegt.

BA = Bahnen für die Bauwerksabdichtung gegen Bodenfeuchte und Wasser
MSB = Bahnen für waagerechte Abdichtungen in oder unter Wänden (Mauersperrbahnen)

3.2.6.2.3 Übersicht genormter Bahnen

Die genormten Werkstoffe für Abdichtungen sind in der nachfolgenden Tabelle aufgelistet:

Tabelle 5: Übersicht der Bitumen- und Polymerbitumenbahnen (Zusammenfassung der Mindestanforderungen aus DIN V 20000-201 und DIN V 20000-202)

1	2	3	4	5	6	7	8	9
	nicht genutzte Dachabdichtungen			**genutzte Dachabdichtungen**				
Bahnen	Fundstelle in DIN V 20000-201	Eigenschaftsklasse	Anwendungstyp	Fundstelle in DIN V 20000-202	Anwendungstyp	Mindestgewicht/-dicke der Trägereinlage/ -folie [a]	Mindestgehalt an Löslichem [b]	Wasserdichtheit [c]
Nackte Bitumenbahn R 500 N				DIN 52129		500 g/m^2	500 g/m^2	
Bitumendachbahnen mit Rohfilzeinlage, R 500				Tab. 4 Tab. 5	BA MSB	500 g/m^2	1250 g/m^2	60 kPa/ 24 h
Glasvlies-Bitumendachbahnen V 13	Tab. 13	E4	DZ [g]	Tab. 6	BA	-	1300 g/m^2	60 kPa/ 24 h
Bitumendichtungsbahnen Cu 01D				Tab. 8	BA	Cu 0,1 mm	-	100 kPa/ 24 h
Bitumenschweißbahnen mit Kupferbandeinlage Cu 01 S4				Tab. 9	BA	Cu 0,1 mm	-	100 kPa/ 24 h
Bitumendachdichtungsbahnen mit Glasgewebe oder Polyestervlieseinlage G 200 DD PV 200 DD	Tab. 4	E2	DU	Tab. 11 Tab. 10	MSB BA	200 g/m^2	1600 g/m^2 2100 g/m^2	100 kPa/ 24 h
Bitumenschweißbahnen mit Glasgewebe oder Polyestervlieseinlage G 200 S4, G 200 S5, PV 200 S5	Tab. 4	E2	DU	Tab. 10	BA	200 g/m^2	-	100 kPa/ 24 h
Bitumenschweißbahnen mit Glasvlieseinlage V 60 S4	Tab. 5	E4	DU [d] DZ	Tab. 7	BA	60 g/m^2	-	100 kPa/ 24 h

1	2	3	4	5	6	7	8	9
	nicht genutzte Dachabdichtungen			genutzte Dachabdichtungen				
Bitumenschweißbahnen mit Kombinationsträgereinlage, KTG S4, KTP S4	Tab. 6	E2	DU			120 g/m²	-[e]	100 kPa/ 24 h
Polymerbitumenschweißbahnen mit Kombinationsträgereinlage PYE-KTG S4, PYP-KTG S4, PYE-KTP S4, PYP-KTP S4	Tab. 7	E1	DO			120 g/m²	-[e]	200 kPa/ 24 h
Polymerbitumen-Dachdichtungsbahnen PYE-G 200 DD, PYE-PV 200 DD	Tab. 8	E1	DO	Tab. 12	BA	200 g/m²	2100 g/m²	200 kPa/ 24 h
Polymerbitumen-schweißbahnen PYE-G 200 S4, PYE-G 200 S5 PYP-G 200 S4, PYP-G 200 S5 PYE-PV 200 S5, PYP-PV 200 S5	Tab. 9	E1	DO	Tab. 12 [h]	BA	200 g/m²	-	200 kPa/ 24 h
Kaltselbstklebende Polymerbitumenbahnen (KSP)	Tab. 10	E1		Tab. 14		120 g/m²	-	200 kPa/ 24 h
PYE-KTG KSP – 2,8			DU		BA			
PYP-KTG KSP – 2,8			DU		-			
PYE-KTG KSP – 3,2			DO		-			
PYP-KTG KSP – 3,2			DO		-			
PYE-KTG KSP – 3,5			DO		-			
PYP-KTG KSP – 3,5			DO		-			
PYE-KTP KSP – 2,8			DU		BA			
PYP-KTP KSP – 2,8			DU		-			
PYP-KTP KSP – 3,2			DO		-			
PYE-KTP KSP – 3,5			DO		-			
PYP-KTP KSP – 3,5			DO		-			

1	2	3	4	5	6	7	8	9
	nicht genutzte Dachabdichtungen			**genutzte Dachabdichtungen**				
Kaltselbstklebende Bitumendichtungsbahn mit HDPE-Trägerfolie KSK				Tab. 13	BA	HDPE 0,07 mm	-	400 kPa/ 24 h
Polymerbitumenbahnen für einlagige Verlegung PYP-KTG – 4 PYP-KTP – 4 PYE-KTG – 4,5 PYE-KTP – 4,5 PYP-KTG – 4,5 PYP-KTP – 4,5	Tab. 11	E1	DE			120 g/m²	-	400 kPa/ 24 h
Polymerbitumenschweißbahnen mit Kupferverbund- oder Kupferbandeinlage PYE-Vcu S5 PYE-Cu01 S5	Tab. 12	E2	DO [f]			Glasvlies 60 g/m² + Vcu 0,03 mm Cu 0,1mm	-	200 kPa/ 24 h

a Bestimmung nach DIN 52123, DIN 52141, DIN 52142, DIN 18191 bzw DIN 18192
b Bestimmung nach DIN 52123
c Bestimmung der Wasserdichtheit nach DIN EN 1928, Verfahren B.
d nur bei Dachabdichtungen mit geringer mechanischer Beansprchng der Beanspruchungsklassen IIA, IIB nach DIN 18531-1
e um eine einwandfreie Verarbeitung sicherzustellen, ist bei Unterschreitung der Mindestdicke der Mindestgehalt an Löslichem von 2 600 g/m² einzuhalten
f nur als Oberlage bei Abdichtungen unter Dachbegrünungen
g nur als zusätzliche Lage oder als Trennlage
h nur PYE-Typen

Beispiele:
DO/E1 PYE-PV 200 S5
Oberlage einer mehrlagigen Dachabdichtung aus Polymerbitumen (PYE) mit Polyestervlieseinlage 200 g/m², Schweißbahn, 5,2 mm dick inkl. leichtem Oberflächenschutz

BA PYE-PV 200 S5
Lage einer Bauwerksabdichtung aus Polymerbitumen (PYE) mit Polyestervlieseinlage 200 g/m², Schweißbahn, 5,0 mm dick

3.3 BEMESSUNG VON DACHABDICHTUNGEN MIT BITUMENBAHNEN

Bei der Bemessung von Dachabdichtungen muss zwischen nicht genutzten und genutzten Dachflächen unterschieden werden.

3.3.1 Anforderungen

(1) Dachabdichtungen müssen das Eindringen von Niederschlagswasser in das zu schützende Bauwerk verhindern.

(2) Die Art der Stoffe, die Anzahl der Lagen und deren Anordnung sowie das Verfahren zur Herstellung der Dachabdichtung müssen in ihrem Zusammenwirken und unter Berücksichtigung der Bewegungen der Unterlage die Funktion der Dachabdichtung sicherstellen. Ihre Eigenschaften dürfen sich unter den üblichen Bedingungen, denen Dachabdichtungen nach Lage, Ort und Aufbau zur Zeit der Planung unterliegen, nicht so verändern, dass die Funktion und der Bestand der Dachabdichtung wesentlich beeinträchtigt werden.

(3) Dachabdichtungen müssen wasserdicht mit Durchdringungen wie Dachabläufen, Lichtkuppeln etc. verbunden und an aufgehende Bauteile angeschlossen werden.

(4) Dachabdichtungen müssen die auf sie einwirkenden, planmäßig zu erwartenden Lasten auf tragfähige Bauteile weiterleiten. Kräfte parallel zur Abdichtungsebene dürfen jedoch nicht in die Abdichtung eingeleitet werden.

(5) Dachabdichtungen müssen so geplant und ausgeführt werden, dass sie bei den zu erwartenden Temperaturen von –20 °C bis +80 °C funktionsfähig bleiben.

(6) Die dauerhafte Funktionsfähigkeit der Dachabdichtung wird beeinflusst durch:
- die Dachneigung
- die Art der Beanspruchung
- die Auswahl der Stoffe
- die Art des Einbaus und gewählter Zusatzmaßnahmen
- die Wartung.

(7) Auf Dachflächen mit einer Dachneigung unter 3° (ca. 5,2 %) muss – bedingt durch zulässige Toleranzen in der Ebenheit der Fläche, der Dicke der Werkstoffe, durch Überdeckungen und Verstärkungen – mit behindertem Wasserablauf und Pfützenbildung gerechnet werden. Der erhöhten Beanspruchung, z. B. durch Schmutzablagerungen und langsam ablaufendes bzw. verbleibendes Niederschlagswasser, ist Rechnung zu tragen (siehe Kapitel 3.7).

3.3.2 Ausführung der Dachabdichtung

(1) Dachabdichtungen dürfen bei Witterungsverhältnissen, die sich nachteilig auswirken können, nur ausgeführt werden, wenn zusätzliche Maßnahmen getroffen werden. Diese sind entsprechend den Gegebenheiten zum Ausführungszeitpunkt mit dem Auftraggeber zu vereinbaren. Solche Witterungsverhältnisse sind z. B. Temperaturen unter + 5 °C, Feuchtigkeit, Nässe, Schnee und Eis oder scharfer Wind (s. auch VOB/C DIN 18338 „Dachdeckungs- und Dachabdichtungsarbeiten").

(2) Dachabdichtungen aus Bitumenbahnen und Polymerbitumenbahnen können sowohl einlagig als auch mehrlagig hergestellt werden. Detailausbildungen und gefällelose Bereiche sind generell mindestens zweilagig herzustellen. Werden Dachabdichtungen mehrlagig ausgeführt, so sind die Lagen untereinander vollflächig zu verkleben und im Versatz anzuordnen.

(3) Die Wahl der Bahnentypen bzw. Bahnensorte richtet sich nach der zu erwartenden Beanspruchung der Dachabdichtung aus:
- Witterung
- Gefälle
- Nutzung des Daches
- Art und Dicke der Dämmschicht
- Bewegungen der Unterkonstruktion (Stahltrapezprofile, Fertigteile, großformatige Fertigteile etc.)

(4) Die Kaschierlage von Dämmbahnen gilt als Lage mehrlagiger Abdichtungen, wenn die Lieferlänge mind. 2,50 m beträgt und die Anforderungen nach 3.3.3.1 und 3.3.3.2 erfüllt werden.

(5) Bitumenbahnen mit Metallband- bzw. Metall-Kunststoff-Verbundeinlage sind zulässig unter Dachbegrünungen und schwerer Auflast. Sie sollen nicht für längere Zeit ungeschützt der freien Bewitterung ausgesetzt werden.

(6) Bitumenbahnen mit Rohfilzträger dürfen in Dachabdichtungen nicht verwendet werden.

(7) Bei Verwendung von Plastomerbitumenbahnen im Schichtenverbund sind die Verarbeitungshinweise der Hersteller zu beachten. Abdichtungen mit diesen Bahnen sind systemgerecht herzustellen. Plastomerbitumenbahnen werden im Schweißverfahren verarbeitet.

3.3.3 Dachabdichtungen mit Bitumenbahnen bei nicht genutzten Dächern

3.3.3.1 Bemessung

(1) Abdichtungen nicht genutzter Dächer werden nach DIN 18531 bemessen.

(2) Die Bemessung nach DIN 18531 ist die Festlegung des Aufbaus der Dachabdichtung. Sie ist unter Berücksichtigung der in DIN 18531-1 definierten Anwendungskategorien K1 und K2 und der Beanspruchungsklassen IA, IB, IIA und IIB vorzunehmen. Die Zuordnung der Dachabdichtung zu den Kategorien und Klassen hat unter Berücksichtigung der für den Einzelfall maßgebenden Anwendungsbedingungen zu erfolgen. Hierfür ist die Dachabdichtung mit Stoffen nach DIN 18531-2 festzulegen. Weitere besondere Beanspruchungen (z. B. chemische Belastungen) sind ggf. zu berücksichtigen.

(3) Im Folgenden werden die Mindestausführungen der Dachabdichtung in den einzelnen Anwendungskategorien aufgeführt, abhängig von der Dachneigung und den Beanspruchungsklassen.
Diese Mindestausführungen können durch zusätzliche Lagen oder durch den Einsatz von Bahnen mit anwendungsbezogen besserer Eigenschaftsklasse aufgewertet bzw. durch Schutzlagen ergänzt werden.

(4) Extensiv begrünte Dachabdichtungen sind generell mehrlagig auszuführen, es sind entsprechend durchwurzelungsfest ausgerüstete Oberlagen einzusetzen.

3.3.3.2 Dachabdichtungen der Anwendungskategorie K1 für Dachneigungen ≥ 2 % (≥ 1,2°)

(1) Mehrlagige Dachabdichtungen für Dachneigungen ≥ 2 % (≥ 1,2°) der Anwendungskategorie K1, mechanisch hoch beansprucht (Beanspruchungsklassen IA und IB) werden
- mit einer Oberlage aus Bahnen der Eigenschaftsklasse E1
- und einer Unterlage aus Bahnen mindestens der Eigenschaftsklasse E2

geplant und ausgeführt.

(2) Mehrlagige Dachabdichtungen für Dachneigungen ≥ 2 % (≥ 1,2°) der Anwendungskategorie K1, mechanisch mäßig beansprucht (Beanspruchungsklassen IIA und IIB) werden
- mit einer Oberlage aus Bahnen der Eigenschaftsklasse E1
- und einer Unterlage aus Bitumen-Schweißbahnen mindestens der Eigenschaftsklasse E4

geplant und ausgeführt.

(3) Einlagige Dachabdichtungen für Dachneigungen ≥ 2 % (≥ 1,2°) der Anwendungskategorie K1 werden in allen Beanspruchungsklassen (IA, IB, IIA, IIB) mit einer Bahn für die einlagige Verlegung nach Tabelle 2, Nr. 11 der DIN 18531-2 der Eigenschaftsklasse E1 geplant und ausgeführt.

3.3.3.3 Dachabdichtungen der Anwendungskategorie K1 für Dachneigungen < 2 % (< 1,2°)

(1) Für Dächer und/oder Dachbereiche mit einem Gefälle < 2 % (< 1,2°) gelten für die Dachabdichtung hinsichtlich der Stoffauswahl die Bemessungsregeln für die Anwendungskategorie K2. Sie werden in allen Beanspruchungsklassen (IA, IB, IIA, IIB)
– mit einer Oberlage aus Bahnen der Eigenschaftsklasse E1
– und einer Unterlage aus Bahnen der Eigenschaftsklasse E1
geplant und ausgeführt.

(2) Dachbereiche mit einem Gefälle < 2 % (1,2°) in der Abdichtungsebene und < 1 % (0,6°) im Bereich von Kehlen sollten z. B. mit einem schweren Oberflächenschutz versehen werden.

(3) Der Einsatz von Hochwertbahnen ist zu empfehlen.

3.3.3.4 Dachabdichtungen der Anwendungskategorie K2 für Dachneigungen ≥ 2 % (≥ 1,2°)

(1) Mehrlagige Dachabdichtungen für Dachneigungen ≥ 2 % (≥ 1,2°) der Anwendungskategorie K2 werden in allen Beanspruchungsklassen (IA; IB; IIA; IIB)
– mit einer Oberlage aus Bahnen der Eigenschaftsklasse E1
– und einer Unterlage aus Bahnen der Eigenschaftsklasse E1
geplant und ausgeführt.

(2) Dachneigungen < 2 % (< 1,2°) sind in Anwendungskategorie K2 nicht vorgesehen.

(3) Im Bereich der Entwässerungskehlen ist ein Mindestgefälle von 1 % (0,6°) einzuhalten.

(4) Im Bereich der Detailausbildungen sind besondere Anforderungen zu berücksichtigen (vgl. 3.5.1 (3)). Bei Abdichtungen auf wasserdurchlässigen Dämmschichten mit Dampfsperren können die möglichen negativen Auswirkungen von Unterläufigkeit durch regelmäßige Abschottungen des Dämmstoffquerschnitts minimiert werden.

(5) Der Einsatz von Hochwertbahnen ist zu empfehlen.

3.3.4 Abdichtungen mit Bitumenbahnen bei genutzten Dächern

3.3.4.1 Bemessung

(1) Die Bemessung nach DIN 18195-5 ist die Festlegung des Aufbaus der Abdichtung. Sie ist unter Berücksichtigung der in DIN 18195-5 definierten Beanspruchungen vorzunehmen. Die Zuordnung der Abdichtung zu den Beanspruchungen hat unter Berücksichtigung der für den Einzelfall maßgebenden Anwendungsbedingungen zu erfolgen. Hierfür ist die Abdichtung mit Stoffen nach DIN 18195-2 festzulegen. Weitere besondere Beanspruchungen (z. B. chemische Belastungen) sind ggf. zu berücksichtigen.

(2) DIN 18195-5 unterscheidet:

- mäßige Beanspruchung

  Diese liegt vor, wenn die Verkehrslasten vorwiegend ruhend nach DIN 1055-3 sind und die Abdichtung nicht unter befahrenen Flächen liegt und die Wasserbeanspruchung gering und nicht ständig ist und ausreichend Gefälle vorhanden ist, um Wasseranstau- oder Pfützenbildung zu verhindern.

  Zu den mäßig beanspruchten Flächen zählen Balkone und ähnliche Flächen, unter denen sich keine Räume befinden.

- hohe Beanspruchung

  Diese liegt vor, wenn die Verkehrslasten vorwiegend hoch sind, die Abdichtung unter befahrenen Flächen liegt oder eine hohe Wasserbeanspruchung vorliegt.

  Zu den hoch beanspruchten Flächen zählen Dachterrassen, intensiv begrünte Flächen mit Anstaubewässerung bis 100 mm Höhe, Parkdächer, Hofkellerdecken, Durchfahrten und erdüberschüttete Decken.

Kapitel 3

3.3.4.2 Empfohlene Ausführungen von Abdichtungen für mäßige Beanspruchungen

(1) Abdichtungen für mäßige Beanspruchungen werden einlagig geplant und ausgeführt mit

- Polymerbitumen-Schweißbahnen
- Polymerbitumen-Dachdichtungsbahnen
- Kaltselbstklebenden Polymerbitumenbahnen mit Trägereinlage (KSP-Bahnen)
- Kaltselbstklebenden Bitumendichtungsbahnen mit HDPE-Trägerfolie (KSK-Bahnen)

(2) Der Einsatz von Hochwertbahnen ist zu empfehlen.

3.3.4.3 Empfohlene Ausführungen von Abdichtungen für hohe Beanspruchungen

(1) Abdichtungen für hohe Beanspruchungen werden mindestens zweilagig geplant und ausgeführt mit

- Polymerbitumen-Schweißbahnen
- Polymerbitumen-Dachdichtungsbahnen
- Kaltselbstklebenden Polymerbitumenbahnen mit Trägereinlage als Unterlage in Kombination mit Polymerbitumenbahnen als Oberlage

(2) Der Einsatz von Hochwertbahnen ist zu empfehlen.

3.4 VERARBEITUNG DER STOFFE

3.4.1 Allgemeines

(1) Bitumen- und Polymerbitumenbahnen bieten bewährte und in der Praxis erprobte Anwendungs- und Verarbeitungsmöglichkeiten, die funktionssichere technische Lösungen im Bereich der Abdichtung bieten.

(2) Für die Ausführung von Abdichtungsarbeiten bei Witterungsverhältnissen, die sich nachteilig auf die Leistungen auswirken können, sind besondere Maßnahmen zu treffen, die diese nachteiligen Auswirkungen verhindern. Die besonderen Maßnahmen sind entsprechend der Gegebenheiten zum Ausführungszeitpunkt mit dem Auftraggeber zu vereinbaren.
Eine Möglichkeit dieser „besonderen Maßnahmen" liegt in der Materialauswahl. Sind z. B. Arbeiten bei Temperaturen unter + 5 °C erforderlich, ist der Einsatz von Bahnen mit besserem Verarbeitungsverhalten in der Kälte, wie z. B. Polymerbitumen-Dampfsperrbahnen bzw. -Abdichtungslagen vorzusehen.

(3) Bei Arbeitsunterbrechung sind besondere Maßnahmen erforderlich, um die Wasserunterläufigkeit der bereits hergestellten Teile der Abdichtung zu verhindern.

3.4.2 Lagerung und Transport

Eine der Voraussetzungen für die handwerklich sichere Verarbeitung ist der einwandfreie Zustand der Materialien an der Einbaustelle, und damit der sachgerechte Transport und die sachgerechte Lagerung der Baustoffe. Insbesondere ist Folgendes zu beachten:
- trockener und ebener Untergrund für die Lagerung
- Schrumpfhauben erst unmittelbar vor der Verarbeitung abnehmen
- Baustoffe nicht längere Zeit direkter Sonneneinstrahlung aussetzen

Darüber hinaus sind die Baustoffe nach Herstelleranweisung zu transportieren und zu lagern.

3.4.3 Verarbeitung von Bitumenvoranstrich und Bitumenklebemasse

(1) Bitumenvoranstrich wird in ausreichender Menge durch Streichen, Rollen oder Spritzen auf den besenreinen Untergrund vollflächig aufgetragen. Er muss vor der Verarbeitung weiterer Dachaufbauschichten ausreichend durchgetrocknet sein.

(2) Lösemittelhaltige Bitumenprodukte dürfen in Innenräumen und ähnlichen baulichen Anlagen nicht eingesetzt werden.

(3) Heiß zu verarbeitende Oxidbitumenklebemassen sind auf ca. 200 °C zu erhitzen (s. Kapitel 3.2.3). Bei der Aufbereitung der Klebemasse darf eine Temperatur von 230 °C nicht überschritten werden. Heiß zu verarbeitende Polymerbitumenklebemassen sind auf ca. 170 °C bis max. 200 °C zu erhitzen.

3.4.4 Verarbeitung von Dampfsperre und Ausgleichsschicht

(1) Bitumendachbahnen mit Metallbandeinlage und Metall-Kunststoff-Verbund-Einlage werden im Gießverfahren mit Heißbitumen vollflächig auf einer Ausgleichsschicht, z. B. Lochglasvlies-Bitumenbahn aufgebracht.

(2) Dampfsperrbahnen, z. B. Schweißbahnen, können die Funktion der Ausgleichsschicht unmittelbar übernehmen, indem sie teilflächig verklebt aufgebracht, lose verlegt oder mechanisch befestigt werden.

(3) Schweißbare Dampfsperrbahnen mit Deckschichten aus Polymerbitumen können aufgrund ihrer rissüberbrückenden Eigenschaften auch vollflächig aufgeschweißt werden.

(4) Kaltselbstklebende Dampfsperrbahnen mit Deckschichten aus Polymerbitumen können vollflächig kaltselbstklebend aufgebracht werden.

(5) Dampfsperren sind an An- und Abschlüssen und Durchdringungen über die Dämmschicht hoch zu führen und dicht anzuschließen.

(6) Sollen Dampfsperren vorübergehend als behelfsmäßige Abdichtung während der Bauzeit dienen, sind sie vor Weiterführung der Dachabdichtungsarbeiten bzw. während der Bauphase zu überprüfen und ggf. zu überarbeiten.

3.4.5 Verarbeitung von Dämmstoffen (Dämmplatten und -bahnen)

3.4.5.1 Allgemeine Hinweise

(1) Dämmplatten und -bahnen sollen im Verband verlegt werden. Zur Vermeidung von Wärmebrücken und zum Ausgleich von geringfügigen Unebenheiten wird eine zweilagige Verlegung bzw. Stufenfalz empfohlen.

(2) Platten oder bahnenförmige Dämmstoffe sind eng aneinander zu verlegen. Fugen aus zulässigen Maßabweichungen oder temperaturbedingten Längenänderungen lassen sich nicht vermeiden.

(3) Größere Fugen an Schnittstellen oder Anschlüssen sind mit geeignetem Dämmstoffmaterial zu schließen.

(4) Bei Dämmbahnen, deren Kaschierlage als erste Lage der Abdichtung gilt, sind die Längs- und Quernähte systemgerecht zu schließen.

3.4.5.2 Verarbeitung der Dämmstoffe

Expandierter Polystyrol-Hartschaum (EPS) nach DIN EN 13163 kann mit Kaltklebemassen und Kaltklebstoffen oder durch Anflämmen entsprechender Dampfsperrbahnen auf dem Untergrund verklebt werden. Eine mechanische Befestigung kann alleine oder auch in Verbindung mit der ersten Abdichtungslage erfolgen.

Polyurethan-Hartschaumplatten (PUR/PIR) nach DIN EN 13165 können mit Kaltklebstoffen oder mit Heißbitumen auf dem Untergrund verklebt werden. Die Verklebung mit Heißbitumen kann voll- oder teilflächig, zumindest aber 50 % flächig verteilt erfolgen. Bei anderen Verlegeverfahren, z. B. bei loser Verlegung oder mechanischer Befestigung, sind die Herstellervorschriften zu beachten.

Phenolharz-Hartschaumplatten (PF) nach DIN EN 13166 sind unter Beachtung der Herstellervorschriften zu verlegen.

Extrudierte Polystyrol-Hartschaumplatten (XPS) nach DIN EN 13164 sind unter Beachtung der Herstellervorschriften zu verlegen.

Schaumglas nach DIN EN 13167 wird auf geschlossener Unterlage vollflächig mit Heißbitumen aufgeklebt. Bei vollflächig mit Bitumen gefüllten Fugen kann auf eine separate Dampfsperre verzichtet werden. Wird Schaumglas, z. B. auf Stahltrapezprofilen, mit Kaltklebemasse aufgeklebt, sind die Herstellervorschriften zu beachten.

Mineralwoll-Dämmplatten nach DIN EN 13162 können vollflächig mit Heißbitumen oder teilflächig mit Kaltklebstoffen aufgeklebt werden. Die Herstellervorschriften sind zu beachten. Eine mechanische Befestigung kann alleine oder auch in Verbindung mit der ersten Abdichtungslage erfolgen.

Sonstige Dämmstoffe (z. B. Platten aus expandierten Mineralien, Kork, Schüttungen)

Plattenmaterial wird vollflächig mit Heißbitumen aufgeklebt. Wird, z. B. auf Stahltra-

Kapitel 3

pezprofilen, mit Kaltklebemasse oder Kaltklebstoff aufgeklebt, sind die Herstellervorschriften zu beachten. Eine mechanische Befestigung kann alleine oder auch in Verbindung mit der ersten Abdichtungslage erfolgen.
Schüttungen werden in entsprechender Dicke ggf. mit Gefälle aufgetragen und verdichtet. Die Herstellervorschriften sind zu beachten.

3.4.5.3 Verarbeitung von Bitumenbahnen auf Dämmstoffen

(1) Die erste Lage der Abdichtung wird teil- oder vollflächig aufgeklebt, mechanisch befestigt oder lose verlegt, z. B. auf Dämmstoffen aus EPS- oder PUR/PIR-Hartschaum.

(2) Wenn zwischen Wärmedämmung und Abdichtung eine zusammenhängende Luftschicht zum Dampfdruckausgleich erforderlich ist, darf die erste Lage der Abdichtung nicht vollflächig aufgeklebt werden. Auf geeigneten Dämmplatten können kaltselbstklebende Unterlagsbahnen vollflächig aufgeklebt werden. Die Herstellerangaben sind zu beachten.

(3) Auf Dämmbahnen, deren Kaschierlage als erste Lage der Abdichtung gilt, ist die folgende Abdichtungslage vollflächig aufzukleben.

(4) Auf **extrudierten** Polystyrol-Hartschaumplatten muss eine wirksame Trennschicht zwischen Wärmedämmung und Abdichtung angeordnet werden, z. B. Rohglasvlies. Die erste Lage der Abdichtung darf nur mechanisch befestigt oder lose verlegt werden.

(5) Auf **Mineralwoll-Dämmplatten** erfolgt die Verklebung der ersten Abdichtungslage nach Herstellervorschrift (z.B. vollflächig mit Heißbitumen).

(6) Auf **Schaumglasplatten** ist die erste Lage der Abdichtung vollflächig mit Heißbitumen aufzukleben. Die Dämmstoff-Fugen sind mit Heißbitumen oder Bitumen-Kaltklebemasse zu schließen. Soll die erste Lage der Abdichtung im Schweißverfahren aufgebracht werden, sind Schaumglasplatten mit werksseitiger Bitumenbeschichtung einzusetzen oder die Schaumglasplatten bauseits mit einem Heißbitumendeckanstrich zu versehen.

(7) Auf **sonstigen Dämmstoffen** (z. B. Platten aus expandierten Mineralien, Kork) oder Schüttungen erfolgt die Verklebung der ersten Abdichtungslage im Allgemeinen vollflächig mit Heißbitumen.

Für einlagige Abdichtungssysteme gelten diese Ausführungen sinngemäß.

Die entsprechenden Herstellervorschriften sind zu beachten.

Kapitel 3

3.4.6 Verarbeitung der Bitumenbahnen

3.4.6.1 Anordnung der Lagen

(1) Die Dachabdichtung kann auf dem Untergrund vollflächig verklebt, teilflächig verklebt, mechanisch befestigt oder lose verlegt werden. Die Forderungen der Sicherung gegen Abheben durch Windsog müssen erfüllt werden (siehe DIN EN 1991-1-4).

(2) Jede einzelne Lage in einem mehrlagigen Dachaufbau sollte mit Quernahtversatz verlegt werden. Die Überdeckung an Längs- und Quernähten beträgt mind. 80 mm und ist zu verkleben.

(3) Bei einlagigen Abdichtungssystemen beträgt die Überdeckung an Längs- und Quernähten bei mechanisch befestigten Systemen mind. 100 mm/100 mm und bei verklebten Systemen mind. 80 mm/100 mm. Die Mindestfügebreite im Längsnahtbereich beträgt beim Schweißverfahren mit Flamme 80 mm, beim Warmgasschweißen 60 mm, im Quernahtbereich und bei allen Nahtverbindungen auf beschieferten Bahnen stets 100 mm.

(4) Bei mehrlagigen Abdichtungen sind die Bahnen von Lage zu Lage versetzt anzuordnen. Alle Lagen sollten in gleicher Richtung verlegt werden, Kreuzversatz ist, soweit möglich, zu vermeiden. Die Lagen sind untereinander vollflächig zu verkleben.

(5) Es empfiehlt sich, die Bahnen in Gefällerichtung zu verlegen. Bei Dachneigungen > 3° (> 5,2 %) können, abhängig von den örtlichen Verhältnissen, zusätzliche Maßnahmen erforderlich werden.

(6) Um in der letzten Lage eine arbeitsbedingte Verdickung im Stoßbereich der Überdeckungen zu vermeiden, empfiehlt es sich, die zu überdeckende Ecke schräg abzuschneiden.

Abbildung 8: Anordnung der Oberlage bei fabrikmäßig bestreuten Bahnen

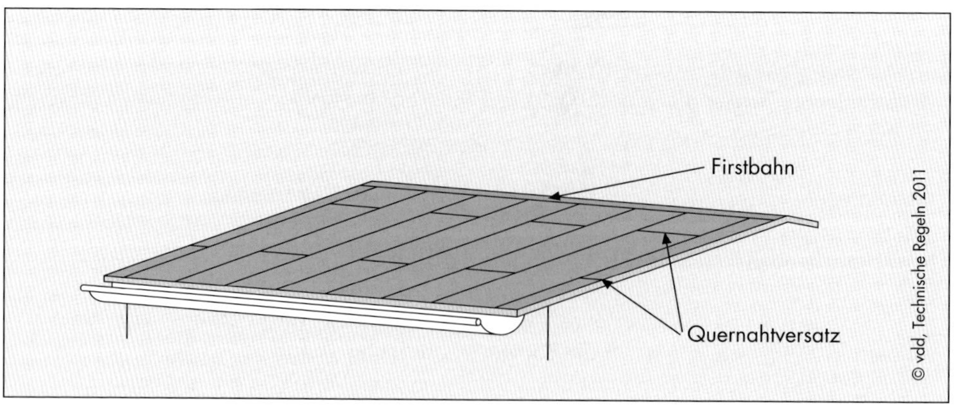

(7) Die Überdeckung der Bahn kann z. B. bei An- und Abschlüssen sowie Einbauteilen auch gegen den Wasserlauf geführt werden.

3.4.6.2 Klebeverfahren

3.4.6.2.1 Allgemeines

(1) Voraussetzung für die Herstellung einer mehrlagigen Dachabdichtung ist die vollflächige Verklebung der Lagen untereinander. Dafür sind entweder das Schweißverfahren, das Gießverfahren oder das Kaltselbstklebeverfahren anzuwenden.

(2) Sind Ausgleichs- oder Dampfdruckausgleichsschichten erforderlich, werden sie durch teilflächige Verklebung oder lose Verlegung (bei Dächern mit Auflast oder mit mechanischer Befestigung) von dafür geeigneten Bahnen hergestellt.

(3) Bitumenbahnen, die als Dampfsperre die Funktion der Ausgleichsschicht oder als erste Lage die Funktion der Dampfdruckausgleichsschicht erfüllen sollen, werden teilflächig auf dem Untergrund aufgeklebt. Diese Verklebung erfolgt entweder punktweise oder unterbrochen streifenweise (siehe Tabelle 16). Die Längs- und Quernähte sind 80 mm breit vollflächig zu verkleben oder zu verschweißen.

Abbildung 9: Lagenversatz bei zweilagiger Verlegung

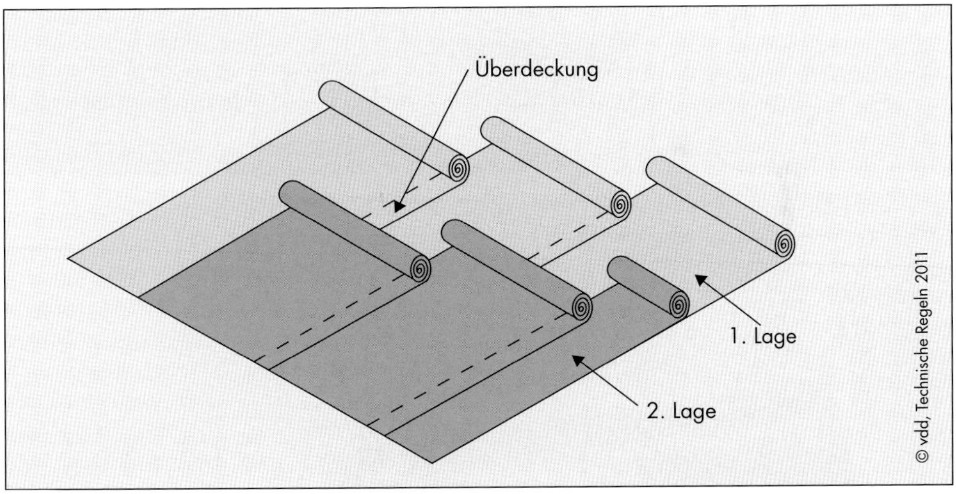

(4) Die angegebenen Klebeverfahren eignen sich auch zur Verarbeitung von Polymerbitumen- und Bitumenbahnen für die Bauwerksabdichtung. Aufgrund möglicher beengter Arbeitsplatzverhältnisse sind nicht immer alle genannten Verfahren anwendbar.

3.4.6.2.2 Schweißverfahren (Schmelzverfahren)

(1) Bei diesem Verfahren werden Schweißbahnen verwendet.

(2) Bei vollflächiger Verklebung werden die zu verklebenden Bitumendeckschichten aufgeschmolzen und die Bahn unter leichtem Druck so eingerollt, dass sie sich vollflächig mit dem Untergrund verbindet. Um dies zu erreichen, muss die aufzuklebende Bahn fest aufgerollt sein. Der Einsatz eines Wickelkerns ist zu empfehlen.

(3) Bei teilflächiger Verklebung wird die untere Deckschicht der aufzuschweißenden Bahn punkt- oder streifenweise aufgeschmolzen und die Bahn unter leichtem Druck eingerollt.

(4) In Anschlussbereichen kann die Verklebung auch im Umklappverfahren durchgeführt werden. Dazu werden die Bahnen in z. B. meterbreiten Abschnitten vor Ort ausgelegt, die Rückseite ganzflächig angeschmolzen, der Abschnitt umgeklappt und angedrückt.

(5) Bei Arbeiten mit offener Flamme sind Vorsichtsmaßnahmen erforderlich. Feuerlöscher sind vor Ort bereitzuhalten. Bei Holzschalung, offenen Fugen und ähnlichem sind Schutzmaßnahmen erforderlich, z. B. Schutzlagen.

3.4.6.2.3 Kaltselbstklebeverfahren

(1) Bei diesem Verfahren werden kaltselbstklebende Polymerbitumenbahnen verwendet. Der Untergrund muss für eine Kaltverklebung geeignet oder dafür vorbereitet sein. Die Herstellervorschriften sind zu beachten. Durch Abziehen der unterseitigen Trennschicht wird die Bahn unter Druck teil- oder vollflächig aufgeklebt. Zur Vermeidung von Kapillaren sind am T-Stoß gesonderte Maßnahmen zu ergreifen (z. B. Schrägschnitt der unterdeckenden Bahn).

(2) KSK-Bahnen:
An den Überlappungen muss der Andruck mit einem Hartgummiroller erfolgen. Die Breite der kaltselbstklebenden Bitumen-Dichtungsbahnen sollte bei senkrechten oder stark geneigten Flächen 1,10 m nicht überschreiten.

(3) KSP-Bahnen:
An An- und Abschlüssen, allen Überlappungen sowie senkrechten Flächen ist die Dichtungsbahn anzudrücken, um so eine optimale Verklebung zu erreichen. Bei senkrechten oder stark geneigten Flächen sind Zusatzmaßnahmen, z. B. Zuhilfenahme thermischer Aktivierung beim Aufbringen der Dichtungsbahn, vorzusehen. Die Breite der kaltselbstklebenden Polymerbitumenbahnen sollte bei senkrechten oder stark geneigten Flächen 1,10 m nicht überschreiten

3.4.6.2.4 Nahtverschweißen

(1) Dieses Verfahren wird angewendet z. B.
– bei lose verlegten Bahnen

Kapitel 3

– bei mechanisch befestigten Bahnen
– bei teilflächig verklebten Bahnen
– beim Nahtverschluss von Kaschierlagen von Dämmbahnen.

(2) Dabei werden die Deckschichten innerhalb der Überdeckung in der erforderlichen Mindestfügebreite mit einem Brenner oder mit einem Warmgasgerät aufgeschmolzen und anschließend unter Druck z. B. mit einer Andruckrolle dicht geschlossen.

3.4.6.2.5 Gießverfahren

(1) Bei diesem Verfahren werden in der Regel Dachdichtungs- und Dachbahnen verwendet. Folienkaschierte Bahnen sind nicht dafür geeignet.

(2) Bei vollflächiger Verklebung wird die Heißbitumen-Klebemasse vor die Bahn so reichlich aufgegossen, dass beim Einrollen der Bahn vor der Rolle in ganzer Bahnenbreite ein Klebemassenwulst entsteht. Um dies zu erreichen, muss die aufzuklebende Bahn fest aufgerollt sein. Der Einsatz eines Wickelkerns ist zu empfehlen.

(3) Bei teilflächiger Verklebung wird die Heißbitumen-Klebemasse punkt- oder streifenweise aufgetragen und die Bahn unter leichtem Druck eingerollt.

(4) An den Bahnenrändern soll bei Unter- und Zwischenlagen das austretende Klebebitumen glattgestrichen werden. Bei fabrikmäßig bestreuten Bitumenbahnen ist das an der sichtbaren Kante herausgequollene Bitumen durch geeignete Maßnahmen zu entfernen oder es ist in die noch heiße Klebemasse gleiches Bestreuungsmaterial einzustreuen.

(5) Für das Gießverfahren werden ungefüllte Klebemassen verwendet.

3.4.6.2.6 Kaltverklebung

(1) Dampfsperrbahnen, Ausgleichsbahnen und Wärmedämmstoffe können mit Bitumen-Kaltklebemassen gemäß Kapitel 3.2.4.1 oder Polyurethan-Klebstoffen gemäß Kapitel 3.2.4.2 streifenweise aufgeklebt werden (siehe Tabelle 31). Bei der Verklebung von Ausgleichsbahnen auf lösemittelempfindlichen Dämmstoffen, wie z. B. Polystyrol mit lösemittelhaltigen Kaltklebemassen oder Klebstoffen, sind die Herstellervorschriften zu beachten.

(2) Die Längs- und Quernähte der Dampfsperr- oder Ausgleichsbahnen sind 80 mm breit zu verkleben oder zu verschweißen.

(3) Die Herstellervorschriften sind zu beachten.

3.4.6.3 Mechanische Befestigung

3.4.6.3.1 Allgemeines

(1) Die erste Lage einer Dachabdichtung wird mechanisch befestigt, die weiteren Lagen werden vollflächig aufgeklebt. Bei einlagigen Dachabdichtungen mit Polymerbitumenbahnen wird die Abdichtungslage selbst mechanisch befestigt. Die Befestigung erfolgt je nach Untergrund mit entsprechenden Befestigungsmitteln, z. B. Breitkopfstiften, Tellerdübeln, Schrauben, Laschen, Metallbändern. Anhang II ist zu beachten.

(2) Voraussetzung ist, dass die zu befestigenden Bahnen hohe Ausreißfestigkeit und darüberliegende Bahnen hohe Durchtrittfestigkeit aufweisen. Dies können Bahnen mit Trägereinlagen aus Glasgewebe oder Polyestervlies sowie Kombinationsträgereinlagen sein.

3.4.6.3.2 Nagelung

(1) Auf Holzschalung oder Holzwerkstoffen wird die Dampfsperre oder die erste Lage der Abdichtung im Bereich der Überdeckung verdeckt mit korrosionsgeschützten Breitkopfstiften befestigt. Der Nagelabstand soll 50 mm - 100 mm entspr. Tabelle 31 betragen, die Überdeckungen sind zu verkleben (siehe nachfolgende Abbildung). Die Bahnen für Dampfsperre oder erste Abdichtungslage sind so auszuwählen, dass eine Verklebung mit dem Untergrund verhindert wird. Wird die Überdeckung der Bahnen verschweißt, sollte eine Flammschutzlage zwischen Holzschalung oder -werkstoff und Bahn oder eine andere geeignete Maßnahme vorgesehen werden.

(2) Auf anderen nagelbaren Unterkonstruktionen sind entsprechende Spezialnägel zu verwenden.

Abbildung 10: Nageln der ersten Lage

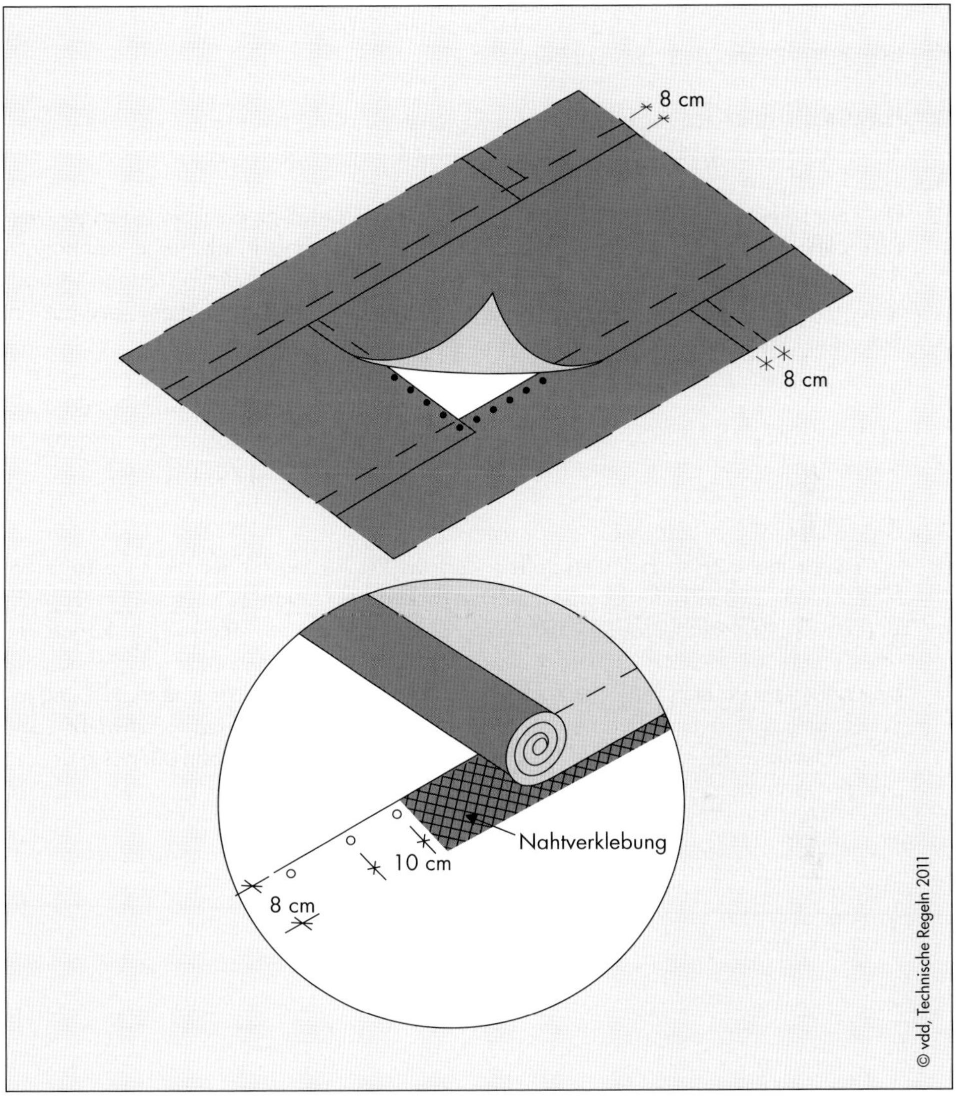

Kapitel 3

3.4.6.3.3 Befestigung mit Elementen

(1) Elemente bestehen aus Lastverteiltellern und Dachbauschrauben. Bei bauphysikalisch hoher Beanspruchung und bei Sanierungen bestehender Dachabdichtungen sind korrosionsbeständige Dachbauschrauben zu empfehlen.

(2) Die Wärmedämmschicht und/oder die erste Lage der Abdichtung können mit auf die Unterkonstruktion abgestimmten Befestigungselementen befestigt werden.

(3) Die Befestigung der ersten Lage einer mehrlagigen Dachabdichtung sollte in der Überdeckung erfolgen. Die Überdeckung beträgt mind. 80 mm und ist zu verkleben.

Abbildung 11: Mechanische Befestigung der ersten Abdichtungslage einer mehrlagigen Abdichtung mit Elementen

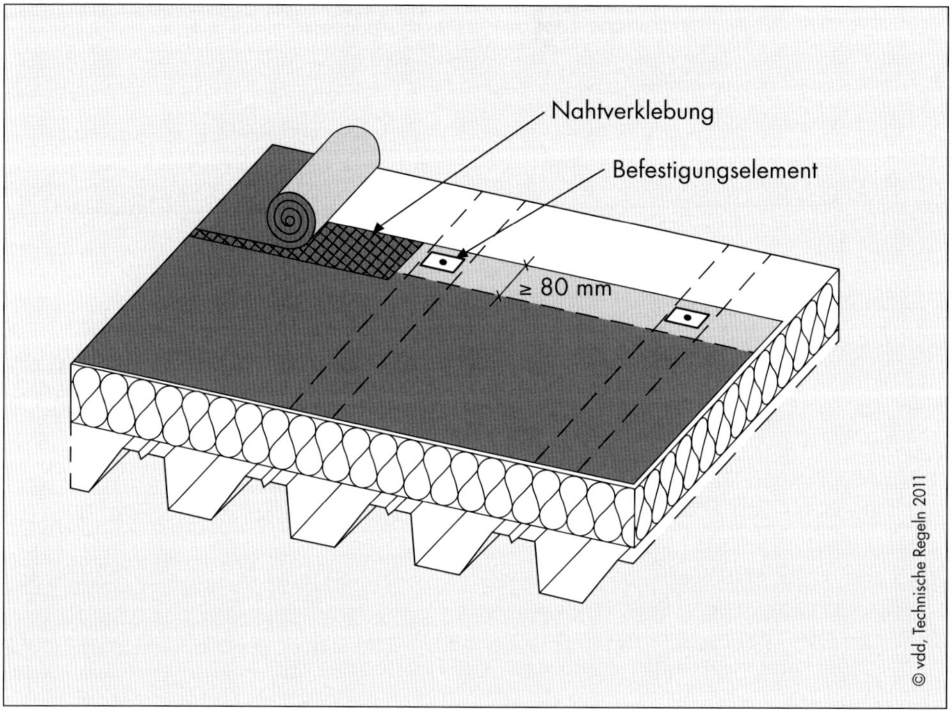

(4) Die Befestigung einer einlagigen Dachabdichtung soll in der Überdeckung erfolgen. Je nach Befestigungsart und Fügetechnik beträgt die Überdeckung 100 mm bis 130 mm. Die Mindestfügebreite im Längsnahtbereich beträgt beim Schweißverfahren mit Flamme 80 mm, beim Warmgasschweißen 60 mm, im Quernahtbereich und bei allen Nahtverbindungen auf beschieferten Bahnen stets 100 mm.

Abbildung 12: Mechanische Befestigung der einlagigen Abdichtung mit Elementen

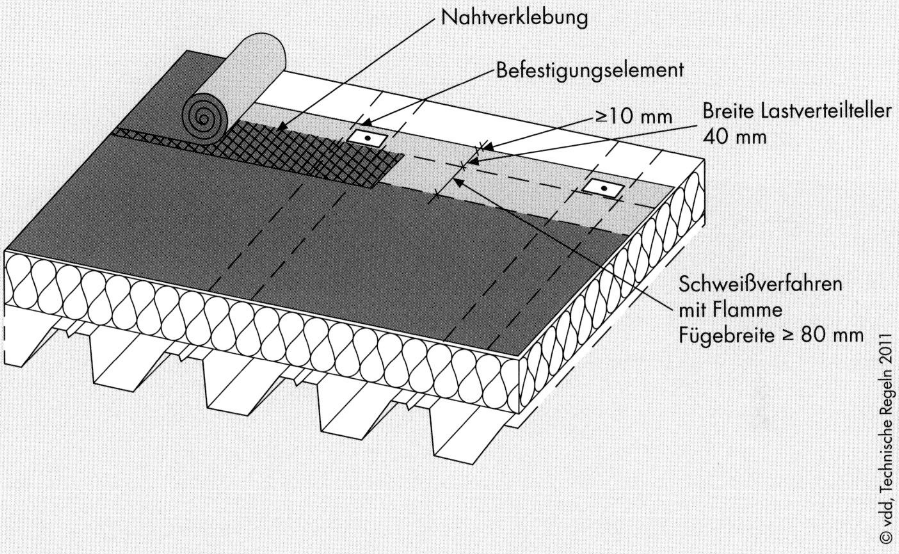

3.4.6.4 Maßnahmen auf geneigten Flächen

3.4.6.4.1 Allgemeines

(1) Auf geneigten Dachflächen können zusätzliche Maßnahmen zur Lagesicherung der Funktionsschichten gegen Abgleiten erforderlich werden. Dies kann, abhängig von den örtlichen Verhältnissen, bereits bei Dachneigungen ab ca. 3° (5,2 %) notwendig sein.

(2) Folgende konstruktive Maßnahmen können einzeln oder kombiniert angewendet werden:
- Sicherung der Dachbahnen am oberen Rand durch versetzte Nagelung mit 50 mm bis max. 100 mm Nagelabstand
- Befestigung unter Verwendung von Metallbändern
- Durchziehen der Bahnen über den First und kopfseitige Befestigung
- Einbauen von Stützkonstruktionen zur Fixierung von Dämmschichten und Abdichtungslagen
- Einbauen von zusätzlichen Nagelleisten bei nicht nagelbarem Untergrund
- Mechanische Befestigung in der Fläche, z. B. mit Befestigungselementen

(3) In Bezug auf die Abdichtung können zusätzlich folgende Maßnahmen erforderlich werden:
- Verwendung von Polymerbitumenbahnen
- Verwendung von standfester Klebemasse oder anderer geeigneter Kleber
- Verwendung von Bahnen mit hoher Zugfestigkeit (z. B. mit Glasgewebe- oder Polyestervlies-Einlage)
- Verlegung der Bahnen in Gefällerichtung
- Unterteilen der Bahnenlängen
- Bahnenteilung im Übergangsbereich wegen unterschiedlicher Verhältnisse durch starke Erwärmung infolge Sonneneinstrahlung und Schattenwirkung, z. B. bei Shedflächen

3.4.6.4.2 Zusätzliche mechanische Befestigung auf geneigten Dächern

(1) An Traufe, First, ggf. Schattengrenze und jeder Bahnenunterteilung können auf nicht nagelbaren Konstruktionen Nagelbohlen angeordnet werden. In Wärmedämmschichten sind sie gleichzeitig Widerlager. Die Nagelbohlen sollen inkl. ihrer Unterfütterung ca. 5 mm dünner als die Dämmstoffdicke und 120 mm breit sein. Bei Dämmstoffdicken über 60 mm empfiehlt es sich, die Nagelbohlen in 30 mm Dicke im oberen Bereich der Dämmschicht einzuarbeiten.

(2) Die Bahnen der einzelnen Abdichtungslagen, die in Trauf-First-Richtung verlegt werden, sind an der Oberkante auf den Nagelbohlen verdeckt im Abstand von 50 mm bis 100 mm zu nageln.

(3) Die Abdichtung wird grundsätzlich von unten beginnend hergestellt. Die Bahnen werden an jeder Nagelbohle abgelängt und mechanisch befestigt. Die überdeckende Bahn wird auf die zuvor verlegte Bahn geführt und mit mind. 80 mm Nahtüberdeckung verklebt.

Abbildung 13: Mechanische Befestigung auf geneigten Dächern

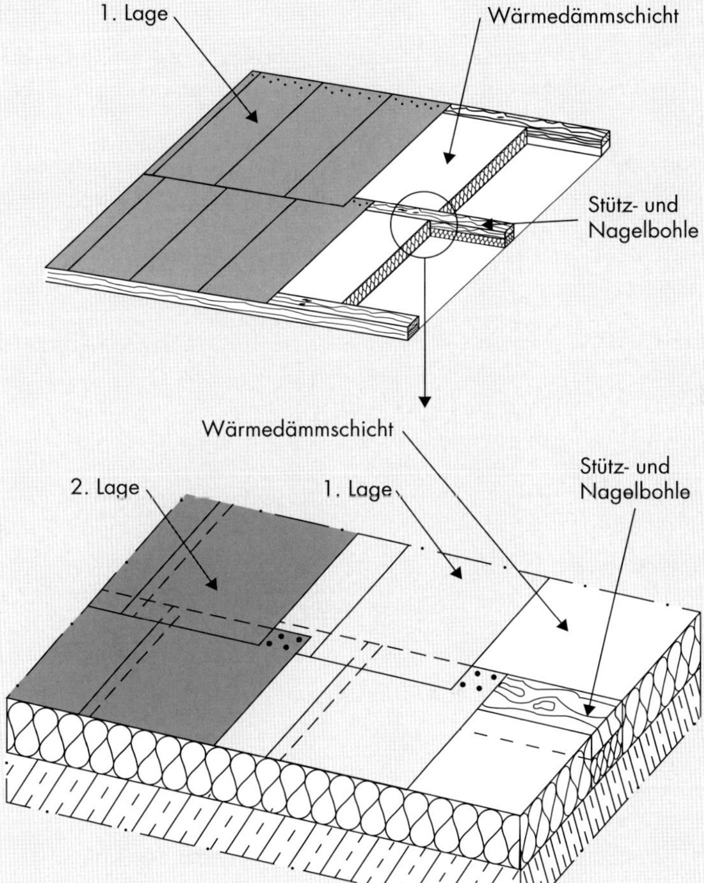

Abbildung 14: Anordnung von Nagelbohlen auf Shedflächen

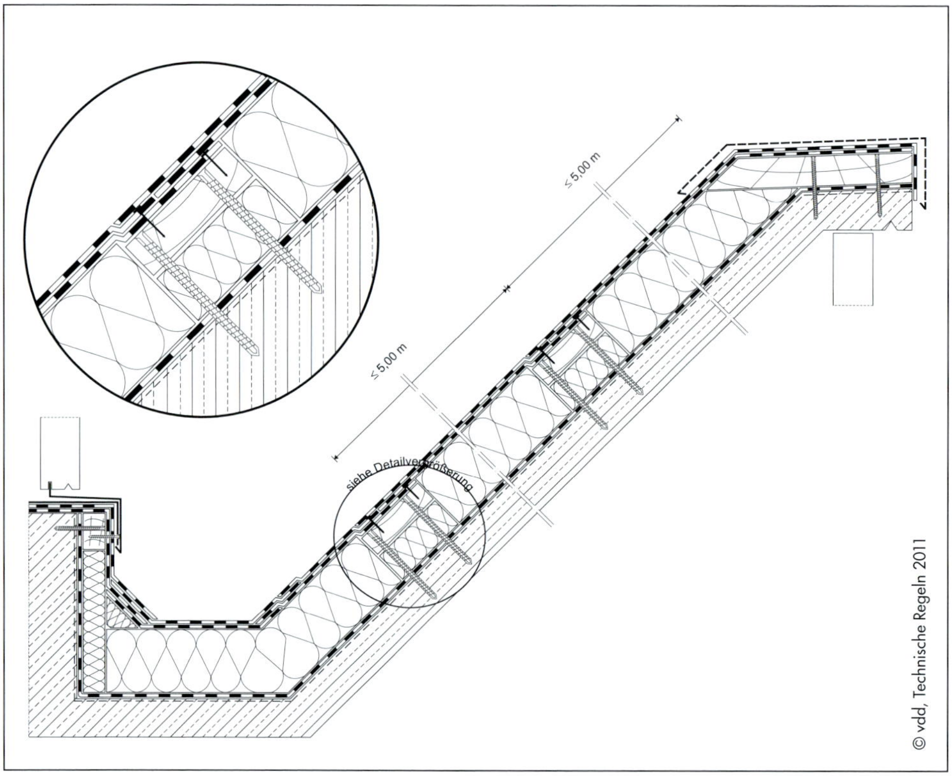

3.5 DETAILAUSBILDUNGEN

Übersicht

Detailskizze 1	Wandanschluss mit Polymerbitumenbahnen mit vorgehängter Fassade, z. B. Sanierung (Variante 1)
Detailskizze 2	Wandanschluss mit Polymerbitumenbahnen, z. B. Sanierung
Detailskizze 3	Wandanschluss mit Polymerbitumenbahnen mit vorgehängter Fassade (Variante 2)
Detailskizze 4	Wandanschluss mit Polymerbitumenbahnen – Sanierung
Detailskizze 5	Wandanschluss mit Polymerbitumenbahnen – zweischaliges Mauerwerk mit Kerndämmung
Detailskizze 6	Wandanschluss mit Polymerbitumenbahnen – Mauerwerk mit Wärmedämm-Verbundsystem
Detailskizze 7	Wandanschluss – beweglich – mit Polymerbitumenbahnen mit Hilfskonstruktion

Detailskizze 8	Wandanschluss mit Polymerbitumenbahnen für die einlagige Dachabdichtung, mit vorgehängter Fassade (Variante 1)
Detailskizze 9	Wandanschluss mit Polymerbitumenbahnen für die einlagige Dachabdichtung, mit vorgehängter Fassade (Variante 2)
Detailskizze 10	Wandanschluss – beweglich – mit Polymerbitumenbahnen für die einlagige Dachabdichtung, mit Hilfskonstruktion
Detailskizze 11	Dachrandabschluss mit Polymerbitumenbahnen mit mehrteiligem Profil
Detailskizze 12	Dachrandabschluss mit Polymerbitumenbahnen
Detailskizze 13	Dachrandabschluss mit Polymerbitumenbahnen – beweglich
Detailskizze 14	Dachrandabschluss mit Polymerbitumenbahnen für die einlagige Dachabdichtung
Detailskizze 15	Kaminanschluss mit Polymerbitumenbahnen
Detailskizze 16	Türanschluss mit Polymerbitumenbahnen barrierefrei
Detailskizze 17	Terrassentüranschluss mit Polymerbitumenbahnen
Detailskizze 18	Terrassentüranschluss mit Polymerbitumenbahnen und Drainrinne (Gitterrost)
Detailskizze 19	Anschlüsse mit Polymerbitumenbahnen an Dunstrohr mit Klebeflansch – Klebeflansch aus der wasserführenden Ebene angehoben
Detailskizze 20	Anschlüsse mit Polymerbitumenbahnen an Rohrdurchführung mit Klebeflansch, Sanierung
Detailskizze 21	Einfassung mit Polymerbitumenbahnen
Detailskizze 22	Lichtkuppelanschluss mit Polymerbitumenbahnen, z. B. Sanierung am Aufsetzkranz hochgeführt
Detailskizze 23	Lichtkuppelanschluss mit Polymerbitumenbahnen – Klebeflansch aus der wasserführenden Ebene angehoben
Detailskizze 24	Lichtkuppelanschluss mit Polymerbitumenbahnen mit Einfassung des Aufsetzkranzes
Detailskizze 25	Lichtkuppelanschluss mit Polymerbitumenbahnen für die einlagige Dachabdichtung, mit Einfassung des Aufsetzkranzes
Detailskizze 26	Bewegungsfuge mit Polymerbitumenbahnen auf Stahlbetondecke
Detailskizze 27	Fugentyp I
Detailskizze 28	Gebäude – Bewegungsfuge mit Polymerbitumenbahnen und Abdeckung
Detailskizze 29	Anschluss mit Polymerbitumenbahnen am Dachgully mit Aufstockelement
Detailskizze 30	Anschluss mit Polymerbitumenbahnen – vorgehängte Dachrinne
Detailskizze 31	Anschluss mit Polymerbitumenbahnen für die einlagige Dachabdichtung – vorgehängte Dachrinne

Hinweis: Alle nachfolgenden Detailskizzen dienen der prinzipiellen Darstellung und sind unmaßstäblich.

3.5.1 Allgemeines

(1) Genauso wichtig wie die einwandfreie Planung des Aufbaues und die fachgerechte Ausführung der einzelnen Schichten eines Flachdaches ist die funktionsgerechte Herstellung der An- und Abschlüsse der einzelnen Schichten an Dachrändern, aufgehenden Bauteilen und Durchdringungen.

(2) Die Voraussetzungen für die fachgerechte Ausbildung und Ausführung müssen bereits bei der Planung berücksichtigt werden, um Fehler zu vermeiden.

(3) Bei Dachabdichtungen, die der Anwendungskategorie K2 zugeordnet werden, sind gegenüber der Standardausführung höhere Anforderungen an die Detailgestaltung zu beachten (s. DIN 18531-3, Ziffer 8).

(4) Anschlussbereiche sollen so ausgebildet und gestaltet sein, dass diese zur Überprüfung und Wartung stets zugänglich sind.

(5) An- und Abschlüsse an Dachrändern, aufgehenden Bauteilen und Durchdringungen sind unabhängig von der Anzahl der Lagen der Flächenabdichtung mindestens zweilagig auszuführen.

(6) Dachdurchdringungen und An- und Abschlüsse müssen dauerhaft luftundurchlässig ausgebildet werden, damit der Wärmeabfluss und Feuchteschäden vermieden werden, z. B. unter Verwendung geeigneter Dampfsperrbahnen.

(7) An- und Abschlüsse von Dachabdichtungen müssen bis zu ihrem oberen Ende wasserdicht sein und den mechanischen und thermischen Beanspruchungen sowie der Bewitterung Rechnung tragen. Es wird unterschieden zwischen Anschlüssen an Bauteilen, die mit der Unterkonstruktion fest verbunden sind (starrer Anschluss), und Anschlüssen an Bauteilen, die gegenüber der Unterkonstruktion Bewegungen unterschiedlicher Art unterworfen sind (beweglicher Anschluss).

(8) Eine starre Verbindung der Abdichtung an Bauteilen, die statisch voneinander getrennt sind, ist auf jeden Fall zu vermeiden, um eine Überbeanspruchung im Anschlussbereich durch Zug-, Schub- und Scherkräfte auszuschließen. Bei Anschlüssen an beweglichen Bauteilen sind deshalb entsprechende konstruktive Maßnahmen erforderlich.

(9) An- und Abschlüsse sollen aus den gleichen Werkstoffen wie die Dachabdichtung hergestellt werden. Werden unterschiedliche Werkstoffe verwendet, so müssen diese für den jeweiligen Zweck uneingeschränkt und dauerhaft geeignet und untereinander verträglich sein. Den besonderen Anforderungen der Detailausbildung wird durch Polymerbitumenbahnen Rechnung getragen. Sie zeichnen sich aus durch leichte Verarbeitbarkeit, hohe Wärmestandfestigkeit und Dauerhaftigkeit.

3.5.2 Wandanschlüsse

(1) Die Anschlusshöhe soll
- bei Dachneigung bis 5° (8,8 %) mind. 150 mm und
- bei Dachneigung über 5° (8,8 %) mind. 100 mm

über Oberfläche Belag oder Gesteinsschüttung betragen. In schneereichen Gebieten ist ggf. eine größere Anschlusshöhe erforderlich.

(2) Bei Dachabdichtungen aus Bitumenbahnen ist der Anschlussbereich mit einem Haftgrund vorzustreichen. Am Übergang vom Dach zum aufgehenden Bauteil sollte ein Keil, z. B. aus Dämmstoff, mit der Mindestabmessung 50 x 50 mm angeordnet werden, der eine bessere Fügetechnik gewährleistet. Für Anschlüsse sollen aufgrund der Standfestigkeit Polymerbitumenbahnen verwendet werden. Als Oberlage der Anschlüsse sind Polymerbitumenbahnen mit Beschieferung zu verwenden (UV-Schutz, Optik).

Kapitel 3

(3) Die Abdichtungsbahnen sollen nicht aus der Abdichtungs- in die Anschlussebene hochgeführt werden, sondern sind aus Gründen der handwerklichen Machbarkeit im Übergang abzusetzen. Bei Anschlusshöhen von mehr als 0,5 m ist es empfehlenswert, die Bahnen in der Senkrechten zu unterteilen und zu befestigen.

(4) Der obere Abschluss von Anschlüssen muss gegen ablaufendes Niederschlagswasser und gegen Abrutschen gesichert sein. Zu diesem Zweck können Klemmschienen/-profile verwendet werden. Anschlüsse der Anwendungskategorie K2 sind vor Wasserbeanspruchung, z. B. durch einen Überhangstreifen, zu schützen. Die Versiegelung von Klemmprofilen ist dazu nicht ausreichend.

(5) Bei nicht regendichten vorgesetzten Außenwandbekleidungen muss der Anschluss hinter diesen an der Wand hochgeführt, befestigt und abgedichtet werden.

(6) Bei Vorsatzmauerwerk, z. B. Blendstein, muss eine z-förmige Horizontalsperre über dem Anschluss angeordnet sein. Die Sperre muss hier an die hintere Wand hochgeführt und vollflächig angeschweißt sein.

(7) Mauerwerk o. ä., an dem die Dachbahnen des Anschlusses hochgeführt, geklebt oder befestigt werden, muss in der Oberfläche eben sein, ggf. ist eine fest haftende Putzschicht aufzubringen. Betonflächen im Anschlussbereich müssen glatt und eben sein und dürfen keine Kiesnester, Risse oder ausgebrochene Kanten aufweisen.

(8) Klemmprofile, die gleichzeitig die Regensicherheit übernehmen, müssen so formstabil sein, dass die Anschlussbahnen durchgehend angedrückt werden. Der Befestigungsabstand soll nicht mehr als 200 mm betragen. Dazu empfiehlt es sich, die Anschlussbahnen im Schienenbereich nicht zu überdecken, sondern durch entsprechenden Zuschnitt stumpf zu stoßen. Die Befestigungsmittel (z. B. Edelstahlschrauben mit Dübel) müssen eine durchgehen-

de Anpressung sicherstellen. Die Einbaulänge der Klemmprofile soll wegen der thermischen Längenänderung nicht länger als 2,50 m sein.

(9) Zusätzliche Metallüberhangstreifen über Klemmschienen/-profilen erhöhen die Regensicherheit. Überhangstreifen sollen mit dem oberen Ende in eine Nut oder Mauerwerksfuge, schräg nach oben verlaufend, eingeführt werden. Sie sind mit Dichtungsmasse zusätzlich zu sichern. Werden Überhangstreifen am oberen Rand z-förmig abgekantet, muss die Abkantung schräg nach unten ausgeführt werden, so dass ablaufendes Niederschlagswasser nach außen abgeleitet wird.

(10) Bei senkrechten Fugen im Anschlussbereich, z. B. bei Fugen von Betonfertigteilen oder Bauwerksfugen, muss der Anschluss so ausgebildet werden, dass eine Dehnung über dem Fugenbereich möglich ist. Klemmschienen/-profile dürfen über beweglichen Fugen nicht durchlaufen. Die Fugen selbst sind durch konstruktive Maßnahmen (z. B. Abdeckungen mit Compri-Bändern) so auszubilden, dass der Anschlussbereich nicht durch Niederschlagswasser hinterlaufen werden kann.

(11) Bei geringfügigen Bewegungen im Anschlussbereich, z. B. bei Betonfertigteilen oder Holzaufkantungen, sollten Anschlussbahnen im Übergangsbereich von Dachabdichtungsebene zur Anschlussfläche nicht mit dem Untergrund verbunden werden. Über dem Keil kann der Einbau von Trennstreifen notwendig sein.

(12) Bei genutzten Dachflächen ist der Anschlussbereich gegen mechanische Beschädigung zu schützen, z. B. durch Schutz- oder Abdeckbleche, Steinplatten.

Detailskizze 1

Wandanschluss mit Polymerbitumenbahnen mit vorgehängter Fassade, z. B. Sanierung (Variante 1)

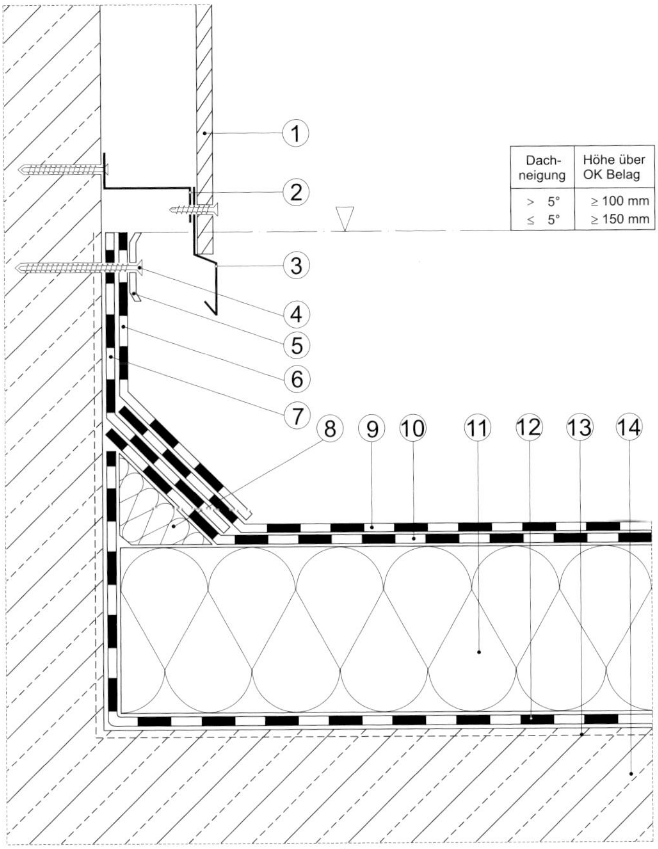

1. Vorgehängte Fassade, hinterlüftet
2. Z-Winkel aus Metall
3. Profil mit Tropfkante aus Metall
4. Schraube mit Dübel, Abstand ≤ 200 mm
5. Klemmschiene/-profil
6. Oberlage des Detailanschlusses (Polymerbitumenbahn)
7. Erste Lage des Detailanschlusses (Polymerbitumenbahn)
8. Keil
9. Oberlage der Abdichtung (Polymerbitumenbahn)
10. Erste Lage der Abdichtung
11. Wärmedämmung
12. Dampfsperre
13. Bitumen-Voranstrich
14. Unterkonstruktion, Beton

Detailskizze 2

Wandanschluss mit Polymerbitumenbahnen z.B. Sanierung

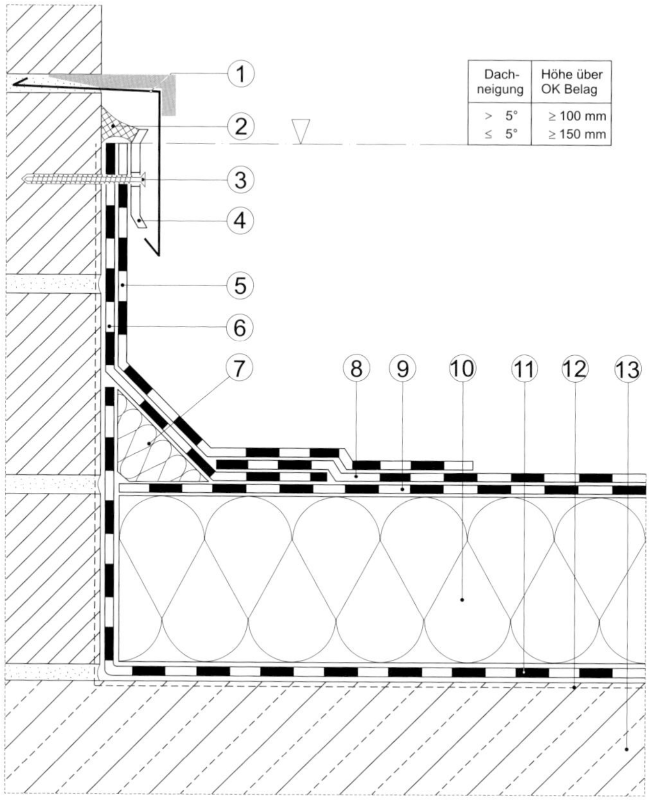

Dach-neigung	Höhe über OK Belag
> 5°	≥ 100 mm
≤ 5°	≥ 150 mm

1. Überhangblech mit Einschlaghaken
2. Versiegelung
3. Schraube mit Dübel, Abstand ≤ 200 mm
4. Klemmprofil
5. Oberlage des Detailanschlusses (Polymerbitumenbahn)
6. Erste Lage des Detailanschlusses (Polymerbitumenbahn)
7. Keil
8. Oberlage der Abdichtung (Polymerbitumenbahn)
9. Erste Lage der Abdichtung
10. Wärmedämmung
11. Dampfsperre
12. Bitumen-Voranstrich
13. Unterkonstruktion, Beton

Detailskizze 3

Wandanschluss mit Polymerbitumenbahnen mit vorgehängter Fassade (Variante 2)

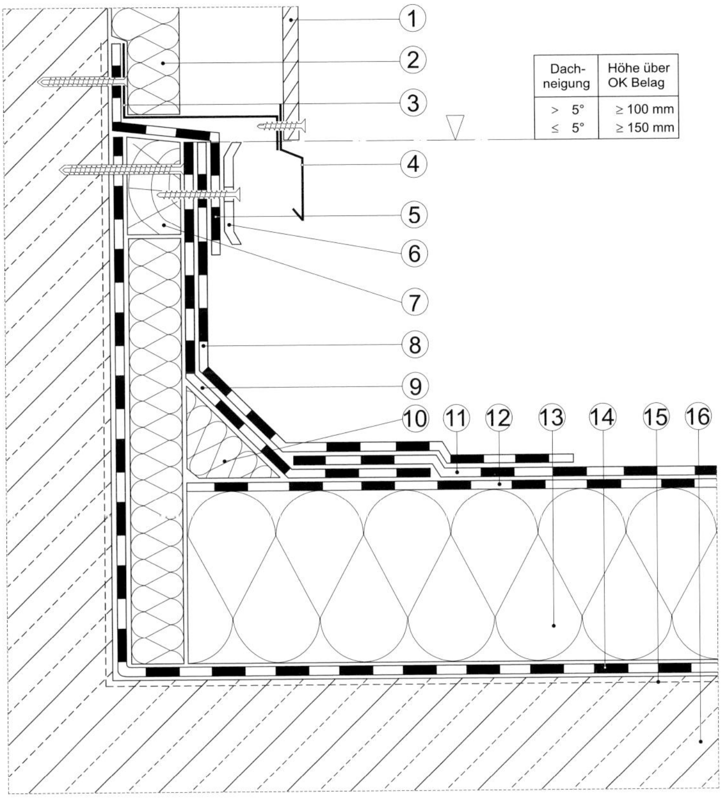

(1) Vorgehängte Fassade
(2) Wärmedämmung, Fassade
(3) Z-Winkel aus Metall
(4) Profil mit Tropfkante aus Metall
(5) Z-Feuchtigkeitssperre, z.B. Elastomerbitumen-Dachdichtungsbahn
(6) Klemmschiene/-profil
(7) Holz, imprägniert
(8) Oberlage des Detailanschlusses (Polymerbitumenbahn)
(9) Erste Lage des Detailanschlusses (Polymerbitumenbahn)
(10) Keil
(11) Oberlage der Abdichtung (Polymerbitumenbahn)
(12) Erste Lage der Abdichtung
(13) Wärmedämmung
(14) Dampfsperre
(15) Bitumen-Voranstrich
(16) Unterkonstruktion, Beton

Detailskizze 4

Wandanschluss mit Polymerbitumenbahnen, Sanierung

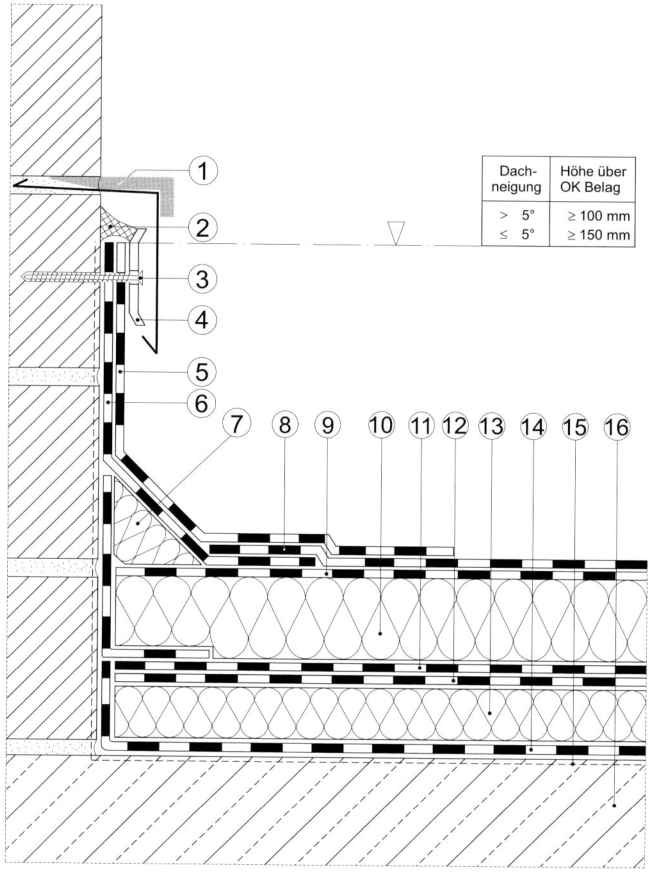

Dach-neigung	Höhe über OK Belag
> 5°	≥ 100 mm
≤ 5°	≥ 150 mm

1. Überhangblech mit Einschlaghaken
2. Versiegelung
3. Schraube mit Dübel, Abstand ≤ 200 mm
4. Klemmprofil
5. Oberlage des Detailanschlusses (Polymerbitumenbahn)
6. Erste Lage des Detailanschlusses (Polymerbitumenbahn)
7. Keil
8. Oberlage der Abdichtung - neu (Polymerbitumenbahn)
9. Erste Lage der Abdichtung - neu
10. Wärmedämmung - neu
11. Oberlage der Abdichtung - alt
12. Erste Lage der Abdichtung - alt
13. Wärmedämmung - alt
14. Dampfsperre - alt
15. Bitumen-Voranstrich - alt
16. Unterkonstruktion, Beton

Detailskizze 5

Wandanschluss mit Polymerbitumenbahnen, zweischaliges Mauerwerk mit Kerndämmung

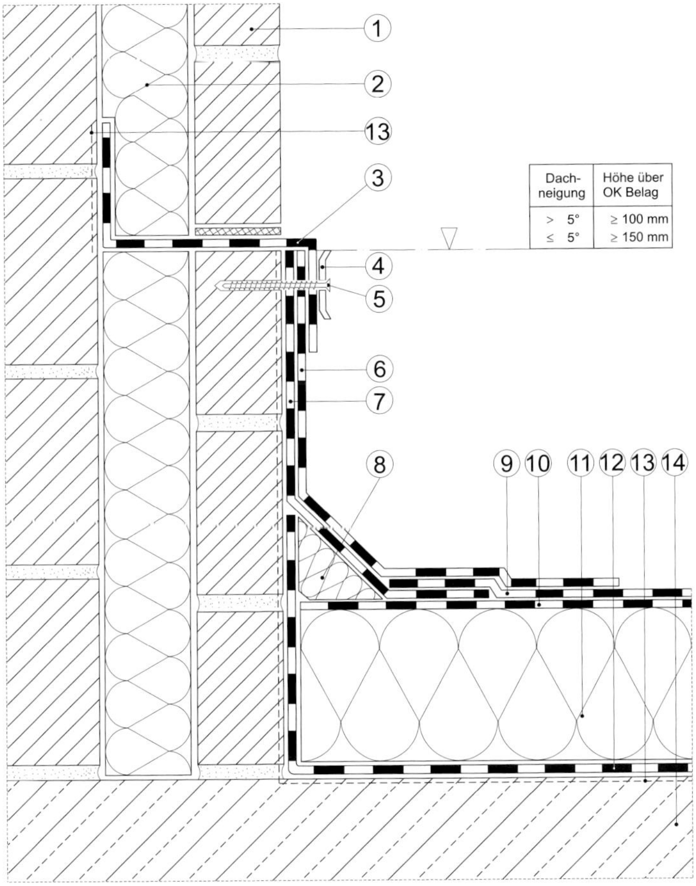

Dachneigung	Höhe über OK Belag
> 5°	≥ 100 mm
≤ 5°	≥ 150 mm

1. Vorgesetzte Schale
2. Wärmedämmung, Fassade
3. Z-Feuchtigkeitssperre, z.B. Elastomerbitumen-Dachdichtungsbahn, beschiefert
4. Klemmschiene /-profil
5. Schraube mit Dübel, Abstand ≤ 200 mm
6. Oberlage des Detailanschlusses (Polymerbitumenbahn)
7. Erste Lage des Detailanschlusses (Polymerbitumenbahn)
8. Keil
9. Oberlage der Abdichtung (Polymerbitumenbahn)
10. Erste Lage der Abdichtung
11. Wärmedämmung
12. Dampfsperre
13. Bitumen-Voranstrich
14. Unterkonstruktion, Beton

Kapitel 3

Detailskizze 6

Wandanschluss mit Polymerbitumenbahnen, Mauerwerk mit Wärmedämm-Verbundsystem

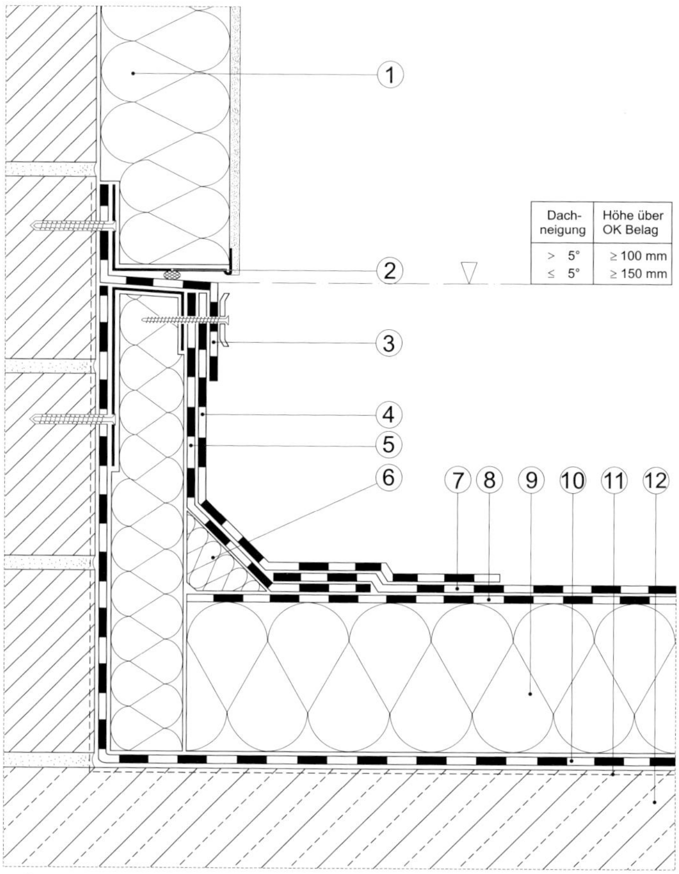

1. Wärmedämm-Verbundsystem
2. Abschlussprofil Wärmedämm-Verbundsystem und Dichtband
3. Z-Feuchtigkeitssperre, z.B. Elastomerbitumen-Dachdichtungsbahn, beschiefert
4. Oberlage des Detailanschlusses (Polymerbitumenbahn)
5. Erste Lage des Detailanschlusses (Polymerbitumenbahn)
6. Keil
7. Oberlage der Abdichtung (Polymerbitumenbahn)
8. Erste Lage der Abdichtung
9. Wärmedämmung
10. Dampfsperre
11. Bitumen-Voranstrich
12. Unterkonstruktion, Beton

Detailskizze 7

Wandanschluss - beweglich - mit Polymerbitumenbahnen, mit Hilfskonstruktion

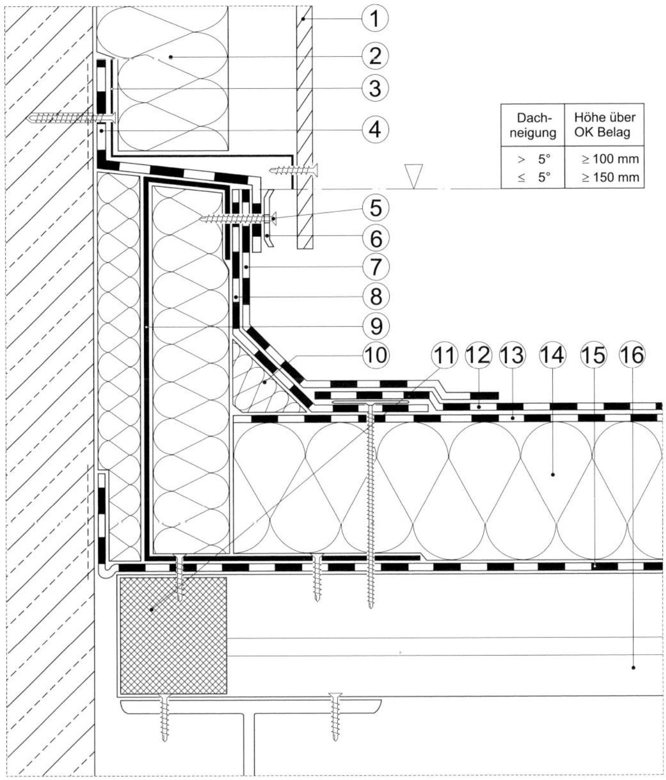

1. Vorgehängte Fassade, hinterlüftet
2. Wärmedämmung, Fassade
3. Z-Winkel aus Metall
4. Z-Feuchtigkeitssperre, z.B. Elastomerbitumen-Dachdichtungsbahn, beschiefert
5. Schrauben mit Abstand ≤ 200 mm
6. Klemmschiene /-profil
7. Oberlage des Detailanschlusses (Polymerbitumenbahn)
8. Erste Lage des Detailanschlusses (Polymerbitumenbahn)
9. Metallhilfskonstruktion
10. Keil
11. Profilfüller
12. Oberlage der Abdichtung (Polymerbitumenbahn)
13. Erste Lage der Abdichtung
14. Wärmedämmung
15. Dampfsperre
16. Stahltrapezprofil

Detailskizze 8

Wandanschluss mit Polymerbitumenbahnen für die einlagige Dachabdichtung, mit vorgehängter Fassade (Variante 1)

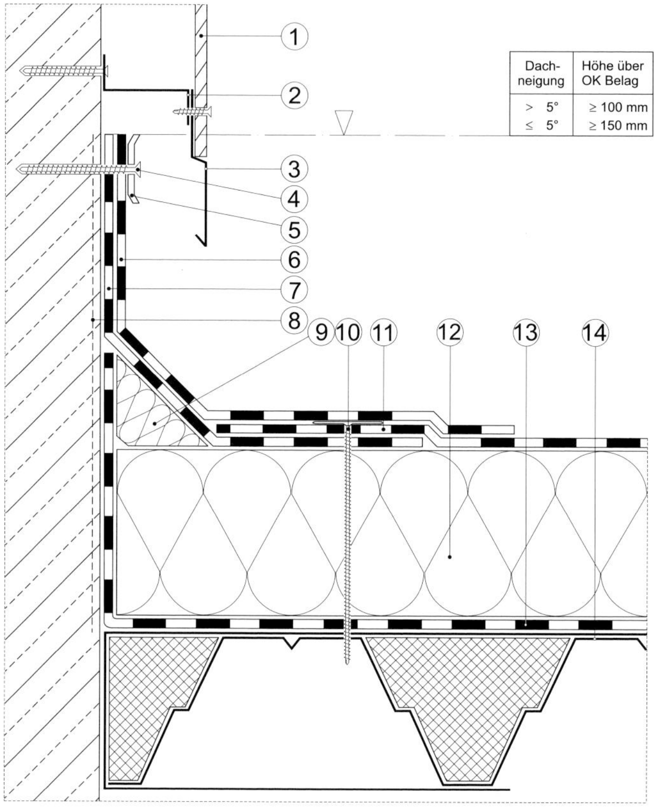

1. Vorgehängte Fassade, hinterlüftet
2. Z-Winkel aus Metall
3. Profil mit Tropfkante aus Metall
4. Schraube mit Dübel, Abstand ≤ 200 mm
5. Klemmschiene/-profil
6. Oberlage des Detailanschlusses (Polymerbitumenbahn)
7. Erste Lage des Detailanschlusses (Polymerbitumenbahn)
8. Bitumen-Voranstrich
9. Keil
10. lineare Befestigung
11. Polymerbitumenbahn für einlagige Verlegung
12. Wärmedämmung
13. Dampfsperre
14. Unterkonstruktion, Stahltrapezprofil

Detailskizze 9

Wandanschluss mit Polymerbitumenbahnen für die einlagige Dachabdichtung, mit vorgehängter Fassade (Variante 2)

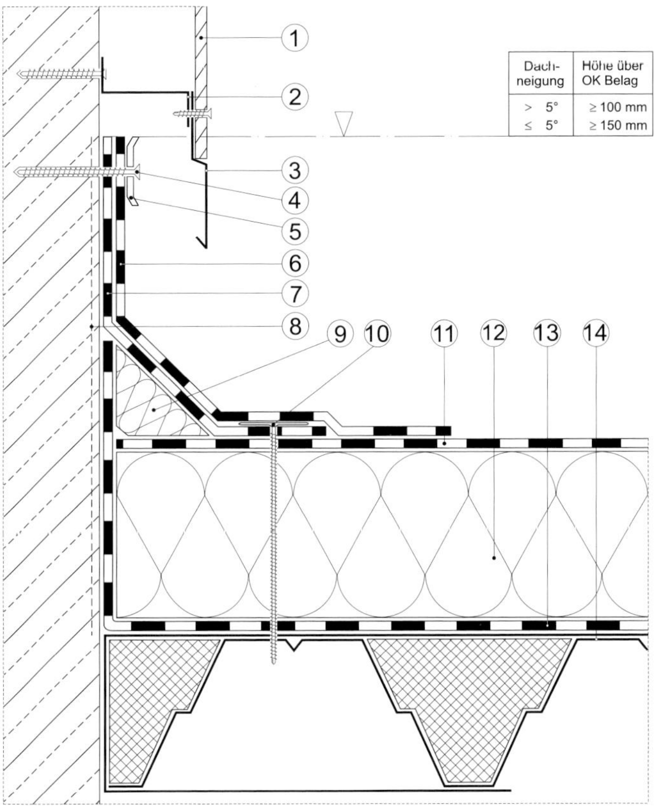

1. Vorgehängte Fassade, hinterlüftet
2. Z-Winkel aus Metall
3. Profil mit Tropfkante aus Metall
4. Schraube mit Dübel, Abstand ≤ 200 mm
5. Klemmschiene /-profil
6. Oberlage des Detailanschlusses (Polymerbitumenbahn)
7. Erste Lage des Detailanschlusses (Polymerbitumenbahn)
8. Bitumen-Voranstrich
9. Keil
10. lineare Befestigung
11. Polymerbitumenbahn für einlagige Verlegung
12. Wärmedämmung
13. Dampfsperre
14. Unterkonstruktion, Stahltrapezprofil

Detailskizze 10

Wandanschluss - beweglich - mit Polymerbitumenbahnen für die einlagige Dachabdichtung, mit Hilfskonstruktion

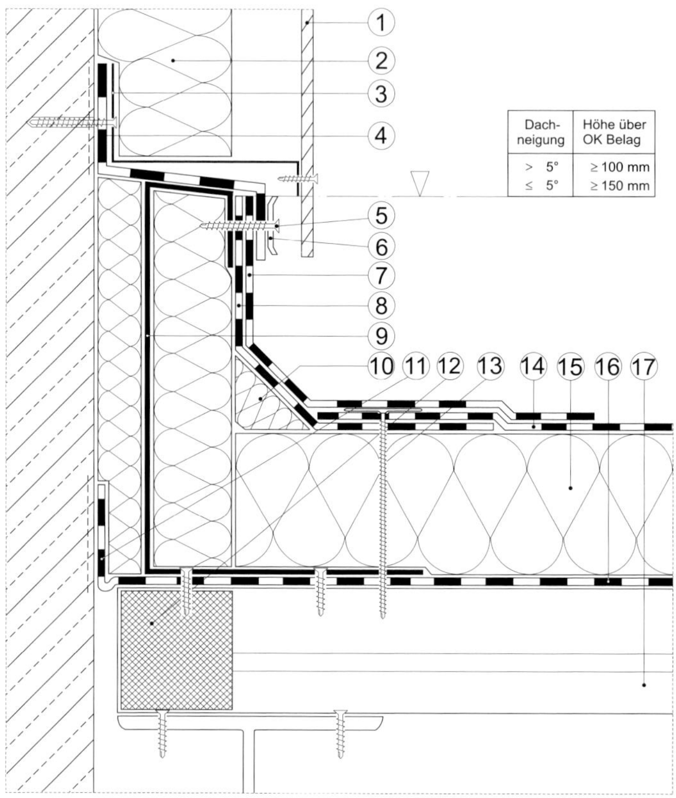

1. Vorgehängte Fassade, hinterlüftet
2. Wärmedämmung, Fassade
3. Z-Winkel aus Metall
4. Z-Feuchtigkeitssperre, Polymerbitumenbahn
5. Schrauben mit Abstand ≤ 200 mm
6. Klemmschiene /-profil
7. Oberlage des Detailanschlusses (Polymerbitumenbahn)
8. Erste Lage des Detailanschlusses (Polymerbitumenbahn)
9. Metallhilfskonstruktion
10. Keil
11. Luftsperre
12. Profilfüller
13. lineare Befestigung
14. Polymerbitumenbahn für einlagige Verlegung
15. Wärmedämmung
16. Dampfsperre
17. Stahltrapezprofil

3.5.3 Dachrandabschlüsse

3.5.3.1 Dachrandausbildung

(1) Die Höhe von Dachrandabschlüssen soll
- bei Dachneigung bis 5° (8,8 %) mind. 100 mm
- bei Dachneigung über 5° (8,8 %) mind. 50 mm

über Oberfläche Belag oder Gesteinsschüttung betragen. In schneereichen Gebieten ist ggf. eine größere Anschlusshöhe erforderlich.

(2) Zweckmäßig sind Randaufkantungen aus Holz, Beton und Mauerwerk. Die Abdichtungsbahnen des Anschlusses sollen bis zur Außenkante der Aufkantungen geführt und befestigt werden. Die Anschlussbahnen sind im Übergangsbereich zur Dachebene abzusetzen. Bei Randhölzern oder Dämmschichten wird empfohlen, eine Lage der Dachabdichtung bis über deren äußere Unterkante herunterzuführen.

Bei Anschlusshöhen von mehr als 0,5 m ist es empfehlenswert, die Bahnen in der Senkrechten zusätzlich zu unterteilen und zu befestigen.

(3) Als oberer Abschluss werden Abdeckungen angebracht. Die Abdeckung soll ein Gefälle von ≥ 2 % ($\geq 1{,}2°$) zur Dachseite aufweisen.

(4) Anstelle von Dachrandaufkantungen mit Abdeckungen können mehrteilige Dachrandabschlussprofile verwendet werden. Diese sind so zu konstruieren und zu montieren, dass sich die thermischen Längenänderungen der Profile nicht nachteilig auf die Abdichtung auswirken können.

(5) Der Anschluss vom Dachrandprofil zur Dachabdichtung ist mit einer Polymerbitumenbahn herzustellen.

(6) Im Dachrandbereich muss der Anschluss der Abdichtung winddicht hergestellt werden.

3.5.3.2 Dachrandabdeckungen

(1) Abdeckungen von Dachrandaufkantungen werden aus Metall, aus Faserzement oder anderen geeigneten Werkstoffen hergestellt.

(2) Dachrandabdeckungen sollen ein deutliches Gefälle (mind. 2 % (1,2°)) zur Dachseite aufweisen, damit Niederschlagswasser mit den auf der Blendenoberseite sich ablagernden Verunreinigungen nicht nach außen ablaufen kann.

(3) Der äußere senkrechte Schenkel von Abdeckungen soll den oberen Rand von Wandputz oder Wandbekleidungen zum Schutz vor Schlagregen überdecken (siehe folgende Tabelle).

Tabelle 6: Dachrandabdeckungen

Gebäudehöhe	Überdeckung
bis 8 m	≥ 50 mm
über 8 bis 20 m	≥ 80 mm
über 20 m	≥ 100 mm

Bei Wärmedämmverbundsystemen soll zwischen Außenputz und Abdeckprofil ein Komprimierband eingelegt werden.
Es können auch andere geeignete Maßnahmen zum Schutz vor Schlagregen ergriffen werden.

(4) Der Überstand von Abdeckungen muss eine Tropfkante mit mind. 20 mm Abstand (siehe Tabelle 7) von den zu schützenden Bauwerksteilen erhalten.

Tabelle 7: Mindest-Auf-/Abkanthöhen

Gebäudehöhe m	a* mm	h_1 mm	h_2 mm
< 8	20	50	mind. 25
8 – 20	30	80	
> 20	40	100	

* Bei Kupfer mind. 50 mm
a = Tropfabstand
h_1 = Abkantung
h_2 = Aufkantung

(5) Stöße von Abdeckungen müssen so ausgebildet sein, dass durch temperaturbedingte Längenänderungen keine Schäden an Abdeckung, Abdichtung und Außenwand entstehen können.

(6) Die erforderliche Materialdicke von gekanteten Blechen ist abhängig von der Gesamtabwicklung und der Befestigungsart. Bei dünneren Blechen ist ein durchgehendes Versteifungsblech (Vorstoßblech) anzuordnen. Bei dickeren Blechen oder Strangpressprofilen kann die Befestigung auf Haltern erfolgen. Diese müssen so ausgebildet sein, dass die temperaturbedingten Längenänderungen der Abdeckungen nicht behindert werden.

(7) Halter- und Abdeckbleche müssen so befestigt werden, dass sie den zu erwartenden Windlasten standhalten.

(8) Dachrandabdeckungen können auch mit Schrauben direkt befestigt werden, wenn die Abdeckungen im Befestigungsbereich auf der Unterlage fest aufliegen und korrosionsbeständige Schrauben mit Dichtungsgarnituren verwendet werden. Dachrandbohlen sind über beweglichen Fugen zu trennen.

(9) Eckformstücke sollen eine Schenkellänge von ca. 250 mm an der Innenseite aufweisen und müssen mit mind. 3 Haltern befestigt werden.

(10) Bei Anschlüssen an aufgehenden Bauteilen sind Aufkantungen und Überhangstreifen erforderlich.

(11) An Kreuzungs- und Endpunkten sind Formteile notwendig.

(12) Durchdringungen an Dachrandabdeckungen sind zu vermeiden. Geländerstützen sind an der äußeren senkrechten Fläche oder an der Unterseite von Kragplatten zu befestigen. Blitzschutz oder Elektroleitungen sollen unter der Dachrandabdeckung herausgeführt werden.

(13) Abdeckungen aus anderen Werkstoffen sind sinngemäß auszuführen.

(14) Die Ausführungs- bzw. Montagevorschriften der Hersteller sind zu beachten.

Detailskizze 11

Dachrandabschluss mit Polymerbitumenbahnen und mehrteiligem Profil

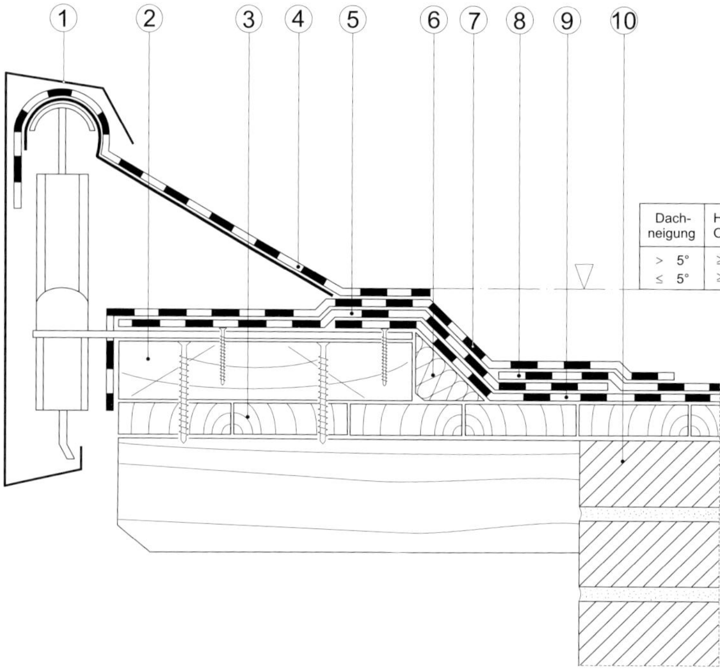

Dachneigung	Höhe über OK Belag
> 5°	≥ 50 mm
≤ 5°	≥ 100 mm

1. Blende mit Halter
2. Holzbohle, imprägniert
3. Holzschalung, imprägniert
4. Anschlussbahn (Polymerbitumenbahn)
5. Erste Lage des Detailanschlusses (Polymerbitumenbahn)
6. Keil
7. Oberlage des Detailanschlusses (Polymerbitumenbahn)
8. Oberlage der Abdichtung (Polymerbitumenbahn)
9. Erste Lage der Abdichtung
10. Mauerwerk

Detailskizze 12

Dachrandabschluss mit Polymerbitumenbahnen

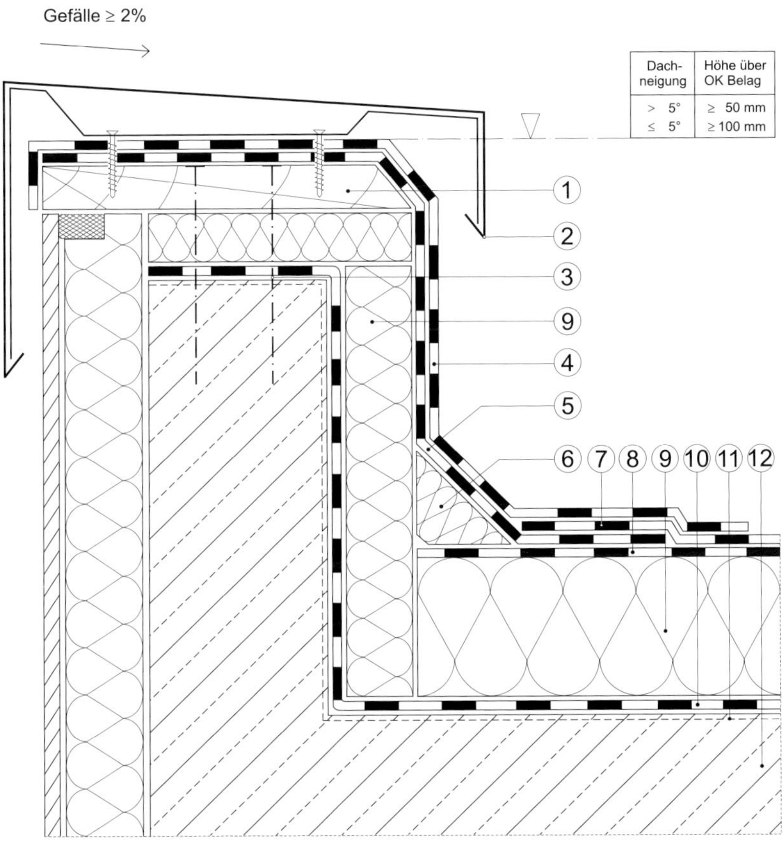

1. Holzbohle, imprägniert, unterfüttert mit druckfester Wärmedämmung
2. Metallabdeckung mit Stoßblech und Halter
3. Schraube mit Dübel
4. Oberlage des Detailanschlusses (Polymerbitumenbahn)
5. Erste Lage des Detailanschlusses (Polymerbitumenbahn)
6. Keil
7. Oberlage der Abdichtung (Polymerbitumenbahn)
8. Erste Lage der Abdichtung
9. Wärmedämmung
10. Dampfsperre
11. Bitumen-Voranstrich
12. Unterkonstruktion, Beton

Detailskizze 13

Dachrandabschluss mit Polymerbitumenbahnen - beweglich

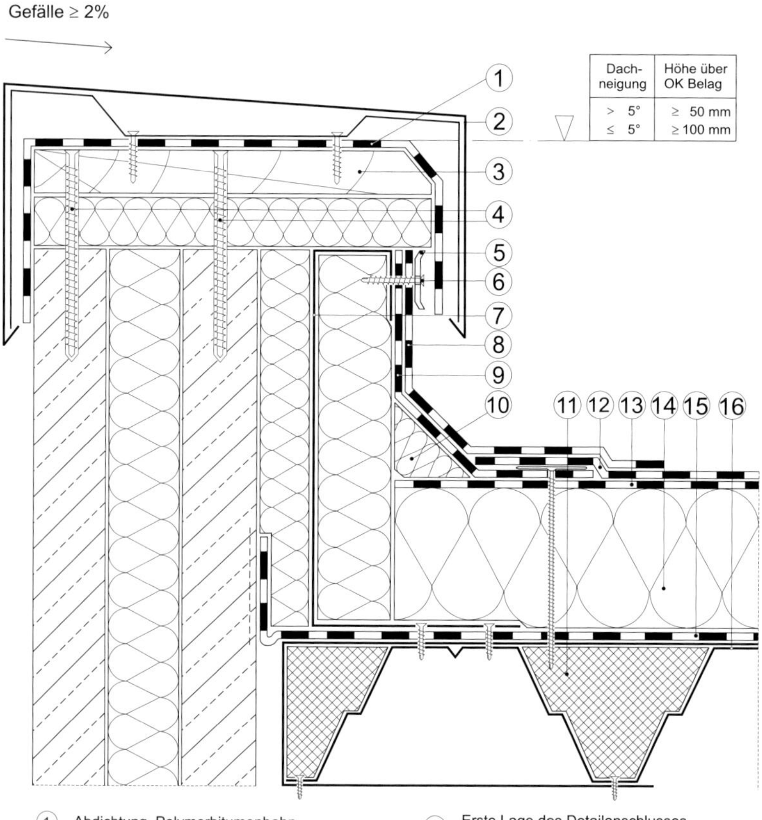

Dach-neigung	Höhe über OK Belag
> 5°	≥ 50 mm
≤ 5°	≥ 100 mm

1. Abdichtung, Polymerbitumenbahn
2. Metallabdeckung mit Stoßblech und Halter
3. Holzbohle, imprägniert, unterfüttert mit druckfester Wärmedämmung
4. Schrauben mit Dübel
5. Klemmschiene/-profil
6. Schrauben mit Abstand ≤ 200 mm
7. Metallhilfskonstruktion
8. Oberlage des Detailanschlusses (Polymerbitumenbahn)
9. Erste Lage des Detailanschlusses (Polymerbitumenbahn)
10. Keil
11. Profilfüller
12. Oberlage der Abdichtung (Polymerbitumenbahn)
13. Erste Lage der Abdichtung
14. Wärmedämmung
15. Dampfsperre
16. Stahltrapezprofil

Detailskizze 14

Dachrandabschluss mit Polymerbitumenbahnen für die einlagige Dachabdichtung

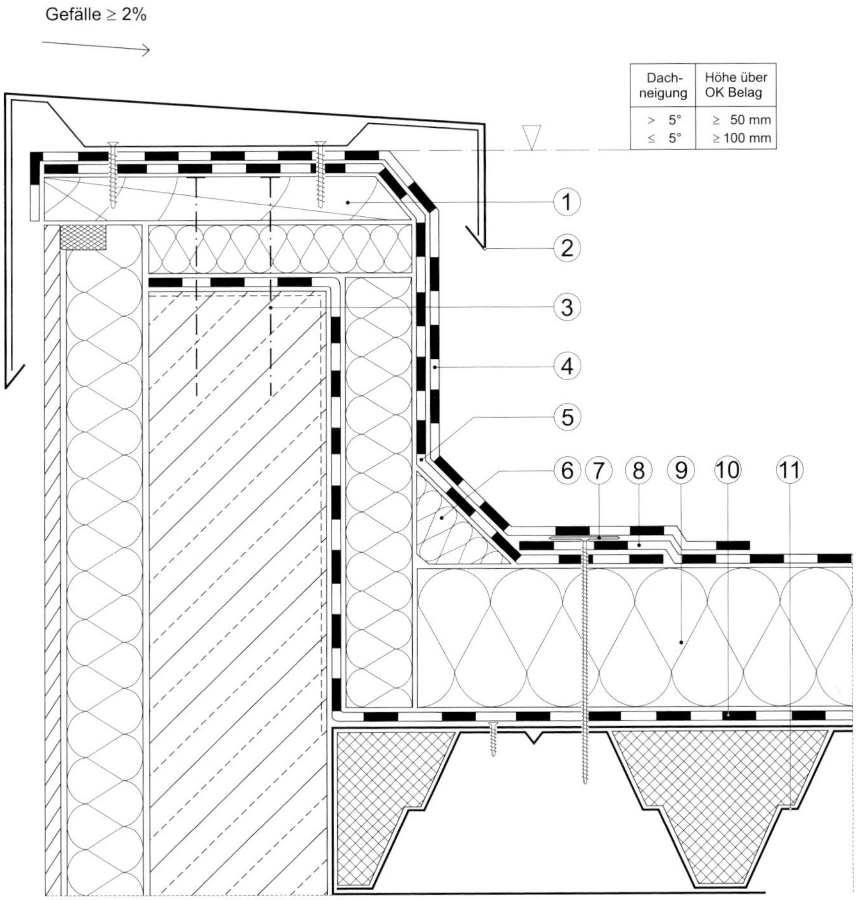

1. Holzbohle, imprägniert, unterfüttert mit druckfester Wärmedämmung
2. Metallabdeckung mit Stoßblech und Halter
3. Schraube mit Dübel
4. Oberlage des Detailanschlusses (Polymerbitumenbahn)
5. Erste Lage des Detailanschlusses (Polymerbitumenbahn)
6. Keil
7. lineare Befestigung
8. Polymerbitumenbahn für einlagige Verlegung
9. Wärmedämmung
10. Dampfsperre
11. Unterkonstruktion, Stahltrapezprofil

3.5.4 Anschlüsse an Schornsteine

(1) An Schornsteinen erfolgt der Anschluss von Dachabdichtungen sinngemäß wie die Ausbildung von Wandanschlüssen.

(2) Bei Schornstein-Vormauerwerk besteht die Gefahr, dass Feuchtigkeit oder Niederschlagswasser in das Mauerwerk eindringt und die Anschlüsse der Dachabdichtung hinterwandert. Deshalb sollen Schornsteinköpfe möglichst mit Bekleidung versehen werden. Ist dies nicht möglich, soll die Abdichtung hinter dem Mauerwerk hochgeführt werden.

Kapitel 3

Detailskizze 15

Kaminanschluss mit Polymerbitumenbahnen

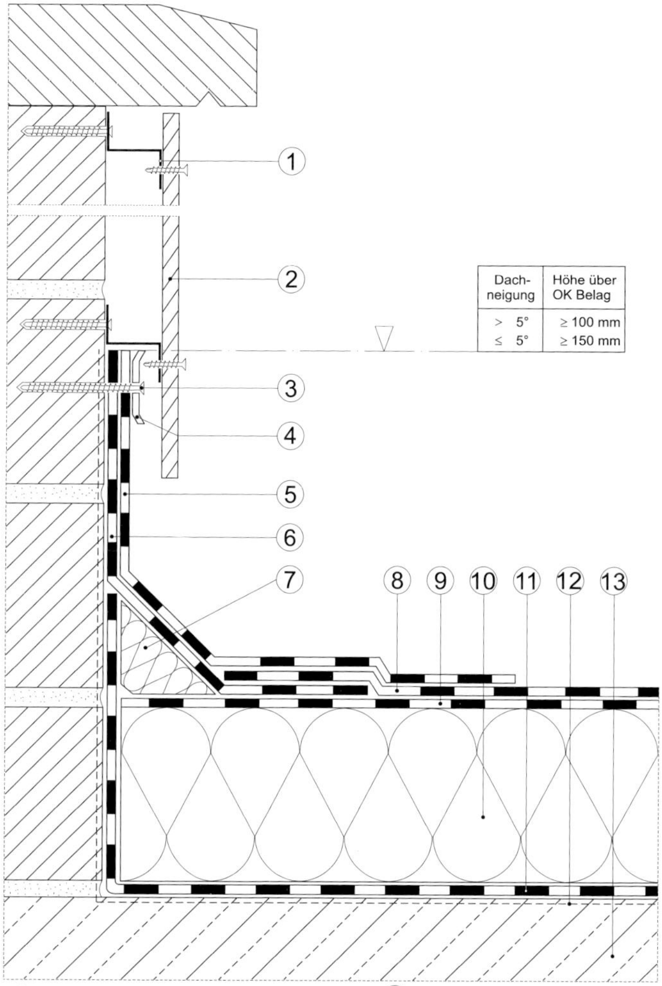

Dach-neigung	Höhe über OK Belag
> 5°	≥ 100 mm
≤ 5°	≥ 150 mm

1. Z-Winkel aus Metall
2. Kaminbekleidung
3. Schraube mit Dübel, Abstand ≤ 200 mm
4. Klemmschiene /-profil
5. Oberlage des Detailanschlusses (Polymerbitumenbahn)
6. Erste Lage des Detailanschlusses (Polymerbitumenbahn)
7. Keil
8. Oberlage der Abdichtung (Polymerbitumenbahn)
9. Erste Lage der Abdichtung
10. Wärmedämmung
11. Dampfsperre
12. Bitumen-Voranstrich
13. Unterkonstruktion, Beton

3.5.5 Sonderkonstruktionen

3.5.5.1 An- und Abschlüsse mit Blechen

(1) Lassen sich eingeklebte Winkelblechanschlüsse nicht vermeiden, werden sie aus abgekanteten Metallstreifen (z. B. Kupfer, Titanzink, Edelstahl) hergestellt. Diese Anschlüsse dürfen nur bei Anwendungskategorie K1 angewendet werden, sie sind Wartungsdetails und sollten zugänglich sein.

(2) Je nach Materialart sind Blechanschlüsse an Nähten und Stößen durch Löten wasserdicht zu verbinden. Falzverbindungen sind nicht zulässig.

(3) Dachrandabschlussprofile, die wie Blechverwahrungen direkt in die Dachabdichtung eingebunden oder eingeklebt werden, sind ungeeignet, weil die an den Stoßstellen auftretenden temperaturbedingten Bewegungen zu Rissen in der Dachabdichtung führen können.

(4) Unter und hinter Blechanschlüssen, die mit Beton oder Mörtel in direkten Kontakt kommen, muss eine Bitumenbahn als Schutz- oder Trennlage verlegt werden.

(5) Blechverwahrungen sind auf der Unterkonstruktion direkt durch Nagelung in ca. 50 mm Abstand versetzt zu befestigen. Bei nicht nagelbarem Untergrund sind zu diesem Zweck Nagelbohlen (Randhölzer) anzuordnen. Klebeflansche dürfen dachseitig nicht über Randhölzer überstehen oder müssen nach unten abgekantet werden.

(6) Die Einklebefläche von Blechanschlüssen muss mind. 120 mm breit sein. Die Einklebefläche muss sauber und fettfrei sein und sollte mit einem Voranstrich versehen werden. Die Abdichtungslagen müssen vollflächig im Lagenrückversatz aufgeklebt werden. Die aufgeklebte Abdichtung sollte mind. 10 mm vor der Aufkantung enden.

(7) Blechanschlüsse müssen mind. 150 mm über Oberfläche Belag hochgeführt werden. Das obere Ende von Blechverwahrungen muss mit einem zusätzlichen und getrennt angebrachten Überhangstreifen gegen hinterlaufendes Wasser abgesichert werden, wenn dies nicht durch andere Abdeckungen verhindert wird, z. B. vorgehängte regendichte Außenwandbekleidungen.

(8) Metallanschlüsse, die in wasserführenden Ebenen liegen, müssen bis mind. 20 mm über Oberfläche Dachhaut, Gesteinsschüttung oder Plattenbelag mit einem Korrosionsschutzanstrich versehen werden. Dies gilt nicht für Edelstahlbleche. Insbesondere sind die Richtlinien des ZVSHK zu beachten.

3.5.5.2 Anschlüsse an Türen

(1) Die Anschlusshöhe soll auch im Türbereich 150 mm über Oberfläche Belag oder Gesteinsschüttung betragen, um zu verhindern, dass bei Schneematschbildung, Wasserstau,

Schlagregen, Winddruck oder bei Vereisung Niederschlagswasser über die Türschwelle eindringt.

(2) In Ausnahmefällen ist eine Verringerung der Anschlusshöhe möglich, wenn ein einwandfreier Wasserablauf im Türbereich sichergestellt ist. Dies ist dann der Fall, wenn sich im unmittelbaren Türbereich Terrassenabläufe oder andere Entwässerungsmöglichkeiten befinden, wie z. B. eine Dränrinne, so dass kein Wasserstau entsteht. Dabei soll eine Anschlusshöhe von 50 mm nicht unterschritten werden. Barrierefreie Übergänge sind Sonderlösungen und erfordern deshalb zusätzliche Maßnahmen, die zwischen Planer, Ausführenden und Bauherrn abgestimmt werden müssen.

(3) Türen als Zugänge zu Dachterrassen und Dachflächen müssen im Bereich der Türschwellen und Türpfosten für einen einwandfreien Abdichtungsanschluss geeignet sein.

(4) Der Anschluss an Türschwellen kann durch Hochziehen der Dachabdichtung wie an Wandanschlüssen oder durch das Einbauen von Türanschlussblechen erfolgen. Anschlüsse müssen hinter Rolladenschienen und Deckleisten durchgeführt werden.

(5) An Türkonstruktionen aus Kunststoff sind aus Gründen der Durchführbarkeit und Machbarkeit Anschlüsse mit Anschlussblechen herzustellen oder kaltselbstklebende Bahnen einzusetzen. Dabei sind die Herstellervorschriften zu beachten.

(6) Hochgeführte Abdichtungen müssen am Türrahmen mechanisch, z. B. durch Klemmprofile, befestigt und abgedichtet werden. Blechverwahrungen an Türrahmen müssen in allen Ecken sorgfältig eingepasst, alle Nähte dicht gelötet und seitlich als Klebeflansch mind. 120 mm in die Wandanschlussebene fortgeführt werden.

Detailskizze 16

Türanschluss mit Polymerbitumenbahnen, barrierefrei

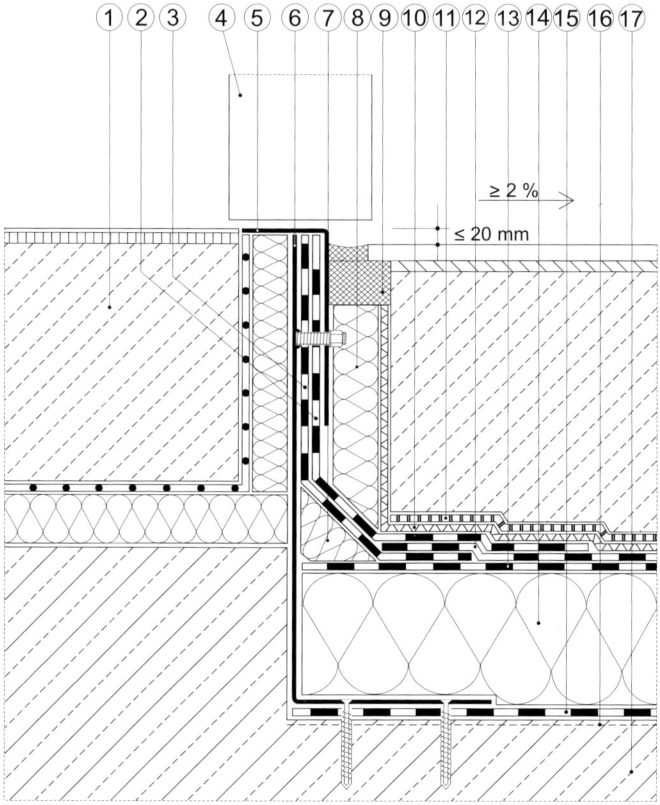

1. Estrich, Belag o.ä.
2. Oberlage des Detailanschlusses (Polymerbitumenbahn)
3. Erste Lage des Detailanschlusses (Polymerbitumenbahn)
4. auf den Anwendungsfall abgestimmtes Türprofil
5. Losflansch
6. Festflansch
7. Keil
8. Extrudiertes Polystyrol
9. Fugenmasse
10. Trennvlies
11. Drainageschicht
12. Oberlage der Abdichtung (Polymerbitumenbahn)
13. Erste Lage der Abdichtung
14. Wärmedämmung
15. Dampfsperre
16. Bitumen-Voranstrich
17. Unterkonstruktion, Beton

Detailskizze 17

Terrassentüranschluss mit Polymerbitumenbahnen

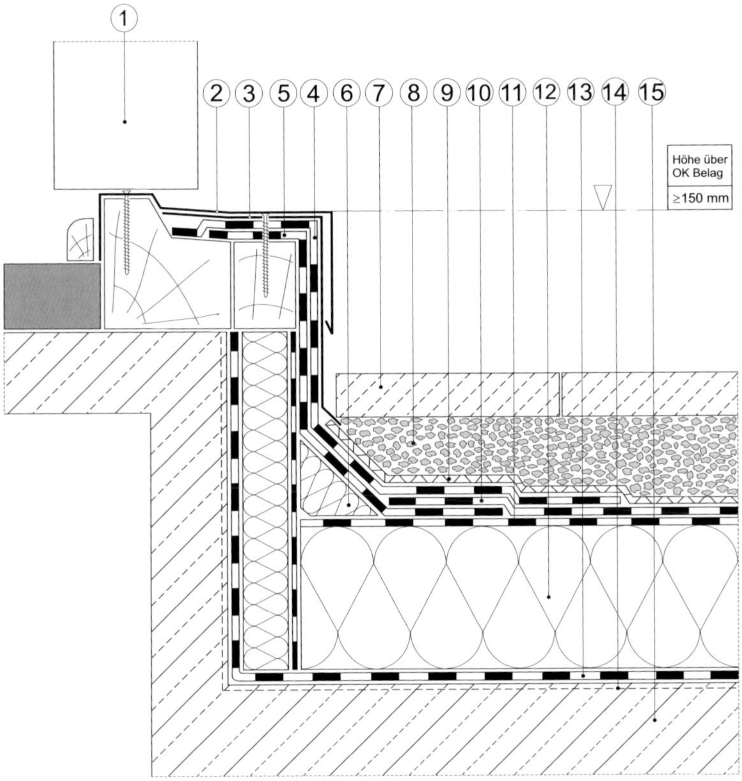

1. auf den Anwendungsfall abgestimmtes Türprofil
2. Türblech
3. Schutzblech
4. Oberlage des Detailanschlusses (Polymerbitumenbahn)
5. Erste Lage des Detailanschlusses (Polymerbitumenbahn)
6. Keil
7. Terrassenbelag
8. Splittbett
9. Schutzlage / Drainageschicht
10. Oberlage der Abdichtung (Polymerbitumenbahn)
11. Erste Lage der Abdichtung
12. Wärmedämmung
13. Dampfsperre
14. Bitumen-Voranstrich
15. Unterkonstruktion, Beton

Detailskizze 18

Terrassentüranschluss mit Polymerbitumenbahnen und Drainrinne (Gitterrost)

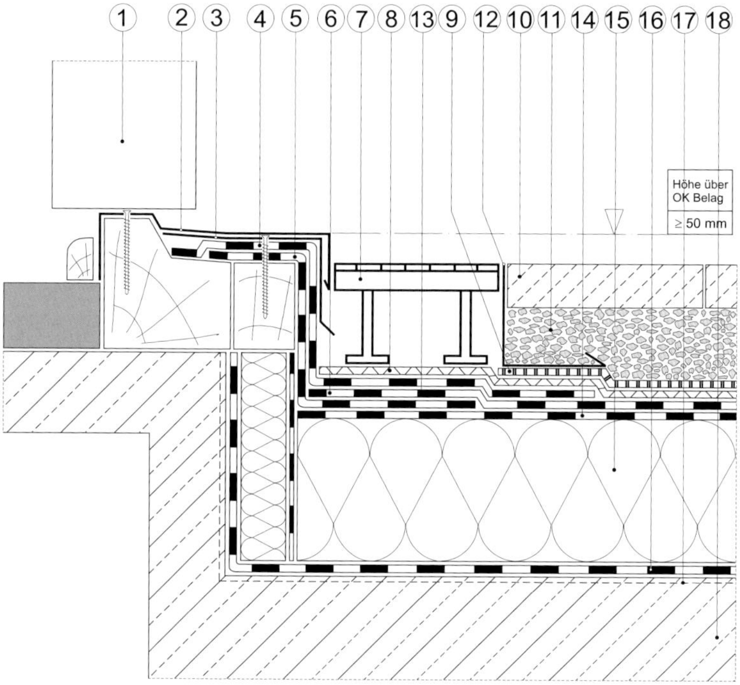

1. auf den Anwendungsfall abgestimmtes Türprofil
2. Türblech
3. Schutzblech
4. Oberlage des Detailanschlusses (Polymerbitumenbahn)
5. Erste Lage des Detailanschlusses (Polymerbitumenbahn)
6. Oberlage der Abdichtung (Polymerbitumenbahn)
7. Gitterrost
8. Schutzlage
9. Drainage
10. Terrassenbelag
11. Splittbett
12. Randblech, gelocht
13. Oberlage der Abdichtung (Polymerbitumenbahn)
14. Erste Lage der Abdichtung
15. Wärmedämmung
16. Dampfsperre
17. Bitumen-Voranstrich
18. Unterkonstruktion, Beton

3.5.6 Dachdurchdringungen

3.5.6.1 Allgemeines

(1) Dachdurchdringungen sind durch planerische Maßnahmen auf ein Minimum zu reduzieren und möglichst in Sammelschächten zusammenzufassen. Sie können mit Klebe- oder Klemmflanschen ausgeführt werden. Die Einklebefläche der Klebeflansche muss mind. 120 mm breit sein und ggf. mit Voranstrich versehen werden. Die aufgeklebte Abdichtung sollte mind. 10 mm vor der Aufkantung enden. Metallklebeflansche sind zu säubern und zu entfetten.

Außerdem soll bei der Planung berücksichtigt werden, dass Aggregate und Aufständerungen auf ausreichend druckverteilenden Schutzschichten gesetzt werden. Ist dies nicht möglich, so sind Aggregate auf Stützen aufzusetzen. Sie müssen einen geschlossenflächigen, rechteckigen oder runden Querschnitt aufweisen.

Der Abstand zwischen Oberkante der Abdichtung und Unterkante des Aggregats soll möglichst 0,75 m nicht unterschreiten.

Oberhalb der hochgeführten Abdichtung ist an der Stütze ein wasserabweisendes, dicht angeschweißtes Blech anzubringen.

(2) Bei Dachdurchdringungen soll der Abstand der Außenkanten der Klebeflansche untereinander und zu anderen Details mind. 300 mm betragen, damit die jeweiligen Anschlüsse fachgerecht hergestellt werden können.

(3) Estriche und Plattenbeläge dürfen nicht direkt an Durchdringungen anschließen. Sie müssen durch eine mind. 20 mm breite Fuge von diesen getrennt sein, damit der Anschluss der Dachabdichtung oder die Durchdringung selbst durch temperaturbedingte Bewegungen des Belags nicht gefährdet wird.

(4) Bei Dachneigungen < 2 % (< 1,2°) und bei Dächern der Anwendungskategorie K2 sollten die Anschlussflansche durch geeignete Maßnahmen, z. B. Dämmplatten, 0,5 m x 0,5 m x 0,05 m, aus der wasserführenden Ebene herausgehoben oder eingeschäumte Manschetten aus Polymerbitumenbahnen verwendet werden.

3.5.6.2 Dunstrohre

(1) Der Anschluss der Dachabdichtung an Dunstrohre erfolgt mit vorgefertigten Hülsenrohren aus Metall oder aus Kunststoff, jeweils mit Klebeflansch. Die Klebeflansche sind in die Dachabdichtung einzubinden. Das obere Ende von Formstücken muss gegen hinterlaufendes Wasser gesichert sein.

Detailskizze 19

Anschlüsse mit Polymerbitumenbahnen an Dunstrohr mit Klebeflansch Klebeflansch aus der wasserführenden Ebene herausgehoben

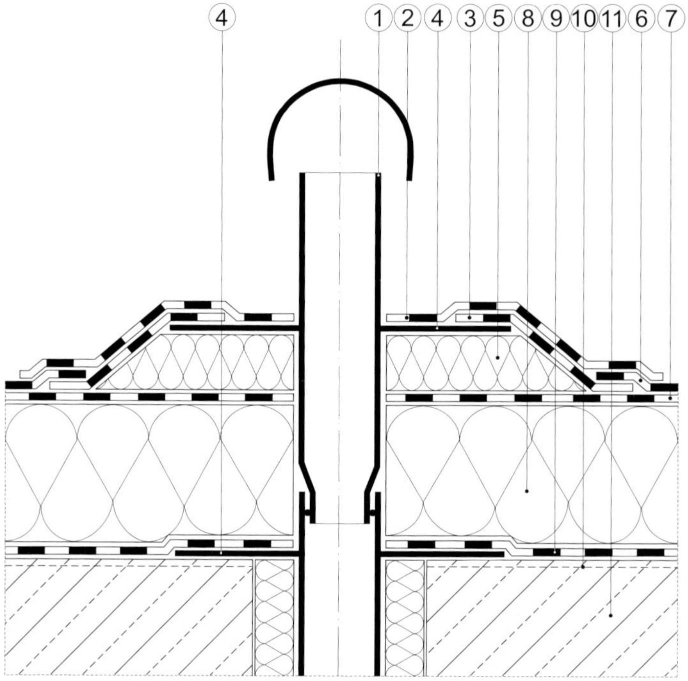

1. Entlüftungsrohr
2. Oberlage des Detailanschlusses (Polymerbitumenbahn)
3. Erste Lage des Detailanschlusses (Polymerbitumenbahn)
4. Klebeflansch mit Voranstrich, b ≥ 120 mm
5. Wärmedämmung, abgeschrägt
6. Oberlage der Abdichtung (Polymerbitumenbahn)
7. Erste Lage der Abdichtung
8. Wärmedämmung
9. Dampfsperre
10. Bitumen-Voranstrich
11. Unterkonstruktion, Beton

Detailskizze 20

Anschlüsse mit Polymerbitumenbahnen an Rohrdurchführung mit Klebeflansch, Sanierung

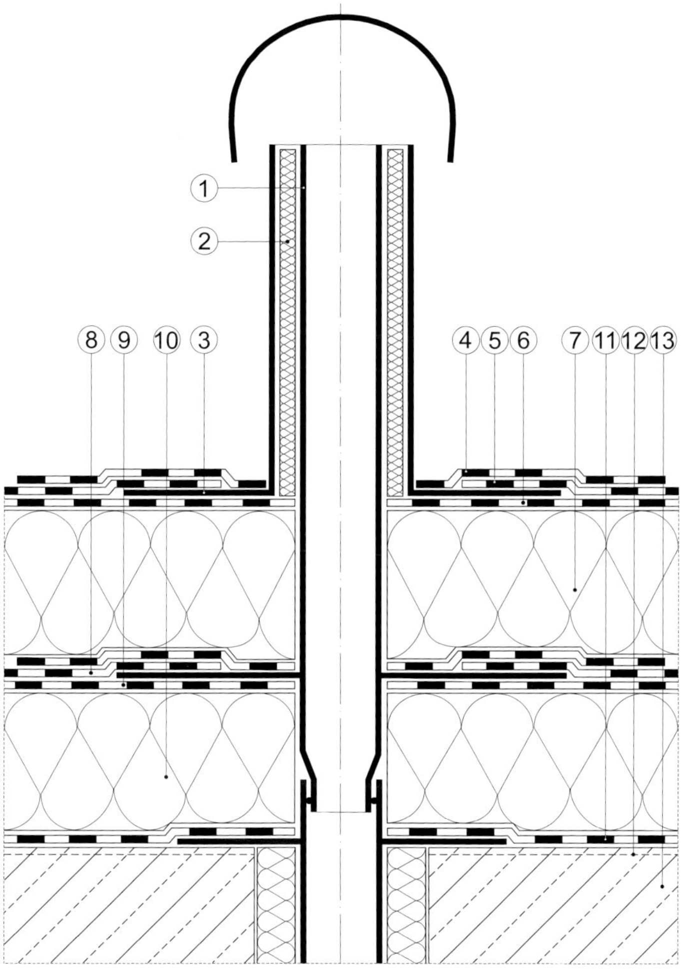

1 Entlüftungsrohr
2 Hohlraum dicht ausfüllen; z. B. mit Montageschaum
3 Klebeflansch mit Voranstrich, b ≥ 120 mm
4 Oberlage des Detailanschlusses (Polymerbitumenbahn)
5 Oberlage der Abdichtung (Polymerbitumenbahn) - neu
6 Erste Lage der Abdichtung - neu
7 Wärmedämmung - neu
8 Oberlage der Abdichtung -alt
9 Erste Lage der Abdichtung - alt
10 Wärmedämmung - alt
11 Dampfsperre - alt
12 Bitumen-Voranstrich - alt
13 Unterkonstruktion, Beton

3.5.6.3 Antennenmasten, Stützen und Verankerungen, Blitzschutzanlagen

(1) Antennenmasten o. ä. müssen in der Unterkonstruktion ausreichend sicher befestigt sein.

(2) Hülsen und Metallrohre müssen so ausgebildet sein, dass Tauwasser nicht in den Dachaufbau gelangen kann. Zwischen Hülse und Metall- oder Dunstrohr ist der Hohlraum mit z. B. PUR-Montageschaum auszuschäumen.

(3) Durch die Anlagenteile der Blitzschutzsysteme darf die Dichtheit des Daches nicht beeinträchtigt werden. Blitzschutzmaßnahmen sind mit in die Planung einzubeziehen.

Detailskizze 21

Einfassung mit Polymerbitumenbahnen

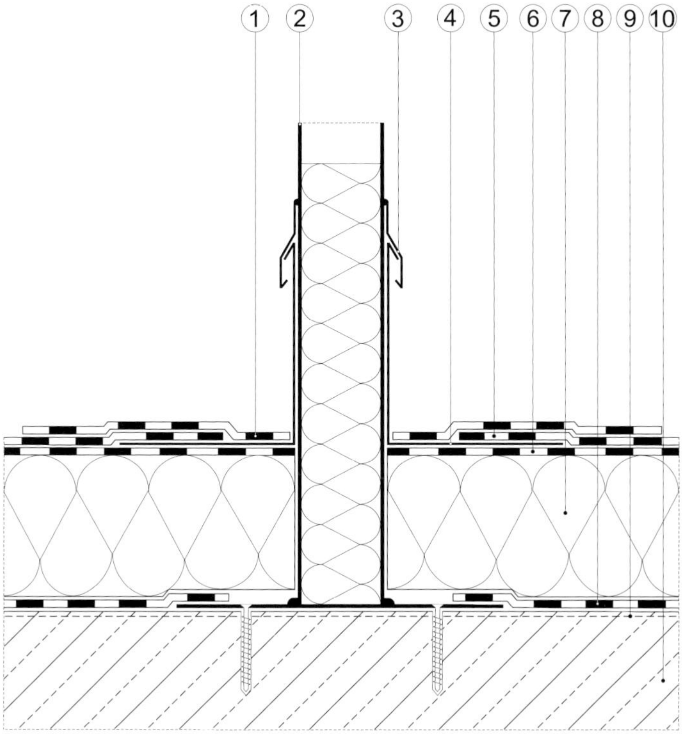

1. Passstück der Oberlage (Polymerbitumenbahn) im Lagenrückversatz
2. Stütze, ausgeschäumt
3. Tropfblech
4. Metallhülse mit Klebeflansch und Voranstrich, b ≥ 120 mm
5. Oberlage der Abdichtung (Polymerbitumenbahn)
6. Erste Lage der Abdichtung
7. Wärmedämmung
8. Dampfsperre
9. Bitumen-Voranstrich
10. Unterkonstruktion, Beton

3.5.6.4 Lichtkuppeln und Rauch- und Wärmeabzugsanlagen

(1) Diese bestehen in der Regel aus Aufsetzkranz und darauf getrennt angeordneten Lichtschalen bzw. Öffnungssystemen. Aufsetzkränze müssen auf dem Untergrund nach Herstellerangaben befestigt werden.

(2) Wird der Anschluss an Aufsetzkränze durch einen Klebeflansch mit Einklebefläche hergestellt, muss dieser mind. 120 mm breit sein. Eingeklebte Anschlüsse bei Dachneigungen unter 5° (8,8 %) sollen ca. 50 mm aus der wasserführenden Ebene angehoben werden. Der Übergang wird keilförmig ausgebildet.

(3) Es wird empfohlen, Anschlüsse von Dachabdichtungen an Lichtkuppelaufsetzkränze durch vollständiges Eindichten des Aufsetzkranzes bis zum oberen Rand herzustellen.

(4) Das Eindichten des Aufsetzkranzes erfolgt mit Polymerbitumen-Schweißbahnen. Bei Anschlusshöhen $\geq$ 150 mm ist die hochgeführte Abdichtung mechanisch zu befestigen, z.B. mit Klemmschiene oder Klemmprofil.

(5) Der Aufsetzkranz ist in der Regel mit einem Voranstrich vorzustreichen. Nach vollständigem Abtrocknen des Voranstriches sind die Polymerbitumen-Schweißbahnen aufzubringen. Bei hitzeempfindlichen Aufsetzkränzen hat die Verarbeitung vorzugsweise im Klappverfahren zu erfolgen oder es sind Kaltselbstklebebahnen mit entsprechendem Voranstrich einzusetzen. Insbesondere beim Einsatz von Kaltselbstklebebahnen sind die Herstellervorschriften zu beachten.

(6) Bei Dachneigungen bis 5° (8,8 %) soll sich die Oberkante des Aufsetzkranzes ca. 150 mm über Oberfläche Belag oder Gesteinsschüttung befinden.

(7) Bei Dachneigungen über 5° (8,8 %) sind geeignete Maßnahmen zu ergreifen, um einen Wasseranstau vor der firstzugewandten Lichtkuppelseite zu vermeiden (z. B. Einbau von Dämmstoffkeilen).

(8) Bei Anordnung mehrerer Lichtkuppelelemente soll der Abstand zwischen den äußeren Kanten der Klebeflansche der Aufsetzkränze untereinander mind. 0,5 m betragen.

(9) Da bei großen Lichtkuppelelementen mit hohen thermischen Längenänderungen zu rechnen ist, wird empfohlen, die Länge der Lichtkuppelelemente auf 2,5 m zu begrenzen.

(10) Anschlüsse an Lichtbänder werden als Wandanschluss entsprechend Abschnitt 3.5.2 ausgeführt.

Detailskizze 22

Lichtkuppelanschluss mit Polymerbitumenbahnen, z. B. Sanierung am Aufsetzkranz hochgeführt

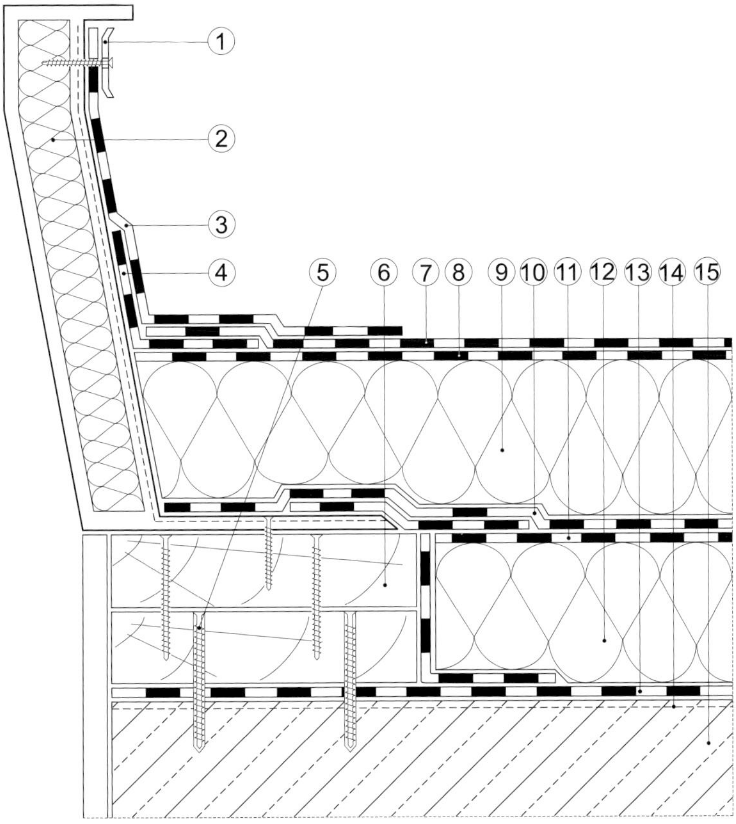

1. Klemmschiene /-profil
2. Aufsetzkranz, gedämmt (h = 300 mm)
3. Oberlage des Detailanschlusses (Polymerbitumenbahn)
4. Erste Lage des Detailanschlusses (Polymerbitumenbahn)
5. Schraube mit Dübel
6. Holzbohle, imprägniert - alt
7. Oberlage der Abdichtung - neu (Polymerbitumenbahn)
8. Erste Lage der Abdichtung - neu
9. Wärmedämmung - neu
10. Oberlage der Abdichtung - alt
11. Erste Lage der Abdichtung - alt
12. Wärmedämmung - alt
13. Dampfsperre
14. Bitumen-Voranstrich
15. Unterkonstruktion, Beton

Detailskizze 23

Lichtkuppelanschluss mit Polymerbitumenbahnen Klebeflansch aus der wasserführenden Ebene angehoben

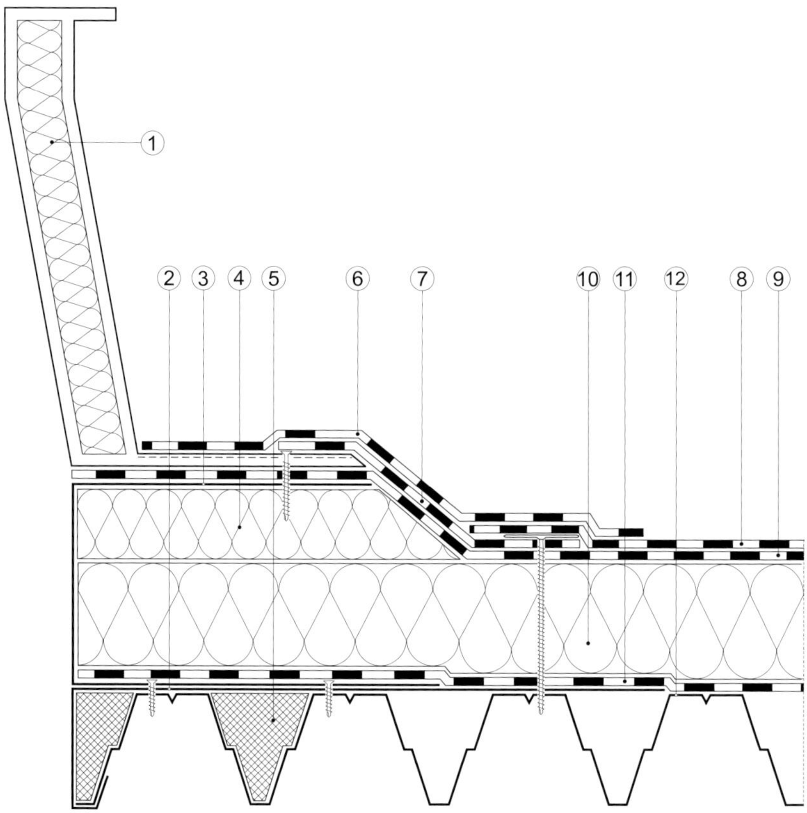

1. Aufsetzkranz, gedämmt
2. Einfassprofil, Metall
3. Metallhilfskonstruktion, d ≥ 2 mm
4. Wärmedämmung, abgeschrägt
5. Profilfüller
6. Oberlage des Detailanschlusses (Polymerbitumenbahn)
7. Erste Lage des Detailanschlusses (Polymerbitumenbahn)
8. Oberlage der Abdichtung (Polymerbitumenbahn)
9. Erste Lage der Abdichtung
10. Wärmedämmung
11. Dampfsperre
12. Stahltrapezprofil

Detailskizze 24

Lichtkuppelanschluss mit Polymerbitumenbahnen, mit Einfassung des Aufsetzkranzes

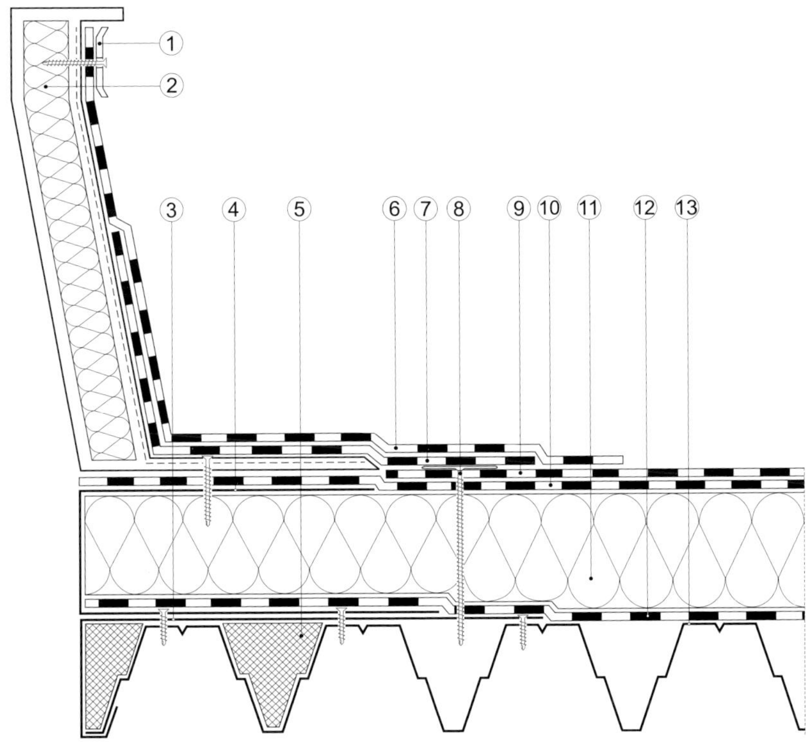

1. Klemmschiene /-profil
2. Aufsetzkranz, gedämmt
3. Einfassprofil, Metall
4. Metallhilfskonstruktion, d ≥ 2 mm
5. Profilfüller
6. Oberlage des Detailanschlusses (Polymerbitumenbahn)
7. Erste Lage des Detailanschlusses (Polymerbitumenbahn)

8. lineare Befestigung
9. Oberlage der Abdichtung (Polymerbitumenbahn)
10. Erste Lage der Abdichtung
11. Wärmedämmung
12. Dampfsperre
13. Stahltrapezprofil

Detailskizze 25

Lichtkuppelanschluss mit Polymerbitumenbahnen für die einlagige Dachabdichtung, mit Einfassung des Aufsetzkranzes

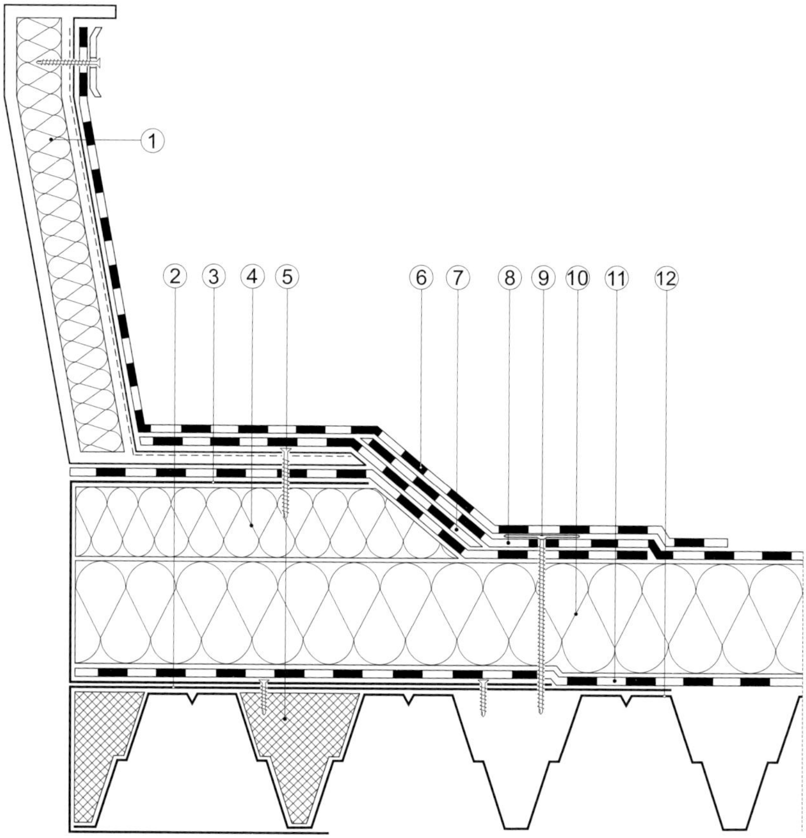

1. Aufsetzkranz, gedämmt
2. Einfassprofil, Metall
3. Metallhilfskonstruktion, d ≥ 2 mm
4. Wärmedämmung, abgeschrägt
5. Profilfüller
6. Oberlage des Detailanschlusses (Polymerbitumenbahn)
7. Erste Lage des Detailanschlusses (Polymerbitumenbahn)
8. Polymerbitumenbahn für einlagige Verlegung
9. lineare Befestigung
10. Wärmedämmung
11. Dampfsperre
12. Stahltrapezprofil

3.5.7 Bewegungsfugen

(1) Die Anordnung von Bewegungsfugen in der Dachkonstruktion richtet sich nach baukonstruktiven Erfordernissen. Sie sind in allen Schichten des Dachaufbaues auszubilden.

(2) Die erforderlichen Angaben über die zu erwartenden Bewegungen über Fugen müssen bei der Planung der Dachabdichtung vorliegen und sind Grundlage für die Konstruktion der Fugenausbildung.

Fugenflanken können sich relativ zueinander bewegen. Die Bewegungen können
- senkrecht zur Abdichtungsebene, z. B. Setzungen
- parallel zur Abdichtungsebene, z. B. Dehnung
- als Scherung

sowie in der Kombination dieser Einzelbewegungen auftreten.

Sie können langsam oder schnell, einmalig, selten oder häufig wiederholt auftreten und unterschiedlich groß sein. Daraus ergeben sich zwei unterschiedliche Fugentypen.

Fugentyp I liegt vor bei langsam ablaufenden Bewegungen oder einmaligen oder selten wiederholten Bewegungen (z. B. Setzungsbewegungen, Schwindverkürzungen oder Längenänderungen durch jahreszeitliche Temperaturschwankungen in oberseitig wärmegedämmten Dachflächen) von nicht mehr als 5 mm bei verklebten Abdichtungen bzw. nicht mehr als 10 mm bei lose verlegten Abdichtungen.

Fugentyp II liegt vor bei schnell ablaufenden Bewegungen oder häufig wiederholten Bewegungen (z. B. Längenänderungen durch tageszeitliche Temperaturschwankungen) sowie bei allen Bewegungen von mehr als 5 mm bei verklebten Abdichtungen bzw. mehr als 10 mm bei lose verlegten Abdichtungen.

(3) Fugen des Typs I können in der Abdichtungsebene ausgeführt werden. Bei verklebten Abdichtungen ist ein Schleppstreifen von mind. 200 mm Breite unter der Abdichtung anzuordnen. Bei lose verlegten Abdichtungen ist die Abdichtung über der Fuge ggf. durch geeignete Maßnahmen, z. B. durch Stützbleche, zu unterlegen.

Fugen des Typs II werden unter Berücksichtigung von Größe und Häufigkeit der Bewegungen durch Unterbrechung der Flächenabdichtung hergestellt. Mögliche Maßnahmen sind:
- schlaufenartige Anordnung geeigneter Polymerbitumenbahnen
- geeignete Fugenbänder mit Klebeflansch
- vorgefertigte Fugenkonstruktionen mit integrierten Dichtungsprofilen
- Los- und Festflanschkonstruktionen und Fugenbänder

Fugen des Typs II sollen aus der Abdichtungsebene, z. B. durch Anordnung von Dämmstoffkeilen oder Aufkantungen, herausgehoben werden. Die Teilflächen sind unabhängig voneinander zu entwässern.

(4) Bewegungsfugen sollen nicht unmittelbar im Bereich von Wandanschlüssen angeordnet werden und dürfen insbesondere nicht durch Ecken von Wandanschlüssen oder Randaufkantungen verlaufen. Ist dies unvermeidbar, so sind besondere konstruktive Maßnahmen notwendig, die geplant werden müssen.

(5) Bei größeren Dehnungs-, Setzungs- oder Scherbewegungen, z. B. in Bergsenkungsgebieten, ist die Abdichtung über Bewegungsfugen durch Sonderkonstruktionen mit Abdeckungen oder Flanschkonstruktionen herzustellen.

(6) Bei Dachabdichtungen über Bewegungsfugen sind Polymerbitumenbahnen mit hoher Dehnfähigkeit zu verwenden.

(7) Bewegungsfugen sind bis zum Ende der Abdichtung durchzuführen, einschließlich der An- und Abschlüsse.

Detailskizze 26

Bewegungsfuge (Fugentyp 2, DIN 18531-3) mit Polymerbitumenbahnen auf Stahlbetondecke

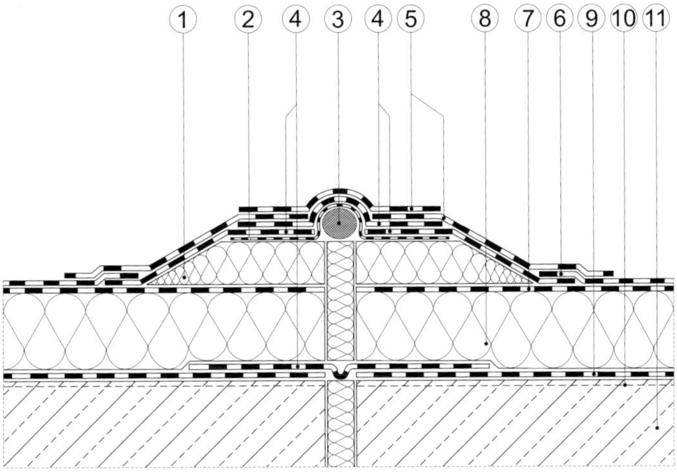

1 Wärmedämmung abgeschrägt
2 Schleppstreifen
3 Rundschnur, d = 50 mm
4 Polymerbitumenbahn
5 Oberlage des Detailanschlusses (Polymerbitumenbahn)
6 Oberlage der Abdichtung (Polymerbitumenbahn)
7 Erste Lage der Abdichtung
8 Wärmedämmung
9 Dampfsperre
10 Bitumen-Voranstrich
11 Unterkonstruktion, Beton

Detailskizze 27

Bewegungsfuge (Fugentyp 1, DIN 18531-3)
mit Polymerbitumenbahnen auf Stahlbetondecke

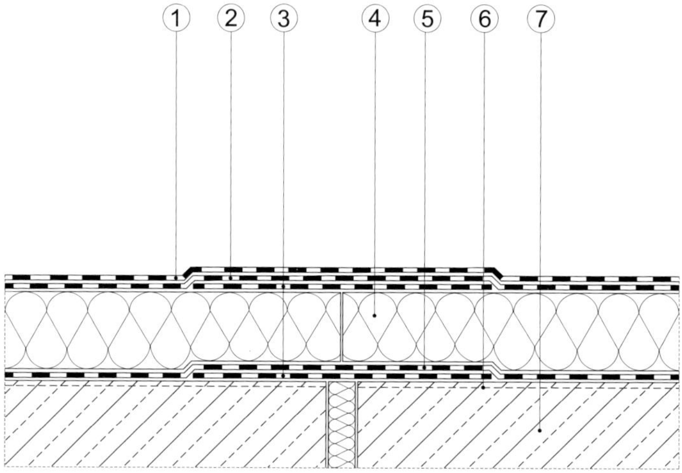

1. Oberlage der Abdichtung (Polymerbitumenbahn)
2. Erste Lage der Abdichtung (Polymerbitumenbahn)
3. Schleppstreifen > 200 mm
4. Wärmedämmung, über der Fuge getrennt
5. Dampfsperre
6. Bitumen-Voranstrich
7. Unterkonstruktion, Beton

Detailskizze 28

Gebäude-Bewegungsfuge mit Polymerbitumenbahnen und Abdeckung

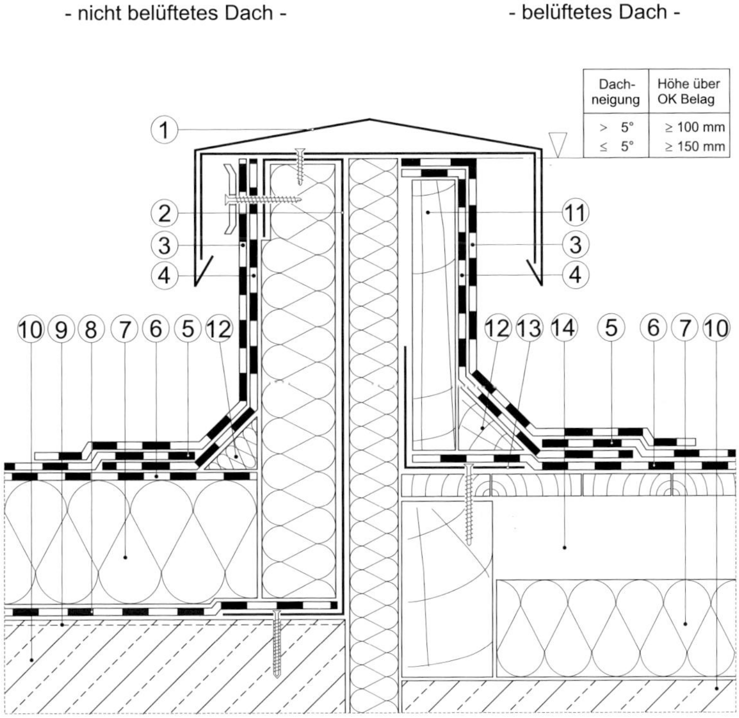

1. Metallabdeckung mit Stoßblech und Halter
2. Metallhilfskonstruktion
3. Oberlage des Detailanschlusses (Polymerbitumenbahn)
4. Erste Lage des Detailanschlusses (Polymerbitumenbahn)
5. Oberlage der Abdichtung (Polymerbitumenbahn)
6. Erste Lage der Abdichtung
7. Wärmedämmung
8. Dampfsperre
9. Bitumen-Voranstrich
10. Unterkonstruktion, Beton
11. Hilfskonstruktion, imprägniertes Holz
12. Keil
13. Haltewinkel, Metall
14. Lüftungsraum

3.5.8 Dachentwässerung

siehe hierzu auch Anhang III, Entwässerung und Notentwässerung

3.5.8.1 Allgemeines

(1) Jede Dachfläche mit einer in das Gebäude abgeführten oder am Gebäude verlaufenden Entwässerung muss mind. einen Ablauf und einen Notüberlauf mit freiem Abfluss über die Gebäudefassade erhalten. Planung und Bemessung erfolgen nach DIN 1986-100.

(2) Innenliegende Dachentwässerungen hat der Planer an Tiefpunkten der Dachfläche anzuordnen, z.B. Anordnung der Abläufe an den Stellen maximaler Durchbiegung.

3.5.8.2 Dachgullys

(1) Die Flanschaußenkanten der Dachgullys müssen einen Abstand von mind. 300 mm von anderen Details haben. Durch Anordnung von Gegengefälle ist sicherzustellen, dass die Entwässerung von diesen Details weg erfolgt. Abläufe (Gullys) müssen so konstruiert und eingebaut sein, dass sie keine Wärmebrücke in der Dachkonstruktion bilden.

(2) Um einen einwandfreien Wasserablauf sicherzustellen, sollen Flansche von Dachgullys in die Unterlage eingelassen werden. Es wird empfohlen, die Wärmedämmschicht im Ablaufbereich (ca. 1,0 m x 1,0 m) 20 mm dünner auszubilden.

(3) Bei wärmegedämmten Dachkonstruktionen mit Dampfsperre sind zweiteilige Dachgullys zu verwenden. Befinden sich unmittelbar unter der Decke beheizte oder genutzte Räume, so sind wärmegedämmte Dachgullys zu verwenden.

(4) Dachgullys sollen in der Unterkonstruktion befestigt werden.

(5) Der Anschluss der Dachabdichtung an Dachgullys erfolgt mit Fest- und Losflansch, Klebeflansch oder integrierten Anschlussbahnen. Die Anschlussbahnen müssen auf das Material der Dachabdichtung abgestimmt sein.

(6) Fabrikgemäß vorgefertigte Dachgullys müssen DIN EN 1253-1 bis DIN EN 1253-4 entsprechen.

(7) Bei Begrünung ist der Bereich der Dachgullys von der Vegetation freizuhalten.

(8) Dachgullys müssen die Abdichtungsebene entwässern. Bei genutzten Dachflächen müssen sie auch die Oberfläche der Nutzschicht entwässern. Zur Kontrolle der Gullys sollten die Gitterroste herausnehmbar sein. Gitterroste, die im Nutzbelag fest eingebunden sind, dürfen nicht gleichzeitig mit dem Dachgully fest verbunden sein. Die unabhängige Eigenbeweglichkeit des Nutzbelages gegenüber dem Gitterrost ist einzuplanen.

Detailskizze 29

Anschluss mit Polymerbitumenbahnen am Dachgully mit Aufstockelement

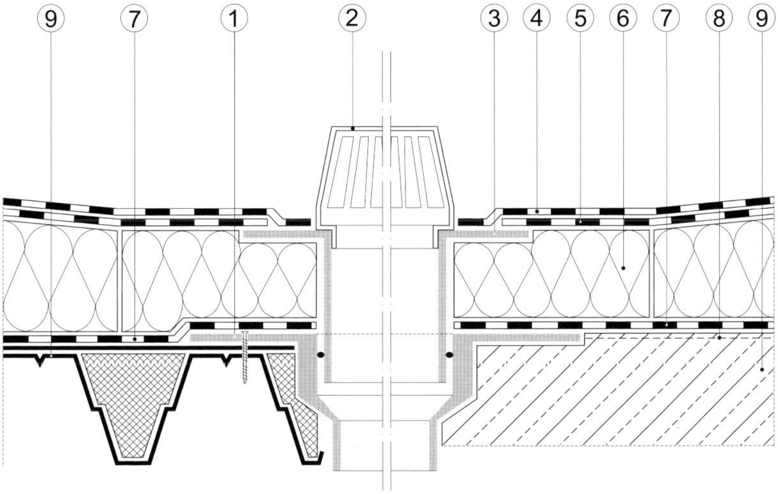

1. Dachgully
   Klebeflansch mit Voranstrich, b ≥ 120 mm
2. Kiesfang
3. Aufstockelement,
   Klebeflansch mit Voranstrich, b ≥ 120 mm
4. Oberlage der Abdichtung (Polymerbitumenbahn)
5. Erste Lage der Abdichtung
6. Wärmedämmung
7. Dampfsperre
8. Bitumen-Voranstrich
9. Unterkonstruktion, Beton bzw.
   Stahltrapezprofil

3.5.8.3 Traufausbildung mit Rinne

(1) Erfolgt die Entwässerung von Dachflächen über vorgehängte Dachrinnen, so sollte als Übergang ein Traufblech angeordnet werden. Die Einklebefläche von Blechanschlüssen muss mind. 120 mm breit sein. Die Einklebefläche muss sauber und fettfrei sein und sollte mit einem geeigneten Voranstrich versehen werden. Die Abdichtungslagen müssen vollflächig im Lagenrückversatz aufgeklebt werden.

(2) Bei nicht nagelbarem Untergrund sind Nagelleisten, bei einer vorhandenen Dämmschicht Randbohlen vorzusehen. Randbohlen müssen 10 mm dünner als die vorhandene Dämmschicht sein. Traufbleche sollen dachseitig nicht über die Randbohle oder Nagelleiste überstehen oder müssen nach unten abgekantet werden.

(3) Werden Verstärkungsstreifen oder die Oberlage der Dachabdichtung über die äußere Traufblechkante bis zur Abtropfkante heruntergezogen, dann hat das Traufblech keine Dichtfunktion, sondern eine Stützfunktion. Hier genügt eine lose Überlappung der einzelnen Traufbleche von ca. 50 mm und eine direkte Befestigung der Bleche durch versetztes Nageln in ca. 50 mm Abstand. Diese Ausführung entspricht der Anwendungskategorie K2.

(4) Rinneisen müssen in Deckunterlagen oder Randbohlen eingelassen sein.

(5) Vom Niederschlagswasser berührte Metallteile müssen mit einem Korrosionsschutz versehen sein. Dies gilt nicht für Edelstahlbleche.

Insbesondere sind die Richtlinien des ZVSHK zu beachten.

Detailskizze 30

Anschluss mit Polymerbitumenbahnen
- vorgehängte Dachrinne -

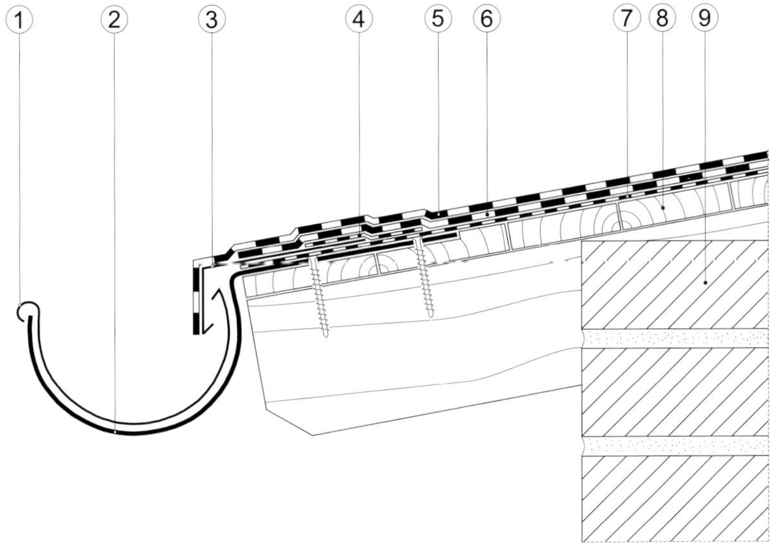

1. Dachrinne mit Schutzanstrich
2. Rinneisen
3. Traufblech mit Voranstrich, b ≥ 120 mm
4. Schleppstreifen
5. Oberlage der Abdichtung (Polymerbitumenbahn)
6. Erste Lage der Abdichtung
7. ggf. Trenn- und Ausgleichsbahn
8. Schalung, imprägniert
9. Verblendmauerwerk

Detailskizze 31

Anschluss mit Polymerbitumenbahnen für die einlagige Dachabdichtung - vorgehängte Dachrinne -

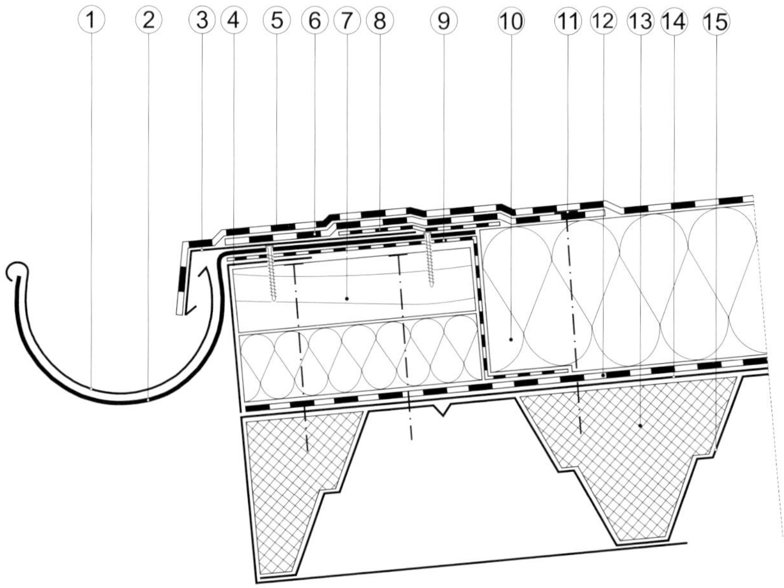

1	Dachrinne mit Schutzanstrich	8	Schleppstreifen
2	Rinneisen	9	Trenn- und Ausgleichsbahn
3	Traufblech mit Voranstrich, b ≥ 120 mm	10	Wärmedämmung
4	Sichtschutz, Abdeckung	11	lineare Befestigung
5	Polymerbitumenbahn für einlagige Verlegung	12	Dampfsperre
6	Erste Lage des Detailanschlusses (Polymerbitumenbahn)	13	Profilfüller
7	Holzbohle, imprägniert, unterfüttert mit druckfester Wärmedämmung	14	Einfassprofil, d ≥ 2 mm
		15	Stahltrapezprofil

3.6 OBERFLÄCHENSCHUTZ

3.6.1 Allgemeines

Der Oberflächenschutz soll die Dachhaut vor Witterungseinflüssen und mechanischen Beanspruchungen schützen. Die Art des Oberflächenschutzes ist abhängig von der Dachneigung, den statischen Erfordernissen und der Nutzung. Man unterscheidet zwischen leichtem und schwerem Oberflächenschutz, Schutzschichten und Nutzschichten. Wegen der Lagesicherheit der Dachabdichtung und der Schutz- und Nutzschicht ist die DIN EN 1991-1-4 zu beachten (Anhang II).

3.6.2 Oberflächenschutz

3.6.2.1 Leichter Oberflächenschutz

besteht aus einer fabrikmäßig aufgebrachten Bestreuung (Schiefer, Granulat) auf der Oberlage. Er kann für alle Dachneigungen verwendet werden.

3.6.2.2 Schwerer Oberflächenschutz

besteht aus einer Gesteinsschüttung aus gewaschenem Kies, in der Regel 16 mm bis 32 mm Korngröße, die in einer Einbaudicke von mind. 50 mm gleichmäßig dick aufgebracht wird. Bei Dachneigungen $\geq 3°$ ($\geq 5{,}2$ %) können Zusatzmaßnahmen gegen Abrutschen der Gesteinsschüttung erforderlich werden.

3.6.2.3 Schutzschichten und Schutzmaßnahmen

3.6.2.3.1 Allgemeines

(1) Schutzschichten müssen Abdichtungen dauerhaft vor schädigenden Einflüssen statischer, dynamischer und thermischer Art schützen. Sie können auch Nutzschichten des Bauwerks bilden, z. B. bei Dachterrassen.

(2) Bewegungen und Verformungen der Schutzschichten dürfen die Abdichtung nicht beschädigen. Schutzschichten für Bauwerksabdichtungen nach DIN 18195-5 sind erforderlichenfalls von der Abdichtung zu trennen und durch Fugen aufzuteilen. Darüber hinaus müssen in diesem Fall an Aufkantungen und Durchdringungen der Abdichtung in der Schutzschicht ausreichend breite Fugen vorhanden sein.

(3) In festen Schutzschichten sind ferner Fugen im Bereich von Neigungswechseln, z. B. beim Übergang von schwach zu stark geneigten Flächen, anzuordnen, sofern die Neigungen mehr als 2 m lang sind.

(4) Die Art der Schutzschicht ist in Abhängigkeit von den zu erwartenden Beanspruchungen und den örtlichen Gegebenheiten auszuwählen. Schutzschichten, die auf die fertige Abdichtung aufgebracht werden, sind möglichst unverzüglich nach Fertigstellung bzw. der ausreichenden Trocknung der Abdichtung herzustellen.

(5) Senkrechte Schutzschichten müssen in jedem Bauzustand standsicher sein.

(6) Auf waagerechte oder schwach geneigte Schutzschichten dürfen Lasten oder lose Massen nur dann aufgebracht werden, wenn die Schutzschichten belastbar und erforderlichenfalls gesichert sind.

(7) Schutzmaßnahmen dienen im Gegensatz zu Schutzschichten dem vorübergehenden Schutz der Abdichtung während der Bauarbeiten. Sie müssen auf die Dauer des maßgebenden Bauzustandes, z. B. einer Arbeitsunterbrechung, abgestimmt sein.

3.6.2.3.2 Schutzschichten aus Beton

Schutzschichten aus Beton müssen mindestens in der Betongüte C 8/10, bei Anordnung von Bewehrung mindestens in C 12/15 nach DIN EN 206-1 hergestellt werden. Die Bewehrung muss die nach DIN 1045-1 erforderliche Betonüberdeckung aufweisen. Als Zuschlag für den Beton ist Kies oder Edelsplitt zu verwenden.

3.6.2.3.3 Schutzschichten aus Platten

Schutzschichten aus Betonplatten, z. B. großformatige Betonfertigteile, sind unverschieblich anzuordnen. Fugen sind mit Mörtel der Mörtelgruppe III nach DIN 1053-1 bündig zu schließen, so dass die abdichtungsseitige Fläche der Schutzschichten einen stetigen Verlauf aufweist.

3.6.2.3.4 Schutzschichten aus Polymerbitumen- und Bitumenbahnen

Bei Aufbringung von Schutzschichten aus Polymerbitumen- und Bitumenbahnen direkt auf die Abdichtung sind hierfür Spezialbahnen nach Herstellervorschriften zu verwenden.

3.6.2.4 Nutzschichten

(1) **Plattenbeläge** sollen aus mind. 40 mm dicken Platten bestehen und in mind. 30 mm Kies-Splittbett verlegt werden.

(2) **Plattenbeläge**, die auf **Stelzlagern** verlegt werden, sind nur auf stabilem und ebenem Untergrund aufzubringen. Die direkte Verlegung der Stelzlager auf der Abdichtung ist zu vermeiden.

Werden Plattenbeläge im Mörtelbett direkt auf die Abdichtung aufgebracht, sind folgende Maßnahmen erforderlich:

- Zwischen Abdichtung und Mörtelbett sind mind. zwei Trennschichten oder eine Schutz- und eine Trennschicht anzuordnen.
- Aufteilung des Nutzbelages mit durchgehenden Fugen. Der Fugenabstand über Abdichtungen mit Wärmedämmung sollte max. 2,5 m, ohne Wärmedämmung max. 5,0 m betragen. Im Übrigen sind die örtlichen Gegebenheiten zu berücksichtigen.
- Der Nutzbelag ist von Aufkantungen und Durchdringungen durch Fugen $\geq$ 20 mm Breite zu trennen.

(3) Werden **Betonbeläge** direkt auf die Abdichtung aufgebracht, sind folgende Maßnahmen erforderlich:
- Betonschicht auf mind. zwei Trennschichten oder einer Schutz- und einer Trennschicht aufbringen
- Der Betonbelag ist je nach Güte und Bewehrung durch Fugen aufzuteilen, Fugenbreite ≥ 20 mm.
- Der Fugenabstand sollte bei Belägen über Wärmedämmung max. 2,5 m, ohne Wärmedämmung max. 5,0 m betragen. Im Übrigen sind die örtlichen Gegebenheiten zu berücksichtigen.
- Betonbeläge sind von Aufkantungen und Durchdringungen durch Fugen ≥ 20 mm Breite zu trennen.

(4) Werden **Nutzbeläge aus Gussasphalt** oder Asphaltbeton hergestellt, sind folgende Maßnahmen erforderlich:
- Bei Aufbringung des Gussasphalts direkt auf die Dichtungsschicht (Bauweise nach DIN 18195-5, Abschnitt 8.3.7) ist der Gussasphalt Teil der Abdichtung. Die Dichtungsschicht muss aus gussasphaltverträglichen Bitumenschweißbahnen bestehen. Ein Nutzbelag aus Gussasphalt kann ohne weitere Maßnahmen auf der unteren Gussasphaltschicht eingebaut werden.
- Bei Aufbringung eines Asphaltbetons direkt auf die Dichtungsschicht (Bauweise nach ZTV-ING, Teil 7, Abschnitt 2) ist der Asphaltbeton nur als Schutzschicht zu sehen. Die Dichtungsschicht muss aus zwei Lagen Bitumenschweißbahnen, die für diese Anwendung geprüft sind, bestehen.
- Bei Verlegen einer Nutzschicht aus Gussasphalt auf einer Druckverteilungsplatte aus Beton ist zwischen dieser und dem Gussasphalt eine Trennschicht aus z. B. 2 Lagen Rohglasvlies anzuordnen.
- Werden Abdichtung und Gussasphalt über einer Wärmedämmschicht angeordnet, sind die Belastungsgrenzen (auch Temperaturbeständigkeit) der Dämmplatten zu beachten. Beton als lastverteilende Schicht über einer Dämmschicht soll ≥ 0,1 m dick und bewehrt sein (statischer Nachweis erforderlich). Der Fugenabstand sollte max. 2,5 m bis max. 5 m betragen; gegebenenfalls sind die Felder miteinander zu verdübeln. Im Übrigen sind die örtlichen Gegebenheiten zu berücksichtigen.

Für den Gussasphalt gilt:
- Gussasphalt als Schutzschicht und Wurzelschutzschicht auf einer Abdichtung, z. B. unter Erdüberschüttung/Begrünung, muss mind. 25 mm dick sein (Nenndicke).
- Gussasphalt als Schutz- und Nutzschicht auf einer Abdichtung ist in der Regel zweilagig herzustellen mit einer Gesamtnenndicke von mind. 50 mm.
- Gussasphalt auf druckverteilter Betonplatte über der Abdichtung kann sowohl einlagig (d > 30 mm) oder zweilagig (d > 45 mm) hergestellt werden.

(5) Bei Dachbegrünungen sind die Ausführungen in Kapitel 3.7 zu beachten.

3.7 DACHBEGRÜNUNG

3.7.1 Allgemeines

(1) Die Begrünung von Dächern weist unter verschiedenen Gesichtspunkten eine Vielzahl von Vorteilen auf. Neben positiven ökologischen und städtebaulichen Aspekten sprechen auch bautechnische und ökonomische Argumente für die Begrünung von Flachdächern. Diese gelten beim Neubau und im Sanierungsbereich.

(2) Bautechnik
- Sommerlicher und winterlicher Wärmeschutz
- Schallschutz
- Verminderung der Beanspruchung der Dachabdichtung durch UV-Strahlung, hohe Temperatur spannen und mechanische Belastungen
- Ökonomie – Verlängerung der Lebensdauer des Gesamtaufbaus
- Verminderung der Wärmeverluste durch Dämmwirkung
- Einsparung von Regenwassergebühren durch Wegfall versiegelter Flächen
- Reduzierung abwassertechnischer Anlagen (z. B. Verminderung der Abflussquerschnitte von Fallleitungen)

(3) Ökologie
- Regenwasserrückhaltung (Entlastung des Kanalisationsnetzes)
- Verbesserung des Kleinklimas
  - Staubbindung
  - Luftkühlung
  - Erhöhung der Luftfeuchtigkeit
- Lebensraum für Flora und Fauna

(4) Gestaltung/Städtebau
- Verbesserung des Stadt- und Landschaftsbildes
- Erholungsraum für Menschen in Ballungsgebieten, dadurch Mehrfachnutzen teurer Grundstücke
- Naturhaftes Erleben von Grünflächen in städtischen Wohnlagen

Bild: Bürogebäude, Tornesch

3.7.2 Hinweise zur Planung und Ausführung von Dachbegrünungen

(1) Dachbegrünungen erfordern eine rechtzeitige Abstimmung aller beteiligten Fachleute der Planungs- und Ausführungsseite, damit alle bauphysikalischen, konstruktiven und vegetationstechnischen Anforderungen in Einklang gebracht werden können.

(2) Die fachgerechte Ausführung eines kompletten Dach- und Begrünungsaufbaus erfordert die Zusammenarbeit von Planer, Dachdecker, Bauwerksabdichter und Landschaftsgärtner. Dies ist durch eine darauf abgestimmte Bauablaufplanung, Ausschreibung und Vergabe der Leistungen sicherzustellen.

Eindeutig gärtnerische Leistungen sollten durch entsprechende Fachleute geplant und ausgeführt werden.

(3) Die Materialwahl der Schichten des Begrünungsaufbaues (Drän- bzw. Wasserspeicherschicht, Filterschicht, Vegetationstragschicht, Pflanzen) ist vom individuellen Begrünungsziel abhängig. Die Eignung der Materialien muss den jeweiligen Anforderungen auf langjährige Funktion entsprechen.

(4) Bestehende Dachaufbauten sind vor einer nachträglichen Begrünung auf ihre baukonstruktiven und bauphysikalischen Voraussetzungen bzw. ihre Funktionseigenschaften, wie z. B. Durchwurzelungsschutz, zu überprüfen. Im Zweifelsfall ist immer eine durchwurzelungsfeste Abdichtungsoberlage aufzubringen.

(5) Das geplante Erscheinungsbild der Vegetation kann sich durch nicht beeinflussbare objektspezifische Gegebenheiten im Zuge der Nutzungsdauer verändern.

3.7.3 Arten der Dachbegrünung

Bei Dachbegrünungen sind in Abhängigkeit der Nutzung sowie der bautechnischen Gegebenheiten drei Begrünungsarten zu unterscheiden.

3.7.3.1 Extensivbegrünungen

Extensivbegrünungen sind Vegetationsformen, die sich weitgehend selbst erhalten und weiterentwickeln. Sie erfordern daher meist nur einen geringen Pflegeaufwand. Es werden Pflanzen mit besonderer Anpassung an extreme Standortbedingungen verwendet, wie Moose, Sedum, Kräuter und Gräser.
Charakteristisch für Extensivbegrünungen sind eine verhältnismäßig einfache Herstellung, geringe Aufbauhöhe und geringes Gewicht. Daher ist diese Begrünungsart insbesondere auch im Sanierungsbereich einzusetzen. Extensivbegrünungen sind in der Regel am kostengünstigsten herstellbar.

3.7.3.2 Einfache Intensivbegrünungen

Einfache Intensivbegrünungen sind als Begrünungen mit Gräsern, Stauden und kleinen Gehölzen ausgebildet. Die Pflanzen stellen höhere Anforderungen an die Vegetationstragschicht sowie an Wasser- und Nährstoffversorgung. Herstellungsaufwand und -kosten, Schichtdicke, Gewicht sowie Pflegemaßnahmen sind höher als bei Extensivbegrünungen.

3.7.3.3. Intensivbegrünungen

Intensivbegrünungen umfassen aufwändigere Pflanzungen von Stauden und Gehölzen sowie Rasenflächen, im Einzelfall auch Bäume. Diese Begrünungsart ist in den Möglichkeiten der Nutzung und Gestaltung am vielfältigsten. Sie ist jedoch auch in punkto Anforderung an Vegetationstragschicht, Wasser- und Nährstoffversorgung, Herstellungsaufwand und -kosten, Schichtdicke, Gewicht sowie Pflegemaßnahmen als am Aufwändigsten einzustufen.

3.7.4 Funktionsschichten

Die Funktionsschichten, aus denen eine Dachbegrünung grundsätzlich zu bestehen hat, zeigt Abbildung 15. Je nach Begrünungsform können im Einzelfall mehrere Funktionen durch entsprechende Materialwahl in einer Schicht erfüllt werden.

Nachfolgend werden spezifische, auf die Dachbegrünung bezogene, Hinweise zum Schichtaufbau gegeben.

3.7.4.1 Dachaufbau

(1) Tragkonstruktion
Alle Konstruktionsarten sind möglich, wenn die Lasten statisch abgetragen werden können. Die Lasten der Dachbegrünung sind im wassergesättigten Zustand anzusetzen.

(2) Dampfsperre
Um sicherzustellen, dass auch bei ggf. auf der Abdichtung stehendem Wasser (z. B. Anstaubewässerung) sich kein schädliches Kondensat im Dachaufbau bildet, sind Dampfsperren mit ausreichend hohem Diffusionswiderstand zu verwenden. Hierfür eignen sich besonders Bitumenbahnen mit Metallband- oder Metall-Kunststoff-Verbundeinlagen.

(3) Wärmedämmung
Bei intensiv begrünten Dachflächen sind Dämmstoffe mit erhöhter Druckfestigkeit (Typkurzzeichen: dh bzw. ds) zu verwenden. Bei extensiv begrünten Dachflächen können Dämmstoffe mit dem Typkurzzeichen dm verwendet werden.

(4) Abdichtung und Durchwurzelungsschutz
Die Funktion des Durchwurzelungsschutzes kann durch gezielte Materialauswahl von der Abdichtung übernommen werden.

Abbildung 15: Dachbegrünungsaufbau

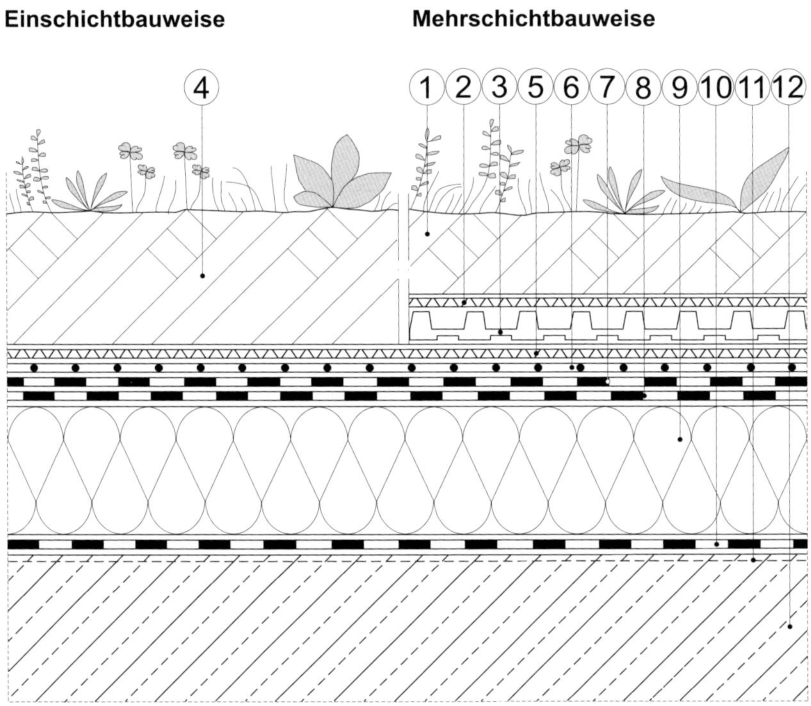

1. Vegetationstragschicht
2. Filterschicht
3. Wasserspeicher- und Dränschicht
4. Vegetationstrag-,Wasserspeicher- und Dränschicht
5. Schutzschicht
6. Trenn- und Gleitschicht
7. Oberlage der Abdichtung (Polymerbitumenbahn)
8. Erste Lage der Abdichtung
9. Wärmedämmung
10. Dampfsperre
11. Bitumen-Voranstrich
12. Unterkonstruktion

3.7.4.2 Trenn- und Gleitschicht

Zwischen Abdichtung und Begrünungsaufbau sind Trenn- und Gleitschichten in Abhängigkeit vom Systemaufbau anzuordnen.

3.7.4.3 Schutzschicht

Die Schutzschicht hat die Funktion, die Dachabdichtung einschließlich Durchwurzelungsschutz während des Bauzustandes und der Nutzung dauerhaft gegen Beschädigungen zu schützen.

Je nach Belastungsfall können z. B. verwendet werden:
- Schutzvliese oder Schutzmatten
- Schutzestrich
- Schutzbeton
- Gussasphalt
- geeignete Materialien, die gleichzeitig Drän- und Wasserspeicherfunktionen erfüllen können.

In allen An- und Abschlussbereichen müssen geeignete Schutzmaßnahmen getroffen werden.

3.7.4.4 Dränschicht bzw. Dränschicht mit Wasserspeicherung

Diese Schicht führt Überschusswasser ab bzw. speichert gezielt Niederschlagswasser zur Pflanzenversorgung. Die Dicke der Schicht und die Wahl der Materialien sind von der Bepflanzung und der Ausführung der Vegetationsschicht abhängig. Bei Einschichtbauweise wird die Funktion der Dränage und Wasserspeicherung von der Vegetationstragschicht übernommen.

3.7.4.5 Filterschicht

Durch diese Schicht wird das Eindringen von Feinteilen und damit eine Verschlämmung der Dränschicht verhindert. Als Filterschicht werden in der Regel geeignete Kunststoffvliese verwendet.

3.7.4.6 Vegetationstragschicht

Sie bietet der Pflanze die Wachstumsbasis, d. h. Nährstoffe, Wasser, Luft und mechanischen Halt. Die Zusammensetzung der hierfür geeigneten Pflanzerde bzw. Substratmischungen sind von der individuellen Begrünungsaufgabe abhängig. Je nach Begrünungsform kann mit folgenden Anhaltswerten für Aufbauhöhen und Flächenlasten gerechnet werden.

Tabelle 8: Aufbauhöhen und Flächenlasten

Begrünungsform	Aufbauhöhe	Flächenlast *
Extensivbegrünungen	40 mm – 100 mm	0,4 bis 1,5 kN/m² (40 bis 150 kg/m²)
Intensivbegrünungen	ab 100 mm	1,0 bis 4,5 kN/m² (100 bis 450 kg/m²)

* je nach Höhe des Begrünungsaufbaues können höhere Flächenlasten auftreten.

3.7.4.7 Bepflanzung

Arten der Bepflanzung sind in Kapitel 3.7.3 angegeben.

3.7.5 Bauliche Voraussetzungen

3.7.5.1 Gefälle

(1) Für Extensivbegrünungen und einfache Intensivbegrünungen sollen Dächer mit einem Gefälle von mind. 2 % (1,2°) der Regelfall sein.
Werden ein- oder mehrschichtige Extensivbegrünungen auf Dächern mit weniger als 2 % (1,2°) Gefälle geplant, ist aus entwässerungstechnischen Gründen eine entsprechende Dränschicht auszubilden. Wegen des in diesem Falle zu erwartenden Wasseranstaus ist mit Pflanzenausfällen und Vegetationsumbildungen sowie verstärkter Ansiedlung von Fremdvegetation zu rechnen.

(2) Für Intensivbegrünungen mit Anstaubewässerung sind Dächer ohne Gefälle auszubilden.

(3) Bei Anstaubewässerung von über 100 mm ist bei der Planung und Ausführung der Dachabdichtung der hydrostatische Druck zu beachten und die Bemessung nach DIN 18195-6 vorzunehmen.

3.7.5.2 Entwässerung

Abflussbeiwert

aus: Richtlinie für die Planung, Ausführung und Pflege von Dachbegrünungen, Ausgabe 2008. Herausgeber: FLL, Forschungsgesellschaft Landschaftsentwicklung und Landschaftsbau e.V., Bonn

Der Abflussbeiwert/die Abflusskennzahl C nach DIN EN 12056-3 und DIN 1986-100 (bisher nach DIN 1986-2 als Abflussbeiwert y bezeichnet) geht als dimensionsloser Parameter in die Berechnung des Regenwasserabflusses (l/s) ein.

Bei der Bemessung der Dachentwässerung ist für Dachbegrünungen als Abflussbeiwert das

Verhältnis der Regenabflussspende zur Regenspende eines Blockregens zugrunde zu legen. Für Dachbegrünungen sind folgende Abflusskennzahlen/Abflussbeiwerte C (y) je nach Dicke des Schichtaufbaus und abhängig von der Dachneigung anzusetzen:

	Dachneigung bis 5°	Dachneigung größer 5°
bei > 500 mm Aufbaudicke	C = 0,1	–
bei > 250 mm – 500 mm Aufbaudicke	C = 0,2	–
bei > 150 mm – 250 mm Aufbaudicke	C = 0,3	–
bei > 100 mm – 150 mm Aufbaudicke	C = 0,4	C = 0,5
bei > 60 mm – 100 mm Aufbaudicke	C = 0,5	C = 0,6
bei > 40 mm – 60 mm Aufbaudicke	C = 0,6	C = 0,7
bei > 20 mm – 40 mm Aufbaudicke	C = 0,7	C = 0,8

Diese Abflusskennzahlen gelten für den Schichtaufbau bei einem Bemessungsregen von $r_{(15)}$ = 300 l/(s x ha) nach vorangehender Wassersättigung und vierundzwanzigstündigem Abtropfenlassen.

Durch Prüfung können objektbezogen auch standort- und produktspezifische Werte nachgewiesen werden. In Abhängigkeit von örtlichen Regenspenden können sich höhere oder geringere Abflussbeiwerte ergeben.

Die Berechnung des Abflussbeiwerts erfolgt nach FLL-Richtlinien, Ausgabe 2008 (Seite 98).

Wasserrückhaltung und Jahresabflussbeiwert

Die prozentuale Wasserrückhaltung als eigentliche Retention wird als Differenz aus der Menge der gefallenen Niederschläge und der abgeflossenen Wassermenge im jährlichen Durchschnitt ermittelt. In Umkehrung ergibt sich daraus nach DIN 4045 der Jahresabflussbeiwert, als das Verhältnis der jährlichen Regenabflusssumme zum jährlichen Regenvolumen. In gesplitteten Abwassersatzungen wird dieser auch als Versiegelungsfaktor ausgewiesen.

Ausmaß der Wasserrückhaltung

Die jährliche Wasserrückhaltung ist weniger von der Art der Bauweise und der Funktionsschichten als vielmehr von der Aufbaudicke abhängig. Allerdings sind die stoffspezifische Wasserspeicherfähigkeit einerseits und die Wasserdurchlässigkeit andererseits zu berücksichtigen. Unterschiede zwischen den Aufbaudicken treten bei sommerlicher Witterung deutlicher hervor; sie werden bei kühler Witterung zunehmend ausgeglichener, um bei winterlicher Witterung nahezu gleich hoch auszufallen. Obgleich in der Sommerperiode der höhere Anteil des Jahresniederschlags fällt, ist hier die Wasserrückhaltung wesentlich höher, während bei winterlicher Witterung mit dem geringeren Niederschlagsanteil, aber auch der geringeren Evaporation (Verdunstung) des Schichtaufbaues und der geringsten Transpiration der Pflanzen, der Wasserabfluss am höchsten ist.

In Tabelle 9 sind Anhaltswerte für die prozentuale Wasserrückhaltung zusammengestellt. Im Hinblick auf die Berücksichtigung in gesplitteten Abwassersatzungen wird gleichzeitig der Jahresabflussbeiwert/Versiegelungsfaktor ausgewiesen.

Tabelle 9: Anhaltswerte für die prozentuale jährliche Wasserrückhaltung bei Dachbegrünungen in Abhängigkeit von der Aufbaudicke

Begrünungsart	Aufbaudicke in mm	Vegetationsform	Wasserrückhaltung im Jahresmittel in %	Jahresabflussbeiwert Ψ_a/ Versiegelungsfaktor
Extensivbegrünung	20–40	Moos-Sedum-Begrünung	40	0,60
	> 40–60	Sedum-Moos-Begrünung	45	0,55
	> 60–100	Sedum-Moos-Kraut-Begrünung	50	0,50
	> 100–150	Sedum-Kraut-Gras-Begrünung	55	0,45
	> 150–200	Gras-Kraut-Begrünung	60	0,40
Intensivbegrünung	150–250	Rosen, Stauden, Kleingehölze	60	0,40
	> 250–500	Rosen, Stauden, Sträucher	70	0,30
	> 500	Rosen, Stauden, Sträucher, Bäume	> 90	0,10

aus: Richtlinie für die Planung, Ausführung und Pflege von Dachbegrünungen, Ausgabe 2008. Herausgeber: FLL, Forschungsgesellschaft Landschaftsentwicklung und Landschaftsbau e.V., Bonn

Die Angaben beziehen sich auf Standorte mit 650 mm – 800 mm Jahresniederschlag und jeweils mehrjährige Ermittlungen. In Regionen mit geringeren Jahresniederschlägen ist die Wasserrückhaltung höher und in Regionen mit höheren Jahresniederschlägen entsprechend geringer.

3.7.5.3 Brandschutz

Sofern entsprechend den Vorgaben der Musterbauordnung die Dachfläche widerstandsfähig gegen Flugfeuer und strahlende Wärme („Harte Bedachung") ausgebildet werden muss, ist folgendes zu beachten (aus: FLL-Richtlinie, 2008, S. 33 und 34):

- Intensivbegrünungen sind bei ausreichender Pflege und Wartung als „Harte Bedachung" zu bewerten.
- Extensivbegrünungen sind als „Harte Bedachung" zu bewerten, wenn
  - die Vegetationstragschicht mineralisch bestimmt zusammengesetzt ist (höchstens 20 % organische Bestandteile)
  - die Schichtdicke der Vegetationstragschicht mind. 30 mm beträgt
  - Vegetationsformen mit geringer Brandlast verwendet werden
  - ein vegetationsfreier Abstand zwischen Vegetationstragschicht und Dachdurchdringungen sowie allen Anschlussbereichen von mind. 0,5 m eingehalten wird
  - alle 40 m eine 30 cm hohe Aufkantung aus nicht brennbaren Baustoffen oder ein 1 m breiter Streifen aus massiven Platten oder Grobkies, wenn die Brandwände nicht über das Dach hinaus geführt werden müssen.

3.7.5.4 Windsogsicherung

(1) Sofern der Aufbau der Dachbegrünung die zur Windsogsicherung des Dachaufbaus notwendige Auflast darstellt, sind die Gewichte und Schichtdicken entsprechend der DIN EN 1991-1-4 zu dimensionieren. Dabei ist der trockene Zustand zugrunde zu legen. Gegebenenfalls muss die Sicherung der Rand- und Eckbereiche durch Erhöhung der Schichtdicke in diesen Bereichen und/oder Kombination mit Gesteinsschüttungen aus Kies oder Plattenbelägen erfolgen.

(2) Als Schutz gegen Verwehungen der Vegetationstragschicht bzw. der Bepflanzung, insbesondere bis zur vollständigen Wurzelbildung, kann der Einsatz besonderer Maßnahmen bzw. deren Kombination erforderlich werden:
- Wahl eines lagestabilen Substrates
- Auswahl von systembedingt lagestabilen Begrünungen
- Bewässerung des Substrates während der Anwuchsphase
- Überziehen von Erosionsschutzgeweben
- Einsatz von Substratverfestigern
- Einsatz des Nassansaatverfahrens
- Andecken von vorkultivierten Matten
- Verankerung von hochwachsenden Gehölzen

3.7.6 Detailpunkte

(1) Bei Planung und Ausführung von An- und Abschlüssen haben die bautechnischen Anforderungen Vorrang vor gestalterischen und vegetationstechnischen Aspekten.

(2) Alle An- und Abschlussbereiche müssen vegetationsfrei gehalten werden, um jederzeit einen ungehinderten Wasserabfluss und zusätzlich eine Kontrollmöglichkeit sicherzustellen. Hierfür sind in der Regel 0,5 m breite Kiesstreifen oder Plattenbeläge ausreichend.

(3) Dachabläufe müssen eine Entwässerung in der Ebene der Abdichtung sowie der Vegetationstragschicht sicherstellen und durch entsprechende Kontrollschächte zugänglich sein.

(4) Die erforderlichen Anschlusshöhen sind bei Dachbegrünungen auf die Oberkante Vegetationstragschicht bzw. Gesteinsschüttung im Anschlussbereich zu beziehen.

(5) Bewegungsfugen in der Dachfläche dürfen nicht durch den Begrünungsaufbau überdeckt werden. Sie sind durch Schutzmaßnahmen vegetationsfrei und kontrollierbar zu halten.

(6) Die Anforderungen an An- und Abschlüsse sowie Durchdringungen bei unbegrünten Dachflächen sind im Allgemeinen auf begrünte Dachflächen übertragbar, wobei die speziellen Anforderungen (s. oben) zu berücksichtigen sind.

Abbildung 16: Dachrandabschluss mit Polymerbitumenbahnen – Beispiel Extensivbegrünungen

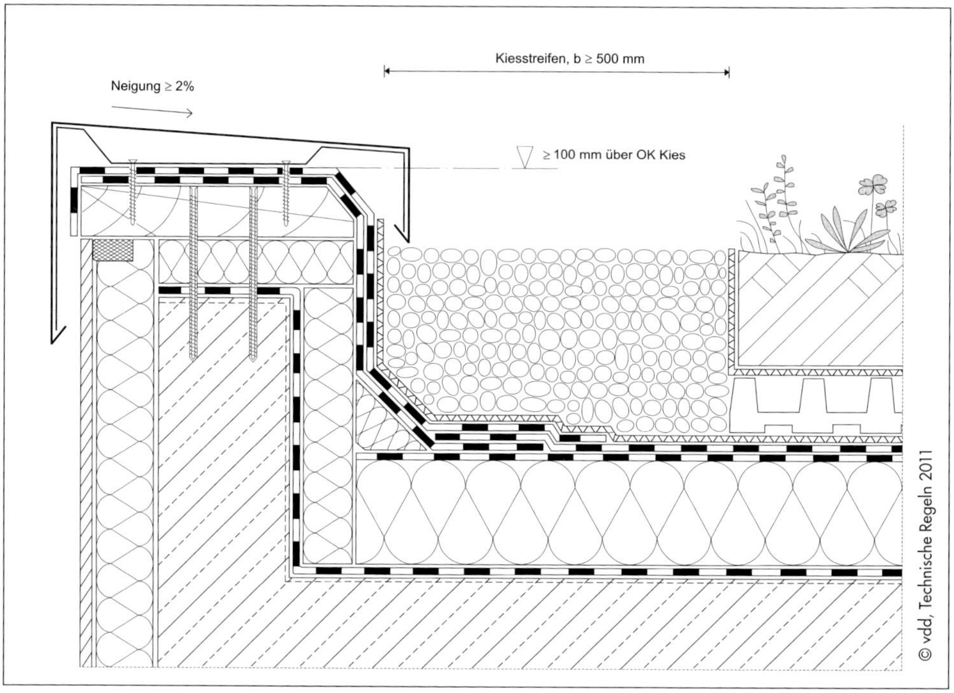

Abbildung 17: Dachaufbau mit Aufstockelement

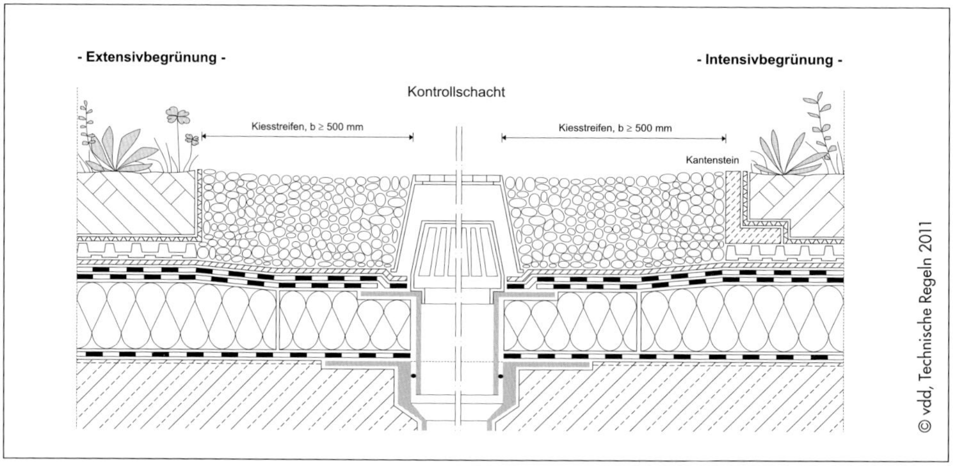

Kapitel 3

3.8 ZUSÄTZLICHE ANFORDERUNGEN AN INDUSTRIEDÄCHER

(1) **Allgemeines**

Die Richtlinie über den baulichen Brandschutz im Industriebau – Industriebaurichtlinie (IndBauR) – regelt die Mindestanforderung an den baulichen Brandschutz von Industriebauten. Da die Industriebaurichtlinie für ein breites Spektrum unterschiedlicher Gebäudearten und -nutzungen vorgesehen ist, kann von einzelnen Regelungen dieser Richtlinie nach § 3 Abs. 1 Satz 3 Musterbauordnung (MBO) abgewichen werden, wenn im Rahmen des Brandschutzkonzepts nachgewiesen wird, dass durch eine andere Lösung in gleicher Weise das Schutzniveau erreicht wird. Sofern in der Richtlinie nicht höhere Anforderungen gestellt oder geringere Anforderungen gestattet werden, gelten die Anforderungen der einzelnen Landesbauordnungen.

Nutzungsänderungen, z. B. infolge von Änderungen des Betriebsablaufs oder des Lagergutes, bedürfen der Überprüfung des Brandschutzkonzeptes sowie der Genehmigung durch die Bauaufsichtsbehörde.

Bedachungen (z. B. bestehend aus Dachhaut, Wärmedämmung, Dampfsperre, Träger der Dachhaut u.ä.) von Brandabschnitten oder Brandbekämpfungsabschnitten mit einer Dachfläche von mehr als 2.500 m² (die Einführungsverordnungen der Bundesländer sind zu beachten) sind so auszubilden, dass eine Brandausbreitung innerhalb eines Brandbekämpfungsabschnittes über das Dach behindert wird.

Dies gilt z. B. erfüllt bei Dächern
- nach DIN 18234-2
- mit tragenden Dachschalen aus mineralischen Baustoffen (wie Beton und Porenbeton)
- mit Bedachungen aus nichtbrennbaren Baustoffen.

Die Anforderungen gelten nicht für erdgeschossige Lagerhallen mit einer Dachfläche bis 3.000 m², wenn im Lager ausschließlich nichtbrennbare Stoffe oder Waren (z. B. Sand, Salz, Klinker, Stahl) unverpackt sind bzw. wenn die Verpackung und/oder die Lager- / Transporthilfen (z. B. Paletten) nicht zur Brandausbreitung beitragen.

Im Bereich von Dachdurchdringungen ist durch konstruktive Maßnahmen eine Brandweiterleitung zu behindern.

Die Anforderung nach § 30 Dächer (MBO): Bedachungen müssen gegen Flugfeuer und strahlende Wärme (harte Bedachung) widerstandsfähig sein.

Diese Anforderung gilt nicht für erforderliche Rauch- und Wärmeabzugsflächen.

Die DIN 18234 legt brandschutztechnische Anforderungen von Dachabdichtungen, sowie Prüfungen für großflächige Dächer bis 20° Dachneigung fest. Diese Norm ist im Wesentlichen bei flachen Dächern, z. B. Hallenbauten großer Abmessungen (Industriebauten), anwendbar.

Dächer, die nach der DIN 18234 hergestellt werden, erfüllen das Schutzziel einer Begrenzung der Brandweiterleitung. Zur Erfüllung des Schutzziels bedarf es ebenfalls eines ausreichend standsicheren Dachtragwerks und Gesamtwerks.

Die DIN 18234 besteht zur Zeit aus vier Teilen:

– DIN 18234-1:2003-09	Baulicher Brandschutz großflächiger Dächer Brandbeanspruchung von unten – Teil 1: Begriffe, Anforderungen und Prüfungen; geschlossene Dachflächen
– DIN 18234-2:2003-09	Baulicher Brandschutz großflächiger Dächer Brandbeanspruchung von unten – Teil 2: Verzeichnis von Dächern, welche die Anforderungen nach DIN 18234-1 erfüllen; geschlossene Dachflächen
– DIN 18234-3:2003-09	Baulicher Brandschutz großflächiger Dächer Brandbeanspruchung von unten – Teil 3: Begriffe, Anforderungen und Prüfungen Durchdringungen, Anschlüsse und Abschlüsse von Dachflächen
– DIN 18234-4:2003-09	Baulicher Brandschutz großflächiger Dächer Brandbeanspruchung von unten – Teil 4: Verzeichnis von Durchdringungen, Anschlüssen und Abschlüssen von Dachflächen, welche die Anforderungen nach DIN 18234-3 erfüllen

(2) **Sickenfüller**

An alle Dachrandanschlüsse und -abschlüsse sowie an allen Durchdringungen sind in die Stahltrapezprofile im Bereich der Tiefsicken Sickenfüller aus nicht brennbarem Material (A1) einzulegen. Die Sickenfüller sind in einer Länge von > 0,12 m in die Tiefsicken vor dem Aufbringen der Dampfsperre zu verlegen.

(3) **Dampfsperrbahnen**

Dampfsperrbahnen aus Bitumen müssen mindestens normal entflammbar, Baustoffklasse B2 (DIN EN 13501-1 Klassifizierung zum Brandverhalten, Klasse E) sein. Der Heizwert der Bitumen-Dampfsperrbahnen darf 10.500 kJ/m^2 nicht überschreiten. Kaltselbstklebende Dampfsperrbahnen mit Aluminium-Träger, Heizwert < 10.500 kJ/m^2 sind hervorragend geeignet, auf Stahltrapezprofil-Unterkonstruktionen eine hohe Durchtrittsicherheit und nach EnEV eine sichere luft- und dampfdichte Schicht herzustellen.
An allen An- und Abschlüssen sowie Dachdurchdringungen sind die Bahnen luftdicht aufzukleben.

(4) **Wärmedämmung**

Wärmedämmung auf Stahltrapezprofilen sollten aus nachfolgend aufgeführten Materialien bestehen:
- Mineralwolle (MW)
- Polyurethan-Hartschaum (PUR/PIR)
- Schaumglas (CG)
- Verbunddämmplatten
- Polystyrol (EPS)

Die Dämmplatten sind versetzt im Verband zu verlegen.

Es wird unterschieden zwischen:
- einschaligen Dächern mit mechanischer Befestigung bis 20° Dachneigung
  - Mineralwolle (MW)
  - Polyurethan-Hartschaum (PUR/PIR)
  - Verbunddämmplatten
- einschaligen Dächern mit verklebtem Dachaufbau bei Dachneigung bis 5°
  - Mineralwolle (MW)
  - Polyurethan-Hartschaum (PUR/PIR)
  - Verbunddämmplatten

Die Verbindung der Dämmstoffe mit der kaltselbstklebenden Dampfsperrbahn erfolgt mit einer Bitumen-Kaltklebemasse oder einem Polyurethan-Kleber. Die maximale Auftragsmenge der Verklebung beträgt 300 g/m^2.

- einschaligen Dächern mit verklebtem Dachaufbau mit Oberflächenschutz/Auflast bei einer Dachneigung bis 3°
  - Mineralwolle (MW)
  - Polyurethan-Hartschaum (PUR/PIR)
  - Verbunddämmplatten
  - Polystyrol (EPS)
- einschaligen Dächern mit Wärmedämmung aus Schaumglas bei Dachneigung bis 5°
  - Schaumglas

(5) **Dachabdichtung bei nicht genutzten Dachflächen**

Anforderungen an die Dachabdichtung müssen durch entsprechende Eigenschaften der zu verwendenden Stoffe sichergestellt werden. Sie müssen unter Berücksichtigung der Einbauart sowie der jeweiligen Beanspruchungen im Zusammenwirken mit anderen Teilen der Flachdachabdichtung und des Dachaufbaus besonders folgenden Anforderungen genügen:
- Wasserdichtheit bei den zu erwartenden Beanspruchungen
- Standfestigkeit, Dehnfähigkeit und Reißfestigkeit unter Verformungen, Temperaturen und Windbelastungen

- ausreichende Perforationsfestigkeit
- ausreichende Dimensionsstabilität
- ausreichende Widerstandsfähigkeit gegen UV-Strahlen
- genügend widerstandsfähig gegen Angriffe von Mikroorganismen
- Brandverhalten nach DIN 4102-7 oder DIN V ENV 1187 (B_{Roof} (t1) oder B_{Roof} (t3))

Die Nutzungsdauer der Dachabdichtung darf sich im eingebauten Zustand unter den vorgenannten Eigenschaften nicht nachteilig verändern.

Die Dachabdichtung muss nach DIN 4102-4 gegen Flugfeuer und strahlende Wärme widerstandsfähig sein oder ein Prüfzeugnis nach DIN 4102-7 oder DIN V ENV 1187, Prüfverfahren 1 zur Beanspruchung von Bedachungen durch Feuer von außen aufweisen.

Die Dachabdichtung ist auf dem Dachaufbau mechanisch zu befestigen. Die Befestigungselemente für die mechanische Befestigung der Wärmedämmung und der Dachabdichtung sind als Punktbefestigungen oder Linienbefestigungen herzustellen.

Bei verklebten Dachaufbauten kann die erste Abdichtungslage bei einer zweilagigen Dachabdichtung aus einer Polymerbitumen-Kaltselbstklebebahn auf geeigneter Wärmedämmung hergestellt werden.

(6) **An- und Abschlüsse**

An allen An- und Abschlüssen sind gesonderte Maßnahmen gegen die Brandweiterleitung zu ergreifen. Es gilt, den Eintritt von Flammen und Gasen in den Profilhohlraum zu vermeiden. Folgende Abschottungen (Sickenfüller) in den Tiefsicken sind zu verwenden:
- Mineralfaserfüller
- Schaumglas
- zementgebundene expandierte Füllstoffe

Der Anschluss an den aufgehenden Bauteilen ist zweilagig auszuführen.

Die Mindestlänge der einzelnen Sickenfüller beträgt in Profilrichtung 120 mm. In den Längsrichtungen der Profile ist mindestens die erste Tiefsicke mit einem Profilfüller zu versehen.

Senkrechte Bewegungsfugen zum aufgehenden Bauteil sind herzustellen mit einem Streifen aus:
- Mineralfaserdämmung
- expandiertem mineralischem Baustoff mit allgemeinem bauaufsichtlichen Prüfzeugnis.

(7) **Durchdringungen**

Bei Durchdringungen wird unterschieden zwischen kleinen, mittleren und großen Durchdringungen.

An Durchdringungen sind gesonderte Maßnahmen gegen die Brandweiterleitung zu ergreifen. Als geeignet gelten Konstruktionen, die in DIN 18234-4 aufgeführt sind, oder deren Eignung durch Brandprüfung oder eine gutachterliche Stellungnahme einer anerkannten Prüfstelle nachgewiesen ist. Die Profilhohlräume sind mit Profilfüllern (Sickenfüllern) abzuschotten. Die weiter unten aufgeführten Ausführungen gelten ohne weiteren Nachweis als geeignet.

Mittlere oder große Durchdringungen werden in der Regel mit Aufsetzkränzen hergestellt. Aufsetzkränze können aus verschiedenen Materialien bestehen, in verschiedenen Arten auf der Dachunterkonstruktion aufgesetzt und unterschiedlich eingedichtet werden.

Bei Holzbohlenrahmen ist an der Innenseite eine Stahlzarge anzuordnen und um den Bohlenkranz eine Wärmedämmung, A1, in einer Breite von mind. 0,50 m zu verlegen. Die Profilhohlräume sind mit Profilfüller abzuschotten. An der Innenseite ist die Holzbohle mit einem gekanteten Stahlblech, mind. 2 mm dick, zu bekleiden. Der Anschluss der Dachabdichtung, zweilagig, ist mit einer Polymerbitumen-Schweißbahn als Oberlage fachgerecht herzustellen. Die Bahn muss die Brandprüfung B_{Roof} (t3) nach DIN V ENV 1187, Prüfverfahren 3, bestanden haben. Sie ist in einer Breite von mind. 0,50 m herzustellen.

Alternativ ist um die Durchdringung ein mind. 0,50 m breiter Kiesstreifen aus einer Gesteinsschüttung aus Kies 16/32, in einer Höhe von 0,05 m, aufzubringen.

3.9 INSTANDHALTUNG

3.9.1 Allgemeines

(1) Dächer sind die am stärksten belasteten Bauteile eines Gebäudes. Sie widerstehen den natürlichen Witterungsprozessen, aber auch extremen Belastungen aus Wärme und Kälte, wie:
- schnellen Temperaturwechseln, z. B. Gewitterregen während eines heißen Sommertages
- Hagel, Eis und Schnee.

(2) Auch Schmutzablagerungen und Pflanzenwildwuchs stellen eine zusätzliche Belastung des Bauteils Dach dar. Deswegen sind Maßnahmen nach Tabelle 10, Zeile 1 und Zeile 2 zu empfehlen.

(3) Die Funktionsfähigkeit einer Dachabdichtung aus Polymerbitumen- und Bitumenbahnen und ihre erwartete Nutzungsdauer lässt sich durch regelmäßige Inspektion, verbunden mit einer fachgerechten Wartung, langfristig sicherstellen.

(4) Regelmäßige Inspektionen sind notwendig, turnusgemäße Wartungen können erforderlich werden. Eine zeitliche Festlegung der Wartungsarbeiten im Voraus ist nur bedingt möglich,

weil die Beanspruchung der Abdichtung weitgehend von Konstruktion, Lage und Neigung des Daches sowie von Umwelteinflüssen abhängt. Deshalb muss der Zeitpunkt für Wartungsarbeiten vom Fachmann bestimmt werden.

(5) Je nach Zustand, Art und Belastung der Dachabdichtung ist zu entscheiden, welche Maßnahme erforderlich wird. Hierbei stehen nach einer Inspektion die Maßnahmen Wartung, Instandhaltung und Erneuerung zur Wahl.

(6) Aufgrund der Materialeigenschaften sind Dachabdichtungen aus Bitumenbahnen regenerierbar und ermöglichen eine einfache regelmäßige Inspektion und Wartung.

3.9.2 Inspektion

ist eine Maßnahme zur Feststellung des Istzustandes. Dazu gehört die Überprüfung z. B. folgender Bereiche:
- Abdichtung
- Anschlüsse, Versiegelungen, Dachränder, Schornsteinkopf, etc.
- Gullys, Rinnen, Laubfänge, Fallrohre
- Dachdurchdringungen
- Bewegungsfugen
- Funktionen von Be- und Entlüftungsöffnungen bei zweischaligen Dachkonstruktionen

Die genannten Überprüfungen können durch Abschluss eines Inspektionsvertrages sichergestellt werden.

3.9.3 Wartung

ist eine Maßnahme zur Bewahrung des Sollzustandes. Die Wartung umfasst mindestens:
- Beseitigung von Verschmutzungen und unerwünschtem Pflanzenbewuchs. Bei Extensivbegrünungen sind insbesondere die nicht begrünten Randstreifen von unerwünschtem Pflanzenwildwuchs freizuhalten.
- Reinigung von Entwässerungsanlagen
- Beseitigung von Kiesverwehungen
- Reinigung von Be- und Entlüftungsöffnungen soweit dies ohne Einrüstungen möglich ist.

Im Rahmen von Wartungsarbeiten können auch kleinere Instandsetzungsarbeiten durchgeführt werden.

Die genannten Arbeiten können durch Abschluss eines Wartungsvertrages sichergestellt werden.

3.9.4 Instandsetzung und Erneuerung

3.9.4.1 Allgemeines

Instandsetzungs- und Erneuerungsarbeiten werden erforderlich, wenn Schäden behoben oder zu erwartende Schäden abgewendet werden müssen, die technische Nutzungsdauer der Abdichtung abgelaufen ist, oder das Dach einer geänderten Dachflächennutzung oder geänderten Anforderungen (z. B. Wärmeschutz) angepasst werden soll. Im Zuge dieser Arbeiten können wertverbessernde Maßnahmen durchgeführt werden wie
- Erhöhung des Qualitätsniveaus
- Verbesserung des Wärme- und Schallschutzes
- Berücksichtigung ökologischer Gesichtspunkte (z. B. Dachbegrünung).

Diese Maßnahmen sind vor Beginn der Voruntersuchungen festzulegen.

3.9.4.2 Zielfestlegung

Grundsätzlich ist das Hauptziel von Instandsetzungen die Wiederherstellung eines funktionsfähigen, den anerkannten Regeln der Technik entsprechenden Dachaufbaus. Die dazu erforderlichen Arbeiten müssen auf den vorhandenen Zustand des Daches abgestimmt werden.

3.9.4.3 Voruntersuchungen

Vor Instandsetzungen und Dacherneuerungen sind Bestandsaufnahmen, Zustandsfeststellungen und – beim Vorliegen von Schäden – Ursachenermittlungen durchzuführen. Art und Umfang der Voruntersuchungen sind abzustimmen auf z. B.:
- die Art und den Aussagewert vorliegender Dokumente
- das Schadensbild des Altdaches
- die Ziele und Art der geplanten Maßnahmen

Dazu können folgende Untersuchungen notwendig sein:

(1) Die Weiterverwendbarkeit vorhandener Dachschichten ist zu prüfen.

(2) Verbleibende Dachschichten müssen mit den neu aufzubringenden Schichten verträglich sein.

(3) Der Zustand und die Tragfähigkeit der Dachunterkonstruktion ist zu prüfen, insbesondere wenn durch geplante Instandsetzungsmaßnahmen die Dachlast erhöht wird.

(4) Der vorhandene Dachaufbau ist in Bezug auf die gültige EnEV zu prüfen (siehe Anhang I).

(5) Die bauphysikalische Situation eines Daches bei Einbau von neuen Schichten ist zu prüfen.

(6) Im Falle einer Nutzungsänderung des Gebäudes muss das Dach den neuen bauphysikalischen Anforderungen angepasst werden.

(7) Die Gefälle- und Entwässerungssituation ist zu prüfen.

(8) An- und Abschlüsse sind auf Zustand, Funktion und weitere Eignung zu prüfen.

(9) Neue und vorhandene Dachschichten müssen untereinander und mit der Tragkonstruktion positionsstabil und lagesicher verbunden werden.

Sollte das Ziel der Instandsetzungen lediglich eine auf eine kurzfristige Reststandzeit des Gebäudes oder Daches abgestimmte Reparatur sein, so können ggf. die vorgenannten Untersuchungen eingeschränkt werden oder ganz entfallen.

3.9.4.4 Maßnahmen

3.9.4.4.1 Vorbereitende Maßnahmen

Vorbereitende Maßnahmen:

- Schmutzablagerungen sind zu entfernen, die Dachfläche ist zu reinigen
- vorhandene Wellen, Blasen und Falten sind aufzuschneiden und abzustoßen
- Fehlstellen können ausgeglichen werden
- größere Risse sind mit Schleppstreifen abzudecken
- der Zustand des Untergrundes oder die anzuwendende Klebetechnik können einen Voranstrich oder eine Grundierung erforderlich machen

3.9.4.4.2 Überarbeitung von Einzelfehlstellen

Einzelne Fehlstellen können durch Aufschweißen oder Aufkleben von Polymerbitumenbahnen, einlagig oder mehrlagig verlegt, beseitigt werden.

3.9.4.4.3 Einlagiges Überarbeiten der Dachabdichtung

Eine noch funktionsfähige Dachabdichtung kann zur Verlängerung ihrer Funktionsdauer durch z. B. Aufbringen einer weiteren Lage, einer beschieferten Polymerbitumenbahn, überarbeitet werden. Das vollflächige Aufkleben einer Polymerbitumenbahn ist möglich, wenn nicht mit Feuchtigkeit in der vorhandenen Dachabdichtung gerechnet werden muss.

3.9.4.4.4 Erneuerung der Dachabdichtung

(1) Ist die Dachabdichtung im Gegensatz zu den darunter liegenden Schichten nicht mehr funktionsfähig und ist ein ausreichendes Gefälle zur Ableitung des Niederschlagswassers vorhanden, kann sie nach entsprechender Vorbereitung, wie unter Kapitel 3.9.4.4.1 beschrieben, erneuert werden.

(2) Die vorhandene alte Dachabdichtung kann dabei auf dem Dach verbleiben, wenn sie sich im Schichtenaufbau nicht schädigend auswirken kann. Abhängig vom Ergebnis der Bestandsaufnahme sind ggf. Trenn- und/oder Ausgleichsschichten erforderlich. Die Funktion der Ausgleichsschicht kann auch von einer zusätzlichen Wärmedämmung übernommen werden.

3.9.4.4.5 Erneuerung der Dachabdichtung mit zusätzlicher Wärmedämmung

(1) Wird außer der Erneuerung der Dachabdichtung eine zusätzliche Wärmedämmung erforderlich, so ist diese auf den vorbereiteten Untergrund, entsprechend Kapitel 3.4.5, aufzubringen. Hierauf ist eine neue Dachabdichtung, wie unter Kapitel 3.4.5.3 beschrieben, aufzubringen.

(2) Die vorhandene alte Dachabdichtung kann dabei auf dem Dach verbleiben, wenn sie sich im Schichtenaufbau nicht schädigend auswirken kann.

(3) Abhängig vom Ergebnis der Bestandsaufnahme ist zu empfehlen, die zusätzliche Wärmedämmung als Gefälledämmschicht zur Herstellung eines geregelten Wasserablaufs auszubilden.

(4) Zusatzdämmungen vergrößern die Dicke des Dachaufbaus. Dies ist bei Dachanschlüssen und -abschlüssen zu berücksichtigen.

3.9.4.4.6 Erneuerung des gesamten Dachaufbaus

Ergibt sich aus der Voruntersuchung, dass die vorhandenen Dachschichten und/oder die Unterkonstruktionen Instandsetzungsarbeiten nicht mehr zulassen, ist der gesamte Dachaufbau zu erneuern.

3.9.4.4.7 Erneuerung einer Dachabdichtung aus Kunststoffbahnen

Je nach den Ergebnissen der Voruntersuchungen nach Abschnitt (3.9.4.3) kann entweder lediglich die Abdichtung erneuert (Beispiel 1) oder zusätzlich die Wärmedämmung (Beispiel 2) bzw. auch die Gefällegebung (Beispiel 3) verbessert werden.

(1) Bei der Sanierung von Dachabdichtungen aus Kunststoffbahnen sollte die Lagesicherung des neuen Dachpaketes durch mechanische Befestigung einer
- geeigneten, neu aufgebrachten Zwischenlage oder
- der Abdichtungslage

erfolgen. Dies gilt vorzugsweise bei besonders schwingungsanfälligen Unterkonstruktionen wie Stahltrapezbleche.

(2) Sollen Schichten aufgeklebt werden, ist die Lagesicherung des vorhandenen Schichtenaufbaus und die Eignung der vorhandenen Kunststoffbahnen für eine Verklebung zu prüfen. Hier sollten die jeweiligen Kleberhersteller bzw. Hersteller von Kaltselbstklebebahnen zu Rate gezogen werden. Auf jeden Fall empfiehlt sich, vor Ort eine Probeklebung vorzunehmen.

(3) Alternativ ist auch das nachträgliche Aufbringen einer ausreichend dimensionierten Auflast möglich, hier muss dann die Tragfähigkeit der Konstruktion überprüft werden.

Abbildung 18: Erneuerung einer Dachabdichtung aus Kunststoffbahnen (Beispiel 1)

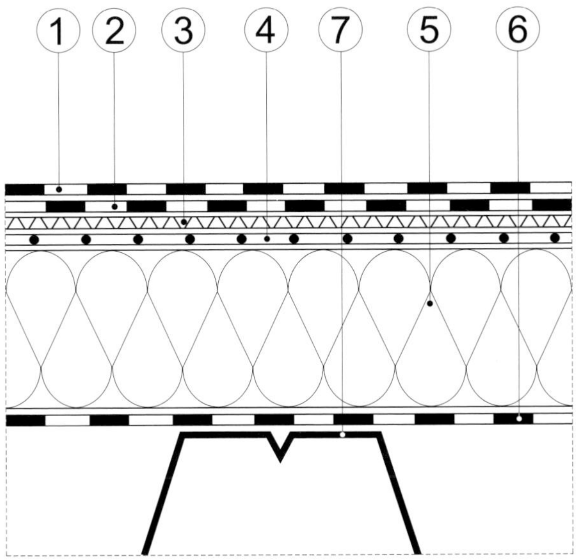

1. Oberlage der Abdichtung (Polymerbitumenbahn)
2. Erste Lage der Abdichtung (Polymerbitumenbahn), windsogsicher mechanisch befestigt
3. ggf. Trennlage
4. Kunststoff- oder Elastomerbahn, sanierungsbedürftig
5. Wärmedämmung (ausreichend dimensioniert)
6. Dampfsperre
7. Unterkonstruktion, Stahltrapezprofil

Bei ausreichend vorhandenem Gefälle (mind. 2 %) kann die Sanierung sowohl einlagig als auch zweilagig erfolgen.
Voraussetzung ist eine ausreichend vorhandene Wärmedämmung (EnEV). Die Verlegung erfolgt rechtwinklig zum Sickenverlauf der Trapezbleche, die Befestigung wird in der Längsnahtüberdeckung der ersten Abdichtungslage vorgenommen. Sollte die Anzahl der Befestigungselemente hier allein nicht ausreichen (Windsogsicherung), können zusätzlich im Bahnenmittenbereich Elemente gesetzt werden. Die Halteteller sind dann mit einem ausreichend dimensionierten Bahnenzuschnitt zu überkleben.

Abbildung 19: Erneuerung einer Dachabdichtung aus Kunststoffbahnen mit zusätzlicher Wärmedämmung (Beispiel 2)

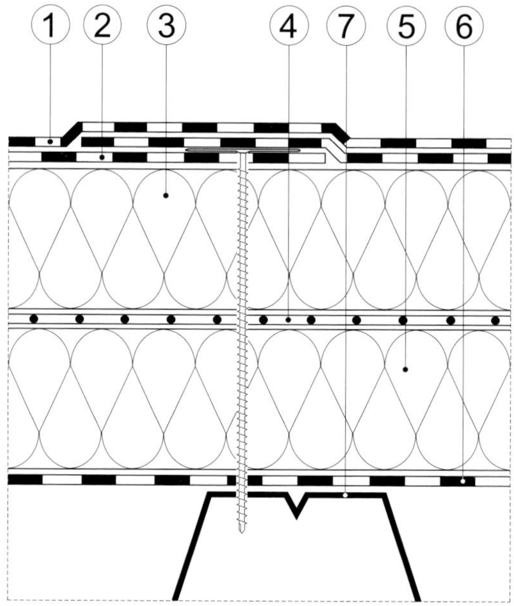

(1) Oberlage der Abdichtung (Polymerbitumenbahn)

(2) Erste Lage der Abdichtung (Polymerbitumenbahn), windsogsicher mechanisch befestigt

(3) Wärmedämmung

Neu

Bestand

(4) Kunststoff- oder Elastomerbahn, sanierungsbedürftig

(5) Wärmedämmung

(6) Dampfsperre

(7) Unterkonstruktion, Stahltrapezprofil

Bei ausreichend vorhandenem Gefälle, aber unzureichender Wärmedämmung bietet sich das Aufbringen einer zusätzlichen Wärmedämmung an. Die Verlegung der ersten Abdichtungslage (DU) erfolgt rechtwinklig zum Sickenverlauf der Trapezbleche, die Befestigung wird in der Längsnahtüberdeckung vorgenommen. Sollte die Anzahl der Befestigungselemente hier allein nicht ausreichen (Windsogsicherung), können zusätzlich im Bahnenmittenbereich Elemente gesetzt werden. Die Halteteller sind dann mit einem ausreichend dimensionierten Bahnenzuschnitt der Kaschierlage zu überkleben.

Abbildung 20: Erneuerung einer Dachabdichtung aus Kunststoffbahnen mit zusätzlicher gefällegebender Wärmedämmung (Beispiel 3)

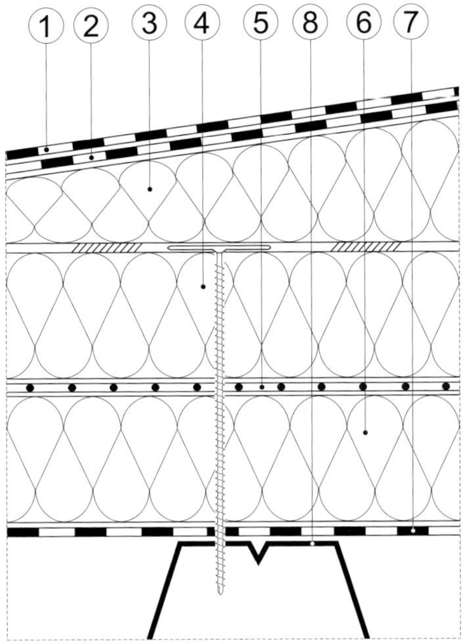

(1) Oberlage der Abdichtung (Polymerbitumenbahn)

(2) Erste Lage der Abdichtung (Polymerbitumenbahn)

(3) Gefälledämmung, windsogsicher aufgeklebt

(4) Wärmedämmung, windsogsicher mechanisch befestigt

Neu

Bestand

(5) Kunststoff- oder Elastomerbahn, sanierungsbedürftig

(6) Wärmedämmung

(7) Dampfsperre

(8) Unterkonstruktion, Stahltrapezprofil

Bei nicht ausreichend vorhandenem Gefälle und unzureichender Wärmedämmung sollte eine Gefälledämmung aufgebracht werden. Um unterschiedlich lange Befestigungselemente zu vermeiden, bietet sich eine zweilagige Verlegung an. Hierbei wird zunächst die gefällelose Grunddämmung mechanisch befestigt. Anschließend kann dann die Gefälledämmung mit einem Kaltkleber aufgeklebt werden.

Tabelle 10: Instandhaltung von Dachabdichtungen und Dacherneuerung

Instandhaltung	
Inspektion	**Maßnahmen zur Feststellung des Istzustandes** Aufnahme des Zustandes der Dachabdichtung, der An- und Abschlüsse sowie der Durchdringungen. Die Ergebnisse der Inspektion können Basis für die Festlegung evtl. erforderlicher Wartungs-, Instandsetzungs- oder Dacherneuerungsmaßnahmen sein.
Wartung	**Maßnahmen zur Bewahrung des Sollzustandes, z. B.** – Entfernen von unerwünschten Ablagerungen und Fremdbewuchs – Reinigen der Entwässerungsanlagen
Instandsetzung	**Maßnahmen zu Wiederherstellung des Sollzustandes** **a) Kleinere Instandsetzungsarbeiten, z. B.** – erneutes Absichern von Wandanschlussprofilen – Schutzanstriche auf korrosionsgefährdeten Metallteilen – Ausbessern kleinerer Schadstellen in der Abdichtung **b) Größere Instandsetzungsarbeiten, nach genauerer Untersuchung – ggf. mit Dachöffnung – festzulegen, z. B.** – Ausbessern größere Schadstellen in der Abdichtung – Regenerieren/Nachbehandeln der Abdichtungsoberfläche (nur bei Bitumenbahnen möglich, z. B. durch Beschichtung und gleichzeitige Erneuerung der Besplittung) – Regenerieren alter Dachabdichtungen durch fachgerechtes Aufbringen einer Polymerbitumenbahn, vorausgesetzt: – die vorhandene Abdichtung ist noch funktionsfähig – Feuchtigkeit unter, zwischen und über der vorhandenen Dachabdichtung ist nicht vorhanden und auch nicht zu erwarten.
Erneuerung der Dachabdichtung	**Maßnahmen zum Ersatz einer nicht mehr funktionstüchtigen Dachabdichtung und ihrer An- und Abschlüsse** a) bei Belassen der vorhandenen Dachabdichtung – ohne zusätzliche Wärmedämmung – mit zusätzlicher Wärmedämmung – mit zusätzlicher Wärmedämmung als Gefälledämmung b) nach Entfernen der vorhandenen Dachabdichtung
Dacherneuerung	
Dacherneuerung (Modernisierung)	**Maßnahme zum kompletten Ersatz eines nicht (mehr) funktionstüchtigen oder eines verbesserungsbedürftigen Dachschichtenaufbaus – einschließlich aller An- und Abschlüsse.**

4. KAPITEL
Bauwerksabdichtung

4.1 ALLGEMEINES

Vorbemerkung

(1) Der Begriff „Bauwerksabdichtung" umfasst generell den Schutz von Bauwerken gegen eindringendes Wasser. Im engeren Sinne versteht man darunter den Schutz von Bauten gegen drückendes Wasser von innen oder von außen, den Schutz von genutzten Bauwerksflächen gegen Oberflächen- und Brauchwasser und den Schutz von erdberührten Flächen gegen Bodenfeuchte (Haftwasser, Kapillarwasser).

(2) Im Rahmen dieses Regelwerkes werden Hinweise und beispielhafte Abdichtungslagen-Kombinationen für die Abdichtung von Deckenflächen im Freien und in Nassräumen entsprechend DIN 18195-5 sowie für die Abdichtung von erdberührten Bodenplatten und Wänden gegen Bodenfeuchte und nichtstauendes Sickerwasser entsprechend DIN 18195-4 bzw. gegen aufstauendes Sickerwasser entsprechend DIN 18195-6 gegeben.
Die Abdichtung gegen drückendes Wasser entsprechend DIN 18195-6 und DIN 18195-7 ist ein eigenständiges Sachgebiet. Hier wird dringend empfohlen, bereits in der Vorplanungsphase entsprechende Fachplanungsbüros einzuschalten.

Die DIN 18195 besteht zur Zeit aus folgenden Teilen:

DIN 18195-1 2000-08	Bauwerksabdichtungen Grundsätze, Definitionen, Zuordnung der Abdichtungsarten
DIN 18195-2 2009-04	Bauwerksabdichtungen Stoffe
DIN 18195-3 2000-08	Bauwerksabdichtungen Anforderungen an den Untergrund und Verarbeitung der Stoffe
DIN 18195-4 2000-08	Bauwerksabdichtungen Abdichtungen gegen Bodenfeuchte (Kapillarwasser, Haftwasser) und nichtstauendes Sickerwasser an Bodenplatten und Wänden, Bemessung und Ausführung
DIN 18195-5 2000-08	Bauwerksabdichtungen Abdichtungen gegen nichtdrückendes Wasser auf Deckenflächen und in Nassräumen, Bemessung und Ausführung
DIN 18195-6 2000-08	Bauwerksabdichtungen Abdichtungen gegen von außen drückendes Wasser und aufstauendes Sickerwasser, Bemessung und Ausführung
DIN 18195-7 2009-07	Bauwerksabdichtungen Abdichtungen gegen von innen drückendes Wasser, Bemessung und Ausführung
DIN 18195-8 2004-03	Bauwerksabdichtungen Abdichtungen über Bewegungsfugen
DIN 18195-9 2010-05	Bauwerksabdichtungen Durchdringungen, Übergänge, An- und Abschlüsse

DIN 18195-10 2004-03	Bauwerksabdichtungen Schutzschichten und Schutzmaßnahmen
DIN 18195 Beiblatt 1	Bauwerksabdichtungen Beispiele für die Anordnung der Abdichtung bei Abdichtungen

4.2 PLANUNG

(1) Wirkung und Dauerhaftigkeit einer Bauwerksabdichtung hängen nicht nur von ihrer fachgerechten Planung und Ausführung ab, sondern auch von der zweckmäßigen Planung und Ausführung des Bauwerks und seiner Teile, auf die die Abdichtung aufgebracht wird.

(2) Insbesondere hat der Bauwerksplaner darauf zu achten, dass die Gründung und die Umfassungswände nach den einschlägigen Regeln der Technik bemessen und ausgeführt werden.

4.3 ANFORDERUNGEN AN DEN UNTERGRUND

(1) Bauwerksflächen, auf die die Abdichtung aufgebracht werden soll, müssen frostfrei, fest, eben, frei von Nestern und klaffenden Rissen, Graten und frei von schädlichen Verunreinigungen und bei aufgeklebten Abdichtungen oberflächentrocken sein.

(2) Nicht verschlossene Vertiefungen > 5 mm, wie beispielsweise Mörteltaschen, offene Stoß- und Lagerfugen oder Ausbrüche, sind mit geeigneten Mörteln zu schließen. Oberflächen von Mauerwerk nach DIN 1053-1 oder von haufwerksporigen Baustoffen, offene Stoßfugen bis 5 mm und Oberflächenprofilierungen bzw. Unebenheiten von Steinen (z. B. Putzrillen von Ziegeln oder Schwerbetonsteinen) müssen, sofern keine Abdichtungen mit überbrückenden Werkstoffen (z. B. Bitumen- oder Kunststoff-Dichtungsbahnen) verwendet werden, entweder durch Verputzen (Dünn- oder Ausgleichsputz), Vermörtelung, durch Dichtungsschlämme oder durch eine Kratzspachtelung verschlossen und egalisiert werden.

(3) Kanten müssen gefast und Kehlen sollten gerundet sein. Werden Innenecken und Wand- bzw. Bodenanschlüsse als Hohlkehlen ausgebildet, sind diese mit einem Mörtel der Gruppe MG II oder MG III in einem Radius von 40 mm – 60 mm (Flaschenkehle) auszuführen.

(4) Vor- und Rücksprünge der abzudichtenden Flächen sind auf die unbedingt notwendige Anzahl zu beschränken.

(5) Beim Betonieren entstandene Fehlstellen müssen wie bei Mauerwerk beseitigt werden. Trennende Substanzen, wie z. B. Schalöl oder Nachbehandlungsmittel, sind zu entfernen.

(6) Die Betonsohle (Sohlenüberstand) muss besonders gründlich gereinigt werden. Sinterschichten oder festsitzende Verunreinigungen sind mechanisch zu entfernen.

(7) Putzoberflächen sind auf haftungsmindernde Bestandteile zu untersuchen und ggf. zu reinigen. Nicht tragfähige Putzschichten sind zu ersetzen.

(8) Vorhandene Abdichtungen eignen sich als Untergrund nur, wenn sie fest am Untergrund haften, tragfähig und bitumenverträglich sind. Ggf. ist die Materialverträglichkeit von alter und neu aufzubringender Abdichtung nachzuweisen.

4.4 STOFFE – BAHNEN FÜR DIE BAUWERKSABDICHTUNG

(1) Bitumenbahnen können für Bauwerksabdichtungen je nach Wasserbeanspruchung einlagig oder mehrlagig verlegt werden.

(2) Die für Bitumenbahnen für Bauwerksabdichtungen maßgeblichen Eigenschaften sind in DIN EN 13969 definiert.

(3) Bitumenbahnen für Bauwerksabdichtungen sind in DIN 18195-2 genannt.

(4) Die Mindestanforderungen an die Produkteigenschaften und die Anwendungstypen sind in der Anwendungsnorm DIN V 20000-202 festgelegt (Tabelle 5 im Kap. 3.2.6.2.3).

(5) Für Abdichtungen unter Guss- oder Walzasphalt sind die maßgeblichen Eigenschaften in DIN EN 14695 definiert. Die Mindestanforderungen an die einzusetzenden Produkte sind in der Anwendungsnorm DIN V 20000-203 festgelegt.

4.5 BAUTEILBEZOGENE AUSFÜHRUNGSEMPFEHLUNGEN

Die nachfolgenden Tabellen mit Ausführungsempfehlungen sind bauteilbezogen und berücksichtigen aus der Vielfalt der einsetzbaren Bitumenbahnen ausgewählte Beispiele. Diese Stoffgruppen der Polymerbitumenbahnen bieten aufgrund ihrer Materialeigenschaften beste Gewähr für den langfristigen Bestand der Abdichtung unter Praxisbeanspruchung.

Hinweis: in den nachfolgenden Tabellen 11 – 15 sind beispielhafte Abdichtungsstoffe genannt, erforderliche Schutz- bzw. Nutzschichten sind nicht berücksichtigt (siehe 4.9).

Tabelle 11: Parkdeck

Bauteil	Unterkonstruktion	Bemessung der Abdichtung nach	Bahnen, Stoffe, Produktgruppen	Verarbeitung
Parkdeck	Beton	DIN 18195-5 Abs. 8.3 (hohe Beanspruchung)	Voranstrich Elastomerbitumen-Schweißbahn PYE G 200 S4 Elastomerbitumen-Schweißbahn PYE PV 200 S5	 vollflächig schweißen
	Beton	DIN 18195-5 Abs. 8.3 (hohe Beanspruchung)	Voranstrich* oder Grundierung auf Epoxidharzbasis Polymerbitumen-Schweißbahnen mit hochliegender Trägereinlage aus Polyester- vlies gem. DIN V 20000-203 Ziffer 5.2.1 25 mm Gussasphalt	 vollflächig schweißen im Verbund aufbringen
			Voranstrich* oder Grundierung auf Epoxidharzbasis Edelstahlkaschierte Bitumen-Schweiß- bahnen TL BEL-B1 25 mm Gussasphalt	 vollflächig schweißen im Verbund aufbringen

* Voranstrich nur bei Abdichtung in Gebäuden, von erdüberschütteten Decken und ähnlich temperaturgeschützten Flächen

Kapitel 4

Tabelle 12: Hofkellerdecken

Bauteil	Unterkonstruktion	Bemessung der Abdichtung nach	Bahnen, Stoffe, Produktgruppen	Verarbeitung
Hofkeller-decke	Beton Voranstrich Dampfsperre Dämmstoff nach DIN EN 13163 DAA dh	DIN 18195-5 Abs. 8.3 (hohe Beanspruchung)	Kaltselbstklebende Polymerbitumen-bahn mit Trägereinlage z.B. PYE KTG KSP 2,8 Elastomerbitumen-Schweißbahn PYE PV 200 S5	teil- oder vollflächig kleben vollflächig schweißen
	Beton Voranstrich Schaumglasboard bzw. Schaumglasplatten mit Heißbitumen- Deckaufstrich nach DIN EN 13167 DAA dh, ds oder dx	DIN 18195-5 Abs. 8.3 (hohe Beanspruchung)	Elastomerbitumen- Schweißbahn PYE G 200 S4 Elastomerbitumen- Schweißbahn PYE PV 200 S5	vollflächig schweißen vollflächig schweißen
	Beton	DIN 18195-5 Abs. 8.3 (hohe Beanspruchung)	Voranstrich Elastomerbitumen- Schweißbahn PYE G 200 S4 Elastomerbitumen-Schweißbahn PYE PV 200 S5	 vollflächig schweißen vollflächig schweißen
	Beton	DIN 18195-5 Abs. 8.3 (hohe Beanspruchung)	Voranstrich* oder Grundierung auf Epoxidharzbasis Polymerbitumen-Schweißbahnen mit hochliegender Trägereinlage aus Polyestervlies gem. DIN V 20000-203 Ziffer 5.2.1 25 mm Gussasphalt	 vollflächig schweißen im Verbund aufbringen

* Voranstrich nur bei Abdichtung in Gebäuden, von erdüberschütteten Decken und ähnlich temperaturgeschützten Flächen

Kapitel 4

Tabelle 13: Nassräume

Bauteil	**Unter- konstruktion**	**Bemessung der Abdichtung nach**	**Bahnen, Stoffe, Produktgruppen**	**Verarbeitung**
Nass- raum*) im Wohnungs- bau	Beton oder Mauerwerk	DIN 18195-5 Abs. 8.2 (mäßige Beanspruchung)	Voranstrich Kaltselbstklebende Bitumen-Dichtungsbahn KSK	teilflächig kleben/ Wand vollflächig
			Voranstrich Kaltselbstklebende Polymerbitumenbahn mit Trägereinlage z.B. PYE KTG KSP 2,8	teil- oder vollflächig kleben
			Voranstrich Elastomerbitumen-Schweißbahn PYE PV 200 S5 Alternativ: PYE G 200 S4	teil- oder vollflächig schweißen
	Trockenausbau	DIN 18195-5 Abs. 8.2 (mäßige Beanspruchung)	Geeigneter Primer Kaltselbstklebende Bitumen-Dichtungsbahn KSK	teilflächig kleben/ Wand vollflächig
			Geeigneter Primer Kaltselbstklebende Polymerbitumenbahn mit Trägereinlage z. B. PYE KTG KSP 2,8	teil- oder vollflächig kleben
Nass- raum*) ge- werbliche Nutzung	Beton oder Mauerwerk	DIN 18195-5 Abs. 8.3 (hohe Beanspruchung)	Voranstrich Kaltselbstklebende Polymerbitumenbahn mit Trägereinlage z.B. PYE KTG KSP 2,8 Elastomerbitumen-Schweißbahn PYE PV 200 S5	teil- oder vollflächig kleben vollflächig schweißen
			Voranstrich Elastomerbitumen-Schweißbahn PYE G 200 S4 Elastomerbitumen-Schweißbahn PYE PV 200 S5	vollflächig schweißen vollflächig schweißen

*) siehe Def. Nassraum (Anhang V)

Tabelle 14: Kelleraußenwände

Bauteil	Unterkonstruktion	Bemessung der Abdichtung nach	Bahnen, Stoffe, Produktgruppen	Verarbeitung
Kelleraußen-wand in stark durchlässigem Boden **oder** mit Dränung DIN 4095	Beton oder Mauerwerk	DIN 18195-4 Abs. 7.3 (Bodenfeuchtigkeit und nichtstauendes Sickerwasser)	Voranstrich Kaltselbstklebende Bitumen-Dichtungsbahn KSK	vollflächig kleben
			Voranstrich Kaltselbstklebende Polymerbitumenbahn mit Trägereinlage z.B. PYE KTG KSP 2,8	vollflächig kleben, thermisch aktivieren
			Voranstrich Elastomerbitumen-Schweißbahn PYE PV 200 S5 Alternativ: PYE G 200 S4	vollflächig schweißen
	Waagerechte Abdichtung in Wänden	DIN 18195-4 Abs. 7.2 (Bodenfeuchtigkeit und nichtstauendes Sickerwasser)	Bitumen-Dachdichtungsbahn G 200 DD	Lose verlegen, Überdeckung mind. 200 mm darf verklebt werden
			Bitumen-Dachdichtungsbahn PV 200 DD	
Keller-außenwand in wenig durchlässigem Boden **und** ohne Dränung	Beton oder Mauerwerk	DIN 18195-6 Abs. 9.2 (aufstauendes Sickerwasser)	Voranstrich Elastomerbitumen-Schweißbahn PYE PV 200 S5	vollflächig schweißen **Hinweis***
		DIN 18195-6 Abs. 9.3 (aufstauendes Sickerwasser)	Voranstrich Kaltselbstklebende Polymerbitumenbahn mit Trägereinlage z. B. PYE KTG KSP 2,8 Elastomerbitumen-Schweißbahn PYE PV 200 S5	vollflächig kleben, thermisch aktivieren vollflächig schweißen **Hinweis***

* **Hinweis:** Die Wandabdichtung ist an die Sohlenabdichtung anzuschließen, so dass die Abdichtung das Gebäude wannenförmig umschließt

Tabelle 15: Kellersohlen

Bauteil	Unter-konstruktion	Bemessung der Abdichtung nach	Bahnen, Stoffe, Produktgruppen	Verarbeitung
Keller-sohle in stark durchlässigem Boden **oder** mit Dränung DIN 4095	Beton	DIN 18195-4 Abs. 7.4 (Bodenfeuchtigkeit und nichtstauendes Sickerwasser)	Voranstrich Kaltselbstklebende Bitumen-Dichtungs-bahn KSK	teil- oder vollflächig kleben
			Voranstrich Kaltselbstklebende Polymerbitumenbahn mit Trägereinlage z.B. PYE KTG KSP 2,8	teil- oder vollflächig kleben
			Voranstrich Elastomerbitumen-Schweißbahn PYE PV 200 S5 Alternativ: PYE G 200 S4	teil- oder vollflächig schweißen
			Bitumen-Dachdichtungsbahn PV 200 DD	teil- oder vollflächig kleben
Keller-sohle in wenig durchlässigem Boden **und** ohne Dränung	Beton	DIN 18195-6 Abs. 9.2 (aufstauendes Sickerwasser)	Voranstrich Elastomerbitumen-Schweißbahn PYE PV 200 S5	teil- oder vollflächig schweißen **Hinweis***
		DIN 18195-6 Abs. 9.3 (aufstauendes Sickerwasser)	Voranstrich Kaltselbstklebende Polymerbitumenbahn mit Trägereinlage z. B. PYE KTG KSP 2,8 Elastomerbitumen-Schweißbahn PYE PV 200 S5	teil- oder vollflächig kleben vollflächig schweißen **Hinweis***

* **Hinweis:** Die Wandabdichtung ist an die Sohlenabdichtung anzuschließen, so dass die Abdichtung das Gebäude wannenförmig umschließt

4.6 VERARBEITUNG DER STOFFE

4.6.1 Bitumen-Voranstrichmittel

Die Bauteiloberflächentemperatur und die Umgebungstemperatur müssen mehr als + 5 °C betragen. Bitumen-Voranstrichmittel sind durch Streichen, Rollen oder Spritzen zu verarbeiten. Bevor andere oder weitere Schichten auf sie aufgebracht werden, müssen sie ausreichend durchgetrocknet bzw. abgelüftet sein. Bitumen-Voranstrichmittel sind so aufzutragen, dass eine Menge von 200 g/m² bis 300 g/m² gleichmäßig verteilt wird. In Verbindung mit kaltselbstklebenden Dichtungsbahnen ist ein systemverträgliches Bitumen-Voranstrichmittel zu verwenden. Lösemittelhaltige Bitumenprodukte dürfen in Innenräumen und ähnlichen baulichen Anlagen nicht eingesetzt werden.

4.6.2 Klebemassen

Heiß zu verarbeitende Oxidbitumenklebemassen sind auf ca. 200 °C zu erhitzen (s. Kapitel 3.2.3). Bei der Aufbereitung der Oxidbitumenklebemassen darf eine Temperatur von 230 °C nicht überschritten werden. Heiß zu verarbeitende Polymerbitumenklebemassen sind auf ca. 170 °C bis max. 200 °C zu erhitzen.

*Tabelle 16: Klebemassen und Deckaufstrichmittel, heiß zu verarbeiten (aus DIN 18195-2:2009-04)**

Nr	1		2	3	4
1	**Klebemassen und Deckaufstrichmittel**		**Massenanteil an löslichem Bindemittel[c] %**	**Erweichungspunkt des Bindemittels[a, c] °C**	**Kältebiegsamkeit nach Fraaß[c] °C**
2	Straßenbaubitumen nach DIN EN 12591	ungefüllt	≥ 99	54 bis 75	−2 bis −6
3		gefüllt[b]	≥ 50	54 bis 75	
4	Oxidbitumen nach DIN EN 13305	ungefüllt	≥ 99	80 bis 125	−20
5		gefüllt[b]	≥ 50	80 bis 125	
6	Elastomerbitumen nach DIN EN 14023	ungefüllt	≥ 99	≥ 100	−35
7	Prüfung nach		DIN EN 12967-1	DIN EN 1427	DIN EN 12593

a = Bei gefüllten Massen am extrahierten Bindemittel gemessen.
b = Mineralische Füllstoffe aus nicht quellfähigen Gesteinsmehlen und/oder mineralischen Farbstoffen mit einem Massenanteil von mindestens 30 %.
c = Die Einhaltung der Werte ist mittels werkseigener Produktionskontrolle mindestens einmal jährlich nachzuweisen.

4.6.3 Bitumenbahnen

4.6.3.1 Schweißverfahren (Schmelzverfahren)

(1) Bei diesem Verfahren werden Schweißbahnen verwendet.

(2) Bei vollflächiger Verklebung werden die zu verklebenden Bitumendeckschichten aufgeschmolzen und die Bahn unter leichtem Druck so eingerollt, dass sie sich vollflächig mit dem Untergrund verbindet. Um dies zu erreichen, muss die aufzuklebende Bahn fest aufgerollt sein. Der Einsatz eines Wickelkerns ist zu empfehlen.

(3) Bei teilflächiger Verklebung wird die untere Deckschicht der aufzuschweißenden Bahn punkt- oder streifenweise aufgeschmolzen und die Bahn unter leichtem Druck eingerollt.

(4) Bei Arbeiten mit offener Flamme sind Vorsichtsmaßnahmen erforderlich. Feuerlöscher sind vor Ort bereitzuhalten.

(5) Auf senkrechten oder stark geneigten Flächen sollten Bahnen nur mit einer Breite bis 0,75 m verwendet werden, es sei denn, dass ein maschinelles Verarbeitungsverfahren eine größere Breite zulässt.

4.6.3.2 Gießverfahren

(1) Bei diesem Verfahren werden Dachdichtungs- und Dachbahnen verwendet. Folienkaschierte Bahnen sind nicht dafür geeignet.

(2) Bei vollflächiger Verklebung wird die Heißbitumen-Klebemasse vor die Bahn so reichlich aufgegossen, dass beim Einrollen der Bahn vor der Rolle in ganzer Bahnenbreite ein Klebemassenwulst entsteht. Um dies zu erreichen, muss die aufzuklebende Bahn fest aufgerollt sein. Der Einsatz eines Wickelkerns ist zu empfehlen.

(3) Bei teilflächiger Verklebung wird die Heißbitumen-Klebemasse punkt- oder streifenweise aufgetragen und die Bahn unter leichtem Druck eingerollt.

(4) An den Bahnenrändern soll bei Unter- und Zwischenlagen das austretende Klebebitumen glattgestrichen werden.

(5) Für das Gießverfahren werden ungefüllte Klebemassen verwendet.

4.6.3.3 Bürstenstreichverfahren

Bei diesem Verfahren werden Dachdichtungs- und Dachbahnen verwendet. Folienkaschierte Bahnen sind nicht dafür geeignet. Die Heißbitumenklebemasse wird vor die Bahn in Bürstenstrichbreite quer zur Verlegerichtung so reichlich aufgetragen, dass beim Einrollen der Bahn vor der Rolle in ganzer Bahnenbreite ein Klebemassenwulst entsteht. Um dies zu erreichen, muss die aufzuklebende Bahn fest aufgerollt sein. Der Einsatz eines Wickelkerns ist zu empfehlen. An den Bahnenrändern längs und quer muss die Bitumenklebemasse sichtbar heraustreten. Das austretende Klebebitumen sollte glattgestrichen werden.

4.6.3.4 Kaltselbstklebeverfahren (KSP-Bahnen)

(1) Bei diesem Verfahren werden kaltselbstklebende Polymerbitumenbahnen mit Trägereinlage verwendet. Der Untergrund muss für eine Kaltverklebung geeignet oder dafür vorbereitet sein. Die KSP-Bahn wird unter Abziehen eines Trennpapiers oder einer Trennfolie flächig verklebt und angedrückt. Es empfiehlt sich im Wandbereich die Verlegung von oben nach unten. Im waagerechten Bereich ist auch eine teilflächige Verklebung zulässig. An An- und Abschlüssen, allen Überlappungen sowie senkrechten Flächen ist die KSP-Bahn anzudrücken, um so eine optimale Verklebung zu erreichen. Bei senkrechten oder stark geneigten Flächen, Überlappungen und sonstigen Details sind Zusatzmaßnahmen, z. B. Zuhilfenahme thermischer Aktivierung beim Aufbringen der KSP-Bahn, vorzusehen. Am oberen Wandabschluss ist die Abdichtungsbahn gegen ein mögliches Abklappen zu sichern. Dies kann z. B. durch eine mechanische Fixierung erfolgen. Zur Vermeidung von Kapillaren sind am T-Stoß gesonderte Maßnahmen zu ergreifen (z. B. Schrägschnitt der unterdeckenden Bahn). Auf senkrechten oder stark geneigten Flächen sollte die Breite der Bahnen 1,10 m nicht überschreiten. Die Herstellervorschriften sind zu beachten.

(2) Bei mehrlagigen Abdichtungen, gemäß DIN 18195-5 – Lastfall hohe Beanspruchung – und DIN 18195-6, unter Verwendung von kaltselbstklebenden Polymerbitumenbahnen mit Trägereinlage (KSP-Bahnen) als erste Lage der Abdichtung, ist im Regelfall die Folgelage im Schweißverfahren, gemäß Kap. 4.6.3.1 aufzubringen. Bei senkrechten oder stark geneigten Flächen sind Zusatzmaßnahmen, z. B. Zuhilfenahme thermischer Aktivierung beim Aufbringen der kaltselbstklebenden Polymerbitumenbahn mit Trägereinlage vorzusehen. Die Herstellervorschriften sind zu beachten.

4.6.3.5 Kaltselbstklebeverfahren (KSK-Bahnen)

Bei diesem Verfahren werden kaltselbstklebende Bitumendichtungsbahnen verwendet. Der Untergrund muss für eine Kaltverklebung geeignet oder dafür vorbereitet sein. Die Dichtungsbahn wird unter Abziehen eines Trennpapiers oder einer Trennfolie flächig verklebt und angedrückt. An den Überlappungen muss der Andruck mit einem Hartgummiroller erfolgen. Zur Vermeidung von Kapillaren sind am T-Stoß gesonderte Maßnahmen zu ergreifen (z. B. Schrägschnitt der unterdeckenden Bahn). Auf senkrechten oder stark geneigten Flächen sollte die Breite der Bahnen 1,10 m nicht überschreiten. Die Herstellervorschriften sind zu beachten.

4.7 KONSTRUKTIVE HINWEISE/DETAILS

Abbildung 21: Querschnittsabdichtung in Mauerwerksfugen (Abdichtung nach DIN 18195-4)

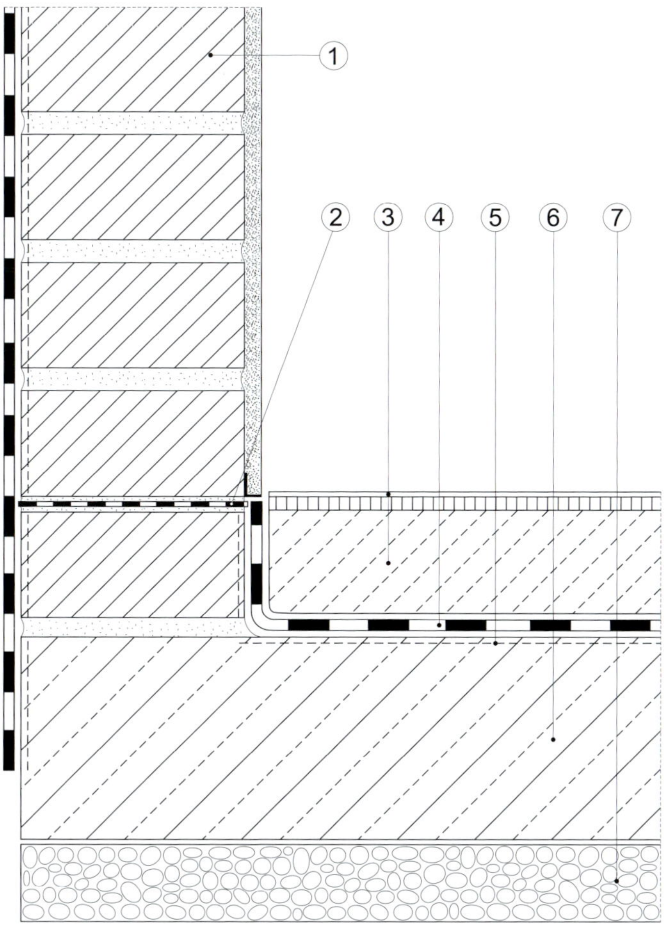

1 Wand
2 Mauersperre
3 Bodenaufbau
4 Polymerbitumenbahn
5 Voranstrich
6 Bodenplatte
7 Kapillarbrechende Schicht

Abbildung 22: Sockel; hinterlüftete Verblendschale (Abdichtung nach DIN 18195-4)

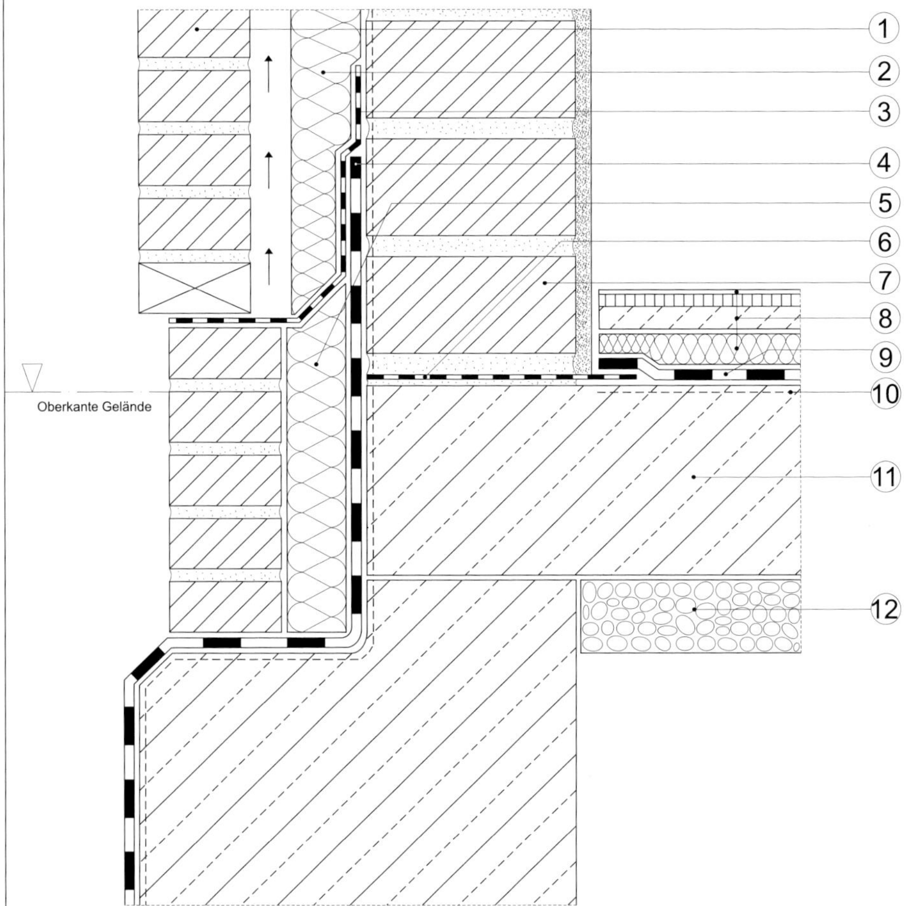

(1) Verblend-Mauerwerk
(2) Fassadendämmung
(3) Z-Feuchtigkeitssperre, z.B. Elastomerbitumen-Dachdichtungsbahn
(4) Elastomerbitumenbahn
(5) Perimeterdämmung
(6) Mauersperrbahn
(7) Mauer
(8) Bodenaufbau
(9) Polymerbitumenbahn
(10) Voranstrich
(11) Bodenplatte
(12) Kapillarbrechende Schicht

Kapitel 4

Abbildung 23: Rückläufiger Stoß (Abdichtung nach DIN 18195-6, Abschnitt 9.2)

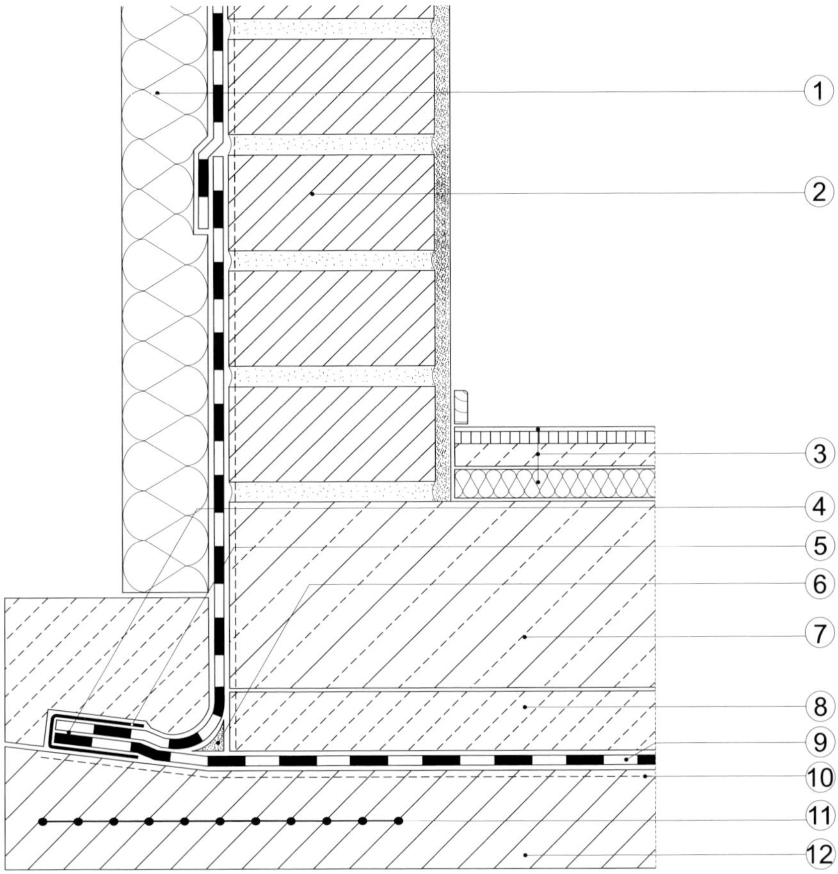

1. Perimeterdämmung
2. Kelleraußenwand
3. Fußbodenaufbau
4. Rückläufiger Stoß, Überdeckung = Lagenanzahl x 100 + 200 mm
5. Schutzkappe, z. B. PYE PV 200 DD
6. Hohlkehle
7. Bodenplatte
8. Schutzbeton
9. Elastomerbitumenschweißbahn mit PV-Einlage
10. Kaltbitumenvoranstrich
11. Bewehrung
12. Sauberkeitsschicht

Abbildung 24: Rückläufiger Stoß, zweilagig (Abdichtung nach DIN 18195-6, Ziffer 9.3)

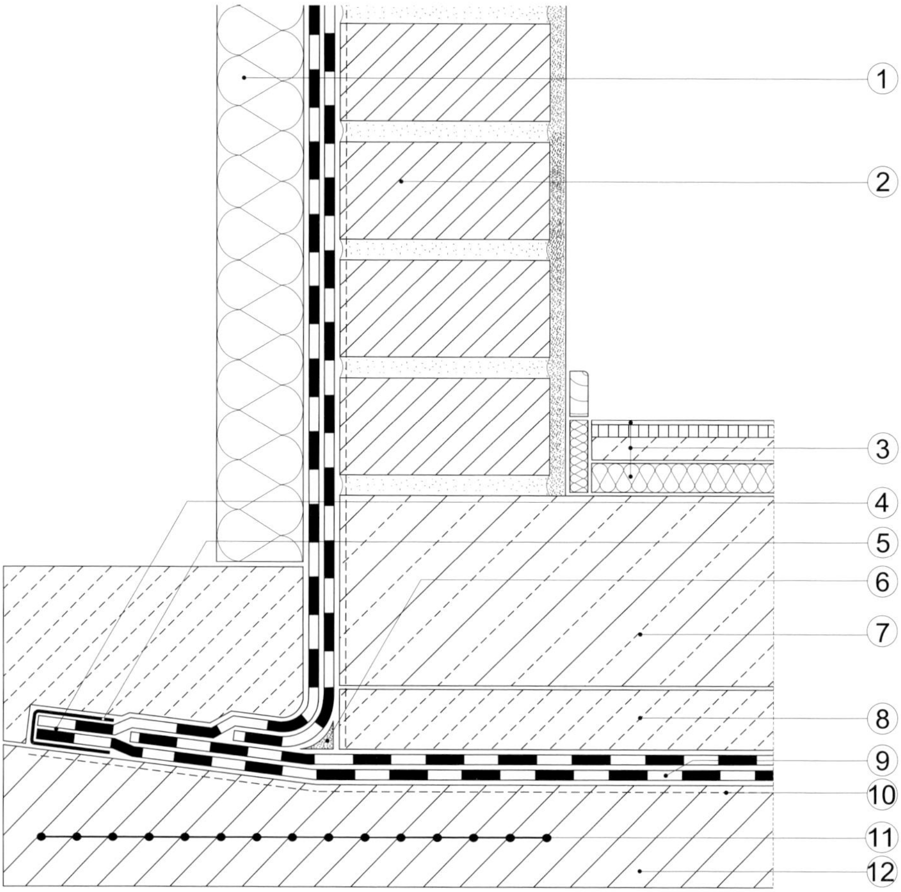

1	Perimeterdämmung	7	Bodenplatte
2	Kelleraußenwand	8	Schutzbeton
3	Fußbodenaufbau	9	Elastomerbitumenbahn mit PV-Einlage
4	Rückläufiger Stoß, Überdeckung = Lagenanzahl x 100 + 200 mm	10	Kaltbitumenvoranstrich
5	Schutzkappe, z. B. PYE PV 200 DD	11	Bewehrung
6	Hohlkehle	12	Sauberkeitsschicht

Abbildung 25: Wandanschluss bei nicht drückendem Wasser (Abdichtung nach DIN 18195-5)

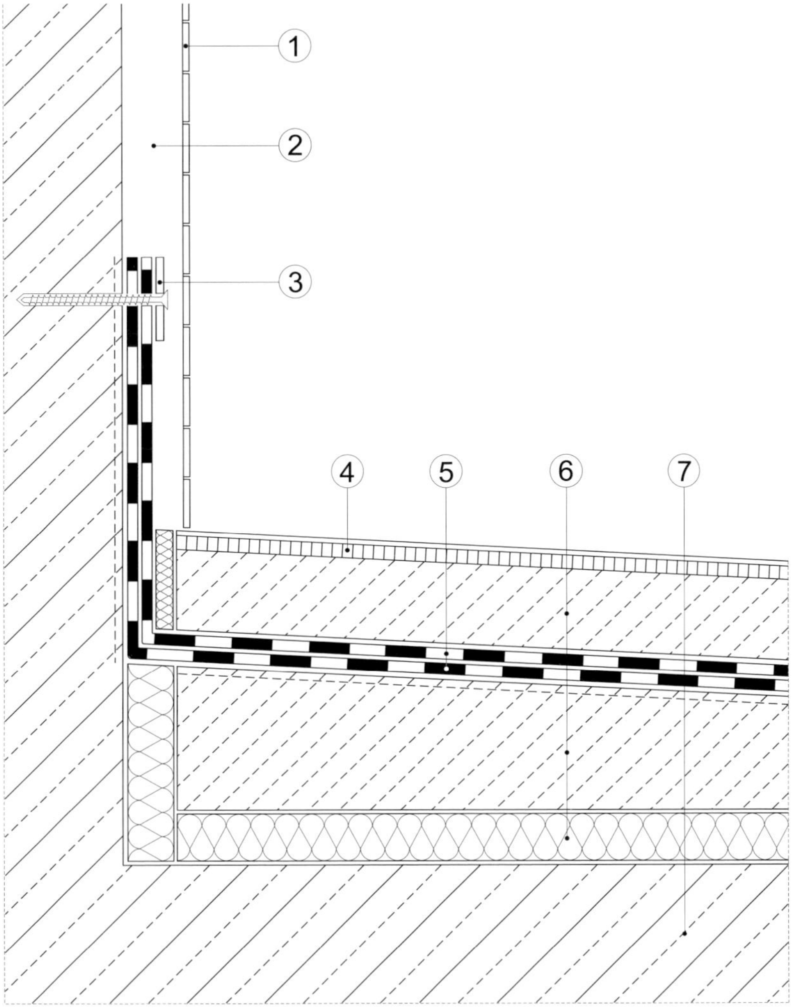

(1)	Fliesen	(5)	Polymerbitumenbahnen
(2)	Wandbelag	(6)	Fußbodenaufbau
(3)	Klemmschiene	(7)	Geschossdecke
(4)	Bodenbelag		

Abbildung 26: Anschluss an WU-Beton-Bodenplatte mit Bitumenbahnenabdichtung (Abdichtung nach DIN 18195-4)

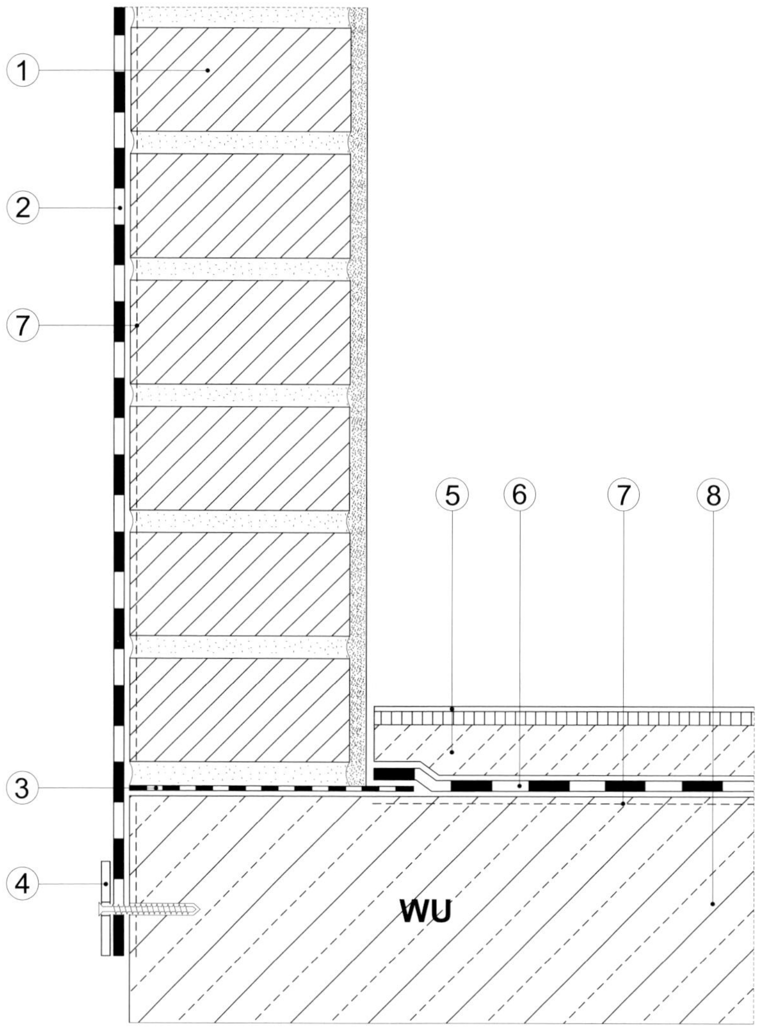

(1) Mauer
(2) Elastomerbitumenbahn
(3) Mauersperrbahn
(4) Klemmschiene
(5) Fußbodenaufbau
(6) Dampfsperre (Estrichbahn)
(7) Voranstrich
(8) WU-Beton

Abbildung 27: Anschlüsse Durchdringungen mit Polymerbitumenbahnen – Bauwerksabdichtung mit Flanschkonstruktion

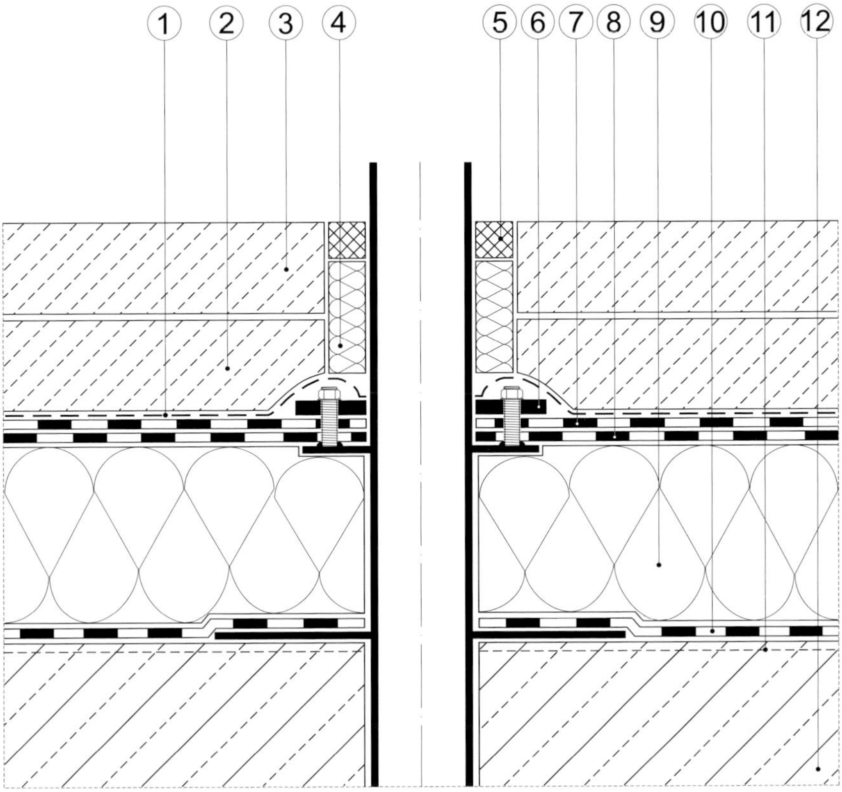

(1) Trenn- und Gleitschicht

(2) Mörtelbett

(3) Fahrbelag

(4) Wärmedämmung

(5) Fugenvergussmasse, b ≥ 20 mm

(6) Flanschkonstruktion, gem. DIN 18195-9

(7) Oberlage der Abdichtung (Polymerbitumenbahn)

(8) Erste Lage der Abdichtung

(9) Wärmedämmung

(10) Dampfsperre

(11) Bitumen-Voranstrich

(12) Unterkonstruktion, Beton

Abbildung 28: Bewegungsfuge mit Polymerbitumenbahnen – Flanschkonstruktion auf Terrassen und Parkdecks

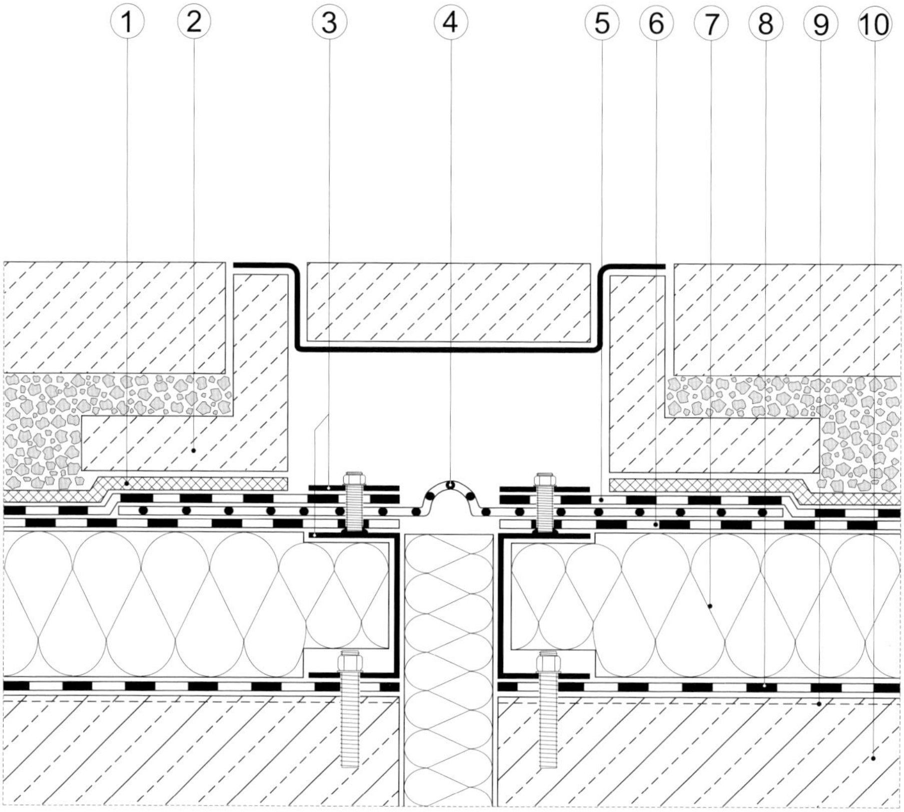

1	Schutzlage	6	Erste Lage der Abdichtung
2	Winkel- oder Kantenstein	7	Wärmedämmung
3	Flanschkonstruktion gem. DIN 18195-9	8	Dampfsperre
4	Neoprene-Fugenband, d > 3 mm	9	Bitumen-Voranstrich
5	Oberlage der Abdichtung (Polymerbitumenbahn)	10	Unterkonstruktion, Beton

4.7.1 Abdichtungen über Bewegungsfugen

(1) Abdichtungen über Fugen (Bewegungsfugen) müssen das Eindringen von Feuchtigkeit bzw. Wasser verhindern und die Beanspruchung aus Fugenbewegung, Temperaturveränderungen und Wasserdruck schadlos aufnehmen.

(2) Die weitreichenden Anforderungen, die baulichen Erfordernisse und die konstruktiven Ausführungen der Abdichtungen über Fugen regelt DIN 18195-8.

(3) Ausführungen
Es werden im Wesentlichen zwei Fugentypen unterschieden, wobei die Fugenbreite und die Bewegungen – senkrecht und/oder parallel – zur Abdichtungsebene Einfluss nehmen:

Fugentyp I
Fugen für langsam ablaufende und einmalige oder selten wiederholte Bewegungen, z. B. Setzungsfugen oder Längenänderungen durch jahreszeitliche Temperaturschwankungen.

Fugentyp II
Fugen für schnell ablaufende oder häufig wiederholte Bewegungen, z. B. Bewegung durch wechselnde Verkehrslasten oder Längenänderung durch tageszeitliche Temperaturschwankungen. Diese Fugen befinden sich in der Regel oberhalb der Geländeoberfläche und in befahrenen Deckenbereichen.

(4) Die Abdichtung über den Fugen erfolgt je nach Art und Häufigkeit der Fugenbewegungen sowie der Art der Wasserbeanspruchung.

Zu unterscheiden sind:

- Ebene Verstärkungen der Flächenabdichtungen, deren Art und erforderliche Anzahl der Verstärkung je nach der Beanspruchungsart und Beanspruchungsgrößenordnung festzulegen sind.

- Unterbrechungen der Flächenabdichtung, schlaufenartige Anordnung geeigneter Abdichtungsstoffe, die jeweils fachgerecht in die Flächenabdichtung eingebunden werden.

- Anordnung einer Los- und Festflanschkonstruktion nach DIN 18195-9, bei der auf beiden Seiten der Fuge eine Los- und Festflanschkonstruktion anzuordnen ist, an denen sowohl die Flächenabdichtung als auch das verbindende Dichtungsprofil wasserdicht anzuschließen sind.

4.7.2 Durchdringungen, Übergänge, Anschlüsse

(1) Durchdringungen, Übergänge und Anschlüsse müssen so hergestellt sein, dass das Eindringen von Feuchtigkeit bzw. Wasser verhindert wird und Beanspruchungen aus Bauteil-

bewegungen und Wasserdruck schadlos aufgenommen werden. Sie müssen so angeordnet werden, dass die Bauwerksabdichtung fachgerecht angeschlossen werden kann.

(2) Die weitreichenden Anforderungen an die baulichen Erfordernisse und die konstruktiven Ausführungen im Bereich von Durchdringungen, Übergängen und Anschlüssen regelt DIN 18195-9.

Ausführung

Die Anordnung und Ausbildung von Anschlüssen, Übergängen und Abschlüssen erfolgt entsprechend den zu erwartenden hydrostatischen Beanspruchungen.

Durchdringungen

Anschlüsse an Durchdringungen bei der Abdichtung bei nicht drückendem Wasser sind durch Klebeflansche, Anschweißflansche, Manschetten, Manschetten mit Schellen oder durch Los- und Festflanschkonstruktionen auszuführen.

Bei Abdichtung gegen drückendes Wasser sind Los- und Festflanschkonstruktionen auszuführen.

Übergänge

Übergänge sind bei Abdichtungen gegen Bodenfeuchtigkeit und nicht drückendem Wasser durch Klebeflansche, Anschweißflansche, Klemmschienen oder Los- und Festflanschkonstruktionen herzustellen.

Bei Abdichtungen gegen drückendes Wasser sind ausschließlich Los- und Festflanschkonstruktionen vorzusehen.

Abschlüsse

Abschlüsse sind bei allen Beanspruchungsarten an den aufgehenden Bauteilen zu sichern, in dem der Abdichtungsrand in Nuten eingezogen oder mit Klemmschienen/-profilen versehen oder konstruktiv abgedeckt wird.

4.8 SCHUTZMASSNAHMEN

(1) Schutzmaßnahmen sind bauliche Maßnahmen, die zum vorübergehenden Schutz von Bauwerksabdichtungen gegen schädigende Einflüsse, z. B. während der Bauarbeiten, getroffen werden. Sie müssen auf die Dauer des maßgebenden Bauzustandes abgestimmt sein.

(2) Die Anforderungen, die baulichen Erfordernisse und die konstruktiven Ausführungen der Schutzmaßnahmen regelt DIN 18195-10.

(3) Folgende Schutzmaßnahmen können erforderlich sein:

– Maßnahmen, die verhindern, dass Baustoffe oder Geräte auf der Abdichtung gelagert werden.

– Maßnahmen, die die Abdichtung gegen mögliche schädigende Beanspruchungen durch Grund-, Stau- und Oberflächenwasser schützen. Eine ausreichende Sicherung gegen Auftrieb muss vorhanden sein.

– Maßnahmen, die bei der Montage von Bewehrungen im Zuge vorzunehmender Betonarbeiten Schädigungen der Abdichtung vermeiden.

– Maßnahmen, die Abdichtungen, z. B. an senkrechten und geneigten Flächen, vor schädigender Wärmeeinwirkung schützen.

– Maßnahmen, die Beschädigungen der Abdichtung bei jeglichen Hinterfüllarbeiten an abgedichteten Wandflächen vermeiden.

4.9 SCHUTZSCHICHTEN

(1) Schutzschichten sind Bauteile, die zum dauerhaften Schutz von Bauwerksabdichtungen gegen schädigende statische, dynamische und thermische Einflüsse angeordnet werden.

(2) Schutzschichten selber dürfen Abdichtungen nicht beschädigen, z. B. durch Bewegungen oder Verformungen.

(3) Die weitreichenden Anforderungen, die baulichen Erfordernisse und die konstruktive Ausführung im Bereich von Schutzschichten regelt DIN 18195-10.

(4) Ausführung
Schutzschichten sind in Abhängigkeit von den zu erwartenden Beanspruchungen und den örtlichen Gegebenheiten festzulegen. Sie können bestehen aus:
- Mauerwerk
- Beton
- Mörtel
- Platten
- Gussasphalt
- Bitumen-Dichtungsbahnen mit Metallbandeinlage (Cu 0,1 D)
- sonstigen Stoffen, wie z. B. Matten und Bahnen aus Kunststoffen, Schaumstoffen, Gummigranulaten u. ä.

Kapitel 4

5. KAPITEL
Weitere Einsatzmöglichkeiten von Bitumenbahnen

5.1 TEICHABDICHTUNGEN

5.1.1 Geltungsbereich
Das nachfolgende Kapitel beschreibt Anwendungs- und Stoffempfehlungen für die Planung und Ausführung von Abdichtungen mit Polymerbitumenbahnen mit Trägereinlage von:
- Teichen
- Löschteichen
- Rückhaltebecken
- Schwimmteichen

5.1.2 Normative Verweise
Siehe Anhang IV Normen, Regelwerke.

5.1.3 Definitionen
Polymerbitumenbahnen für die Teichabdichtung nach diesem Kapitel sind Polymerbitumenschweißbahnen. Die Bahnen bestehen aus Trägereinlagen (Kunststoffvlies oder Kombinationsträger) und beidseitig kunststoffmodifizierten Bitumendeckschichten. Die Bahnen können je nach Anwendungs- und Nutzungszweck ober- und/oder unterseitig besandet oder mit Folien oder Vliesen ausgerüstet sein.

5.1.4 Planungshinweise
(1) Die Abdichtung von Teichen, Wasserbehältern und Rückhaltebecken erfordert eine rechtzeitige Abstimmung aller beteiligten Fachleute der Genehmigungs-, Planungs-, Material- und Ausführungsseite, damit alle wasser-, bau- und nutzungstechnischen Anforderungen in Einklang gebracht werden können.

(2) Insbesondere zu beachten sind Anforderungen z. B. aus:
- Genehmigungsverfahren und Bauordnungen der Länder und Kommunen
- wasserwirtschaftlichen Gesetzen des Bundes und der Länder
- Naturschutz- und Umweltrecht
- den bodenphysikalischen Eigenschaften des Baugrundes
- statischen Belastungen
- der Schichtenfolge und den Ausführungen der einzelnen Baugewerke
- der Herstellung der Abdichtung
- der Ausführung und Ausbildung von Profilierungen, An- und Abschlüssen, Übergängen und technischen Einbauten
- der geplanten Nutzungsart des Gewässers und der unmittelbaren Umgebung
- den natürlichen Witterungsprozessen und klimatischen Verhältnissen
- den vorgesehenen Wartungs- und Pflegemaßnahmen

5.1.5 Baugrund
Vor der Ausführung von Abdichtungsmaßnahmen muss der Baugrund hinsichtlich seiner Eignung überprüft werden. Besonderes Augenmerk ist dabei z. B. auf eventuell noch vorhandene

Vegetation, ausreichende Tragfähigkeit, Verdichtungsgrad, Verformungsverhalten, Gleitsicherheit und Ebenheit des Bodens sowie die Profilierung des Geländes zu legen.

(1) Profilierung des Baugrundes:
Um Dichtungsbahnen gleichmäßig zu verlegen, muss auf die Ebenheit des Bodens geachtet werden. Der Baugrund muss frei von grobkörnigem und scharfkantigem Gestein sein. Restteile von Gehölzwurzeln müssen entfernt werden.

Organische Stoffe die verfaulen haben Einfluss auf den Verdichtungsgrad des Bodens, können Gase entwickeln und müssen vor dem Einbau der Abdichtung entfernt werden.

Eine Verbesserung des Baugrundes kann ggf. durch Bodenaustausch erreicht werden.

Eine Verdichtung des Bodens ist in allen Fällen vor den Abdichtungsarbeiten erforderlich.

(2) Formgebung der Böschungen:
Die Neigung der Böschung ist an die Gleitsicherheit des Bodens anzupassen. Böschungsneigungen steiler als 1:3 sollen nicht ausgebildet werden.

Die Abdichtung ist keine Sicherung gegen das Abrutschen der Böschung.

(3) Stabilisierung des Baugrundes:
Gegebenenfalls ist der Baugrund z. B. mit einer Bitumen-Emulsion zusätzlich zu stabilisieren.

5.1.6 Stoffe

(1) Abdichtungsbahnen
Zur Herstellung von Abdichtungen von Teichen sind Bahnen nach Tabelle 17 zu verwenden.

Tabelle 17: Polymerbitumenbahnen für die Teichabdichtung

Nr	1	2	3	4
	Eigenschaften	**Prüfung nach**	**Anforderungen** Polymerbitumenbahn elastomermodifiziert	**Anforderungen** Polymerbitumenbahn plastomermodifiziert
1	Äußere Beschaffenheit	DIN EN 1850-1	– keine sichtbaren Mängel – Einlage innig mit Deckschichten verbunden – Oberfläche gleichmäßig	
2	Dicke*	DIN EN 1849-1	Mittelwert ≥ 4 mm kleinster Einzelwert ≥ 3, 8 mm	Mittelwert ≥ 4 mm kleinster Einzelwert ≥ 3, 8 mm
3	Höchstzugkraft längs und quer	DIN EN 12311-1	PV, KTP ≥ 600 N	
4	Dehnung bei Höchstzugkraft längs und quer	DIN EN 12311-1	PV ≥ 35 % KTP ≥ 15 %	
5	Wasserundurch-lässigkeit	DIN EN 1928-2000	≥ 4 bar	
6	Widerstand gegen statische Belastung	DIN EN 12730	≥ 15 kg	
7	Kaltbiegeverfahren	DIN EN 1109	≤ – 20 °C	≤ – 10 °C
8	Wärmestandfestigkeit	DIN EN 1110	≤ + 100 °C	≤ + 100 °C
9	Schälwiderstand der Nahtverbindung	DIN EN 12316-1	Wert ist aufgrund der Erstprüfung des Herstellers anzugeben	
10	Scherwiderstand der Nahtverbindung	DIN EN 12317-1	Wert ist aufgrund der Erstprüfung des Herstellers anzugeben	
11	Widerstand gegen Durchwurzelung**	EN 13948	Bestanden	

* Für bestreute Bahnen muss der Mittelwert der Dicke mind. 4,2 mm betragen (kleinster Einzelwert ≥ 4,0 mm)
** Alternativ werden auch Nachweise nach dem FLL-Verfahren anerkannt

(2) KTP Kombinationsträgereinlagen mit überwiegendem Polyesteranteil
bestehen aus Vliesen (Glasvlies und/oder Polyestervlies) und Gelegen oder Geweben aus Kunststoff- und/oder Glasfäden. Das Gewicht der Einlage beträgt mind. 120 g/m², der Anteil an Kunststoffvlies und -fäden beträgt mehr als 50 % des Gewichts der Einlage.

(3) Stoffe zum Schutz der Abdichtung
Nach DIN 18195 müssen Abdichtungen grundsätzlich entsprechend ihrer Beanspru-

chungsart dauerhaft vor mechanischen und dynamischen Einflüssen durch Schutzlagen, Schutzschichten bzw. Schutzmaßnahmen geschützt werden.

Im Einzelfall können zusätzliche Schutzmaßnahmen unterhalb oder oberhalb der Abdichtung notwendig werden.

Übliche Stoffe für Schutzlagen, Schutzschichten bzw. Schutzmaßnahmen sind:
- Geotextilien
- Bitumenbahnen (z. B. mit Kupferbandeinlage oder bestreut)
- Kunststoffmatten oder gebundene Kunststoffgranulate
- mineralische Schüttgüter

Die verwendeten Stoffe müssen mit den Abdichtungsbahnen verträglich sein.

Soweit erforderlich sind die Stoffe zum Schutz der Abdichtung zu sichern gegen z. B. Windsog, Erosion, Verwitterung, thermische und chemische Einflüsse. Vor allem in Bereichen von Wasserwechselzonen sind geeignete Schutzmaßnahmen, z. B. gegen UV-Strahlung, zu empfehlen.

5.1.7 Ausführung/Verarbeitung

(1) Allgemeines

Polymerbitumenbahnen für die Teichabdichtung bieten bewährte und in der Praxis erprobte Anwendungs- und Verarbeitungsmöglichkeiten, die funktionssichere technische Lösungen im Bereich der Teichabdichtung bieten.
Für die Ausführung von Abdichtungsarbeiten bei Witterungsverhältnissen, die sich nachteilig auf die Werkleistung auswirken können (z. B. Temperaturen unter 5 °C), sind besondere Maßnahmen zu treffen, die diese nachteiligen Auswirkungen verhindern. Die besonderen Maßnahmen sind entsprechend der Gegebenheiten zum Ausführungszeitpunkt mit dem Auftraggeber zu vereinbaren.
Eine weitere Voraussetzung für die handwerklich sichere Verarbeitung ist der einwandfreie Zustand der Materialien an der Einbaustelle und damit der sachgerechte Transport und die sachgerechte Lagerung der Baustoffe.

(2) Verarbeitungshinweise

Polymerbitumenbahnen für die Teichabdichtung werden in der Regel einlagig auf den vorbereiteten Untergrund (z. B. Schutzschicht) verlegt.
Die einzelnen Bahnen sollen mit Quernahtversatz verlegt werden. Die Überdeckungsbreite der einzelnen Bahnen sollte mind. 100 mm betragen. In Bereichen mit mehrlagigen Abdichtungen sind die Bahnen von Lage zu Lage versetzt anzuordnen.
Voraussetzung für die Herstellung der Abdichtung ist die Verklebung der Naht- und Stoßüberdeckungen untereinander bzw. in mehrlagigen Bereichen der vollflächige Verbund der Lagen untereinander. Dafür ist das Schweißverfahren anzuwenden.
Beim Schweißverfahren werden die zu verklebenden Bitumendeckschichten aufgeschmol-

zen und die Bahnen unter leichtem Druck so eingerollt, dass sich die Naht- und Stoßüberdeckungen bzw. die einzelnen Lagen dichtend verkleben. Bei Arbeiten mit offener Flamme sind die Vorschriften der BG-Bau zu berücksichtigen.
Des Weiteren ist die DIN 18195–3 und Kapitel 3.4 Verarbeitung der Stoffe zu beachten.

(3) Ausführungshinweise
Je nach Oberflächenbeschaffenheit und Tragfähigkeit des Untergrundes ist unterhalb der Abdichtungsebene eine entsprechend wirksame Schutzlage oder Schutzschicht anzuordnen.

Die Verlegung der Polymerbitumenbahnen für die Teichabdichtung erfolgt vorzugsweise vom tiefsten Bereich des Baugrundes beginnend. Anschließend sollten die Bahnen auf den Böschungsbereichen von unten nach oben eingebaut werden.

Im Bereich der Böschungen kann eine zusätzliche mechanische Befestigung notwendig sein. Dies kann z. B. mit Erdankern erreicht werden.

Die Abdichtung ist mind. 100 mm über Oberkante Bemessungswasserstand zu führen und in Abhängigkeit von der geplanten nutzungsbedingten Randausbildung zu verwahren, z. B. durch/mit Anschlussprofil, Ortbeton, Betonfertigteile, Ringgraben/Einbindegraben.

Übergänge, Anschlüsse und Durchdringungen an Gebäude und Einbauteile müssen so hergestellt sein, dass das Eindringen von Wasser verhindert wird. Beanspruchungen aus planmäßigen Baugrund- und Bauteilbewegungen und Wasserdruck müssen schadlos aufgenommen werden. Die Übergänge, Anschlüsse und Durchdringungen sind so anzuordnen, dass die Abdichtung fachgerecht angeschlossen werden kann.

Bei Anschlüssen an Gebäudeteile ist die Abdichtung mind. 300 mm über den maximalen Wasserstand hochzuführen und zu fixieren.

Zum dauerhaften Schutz der Abdichtungen gegen schädigende statische, dynamische, thermische und nutzungsbedingte Einflüsse sollte auf der Abdichtung eine Schutzschicht angeordnet werden. Die Schutzschicht selber darf die Abdichtung nicht beschädigen, z. B. durch Bewegungen oder Verformungen.

Die weitreichenden Anforderungen an die baulichen Erfordernisse und die konstruktiven Ausführungen im Bereich von Durchdringungen, Übergängen, An- und Abschlüssen, sowie im Bereich von Schutzmaßnahmen und Schutzschichten regelt DIN 18195 Teil 9-10 und ist zu beachten.

5.1.8 Skizzen

Abbildung 29: Teichrand mit Ringgraben

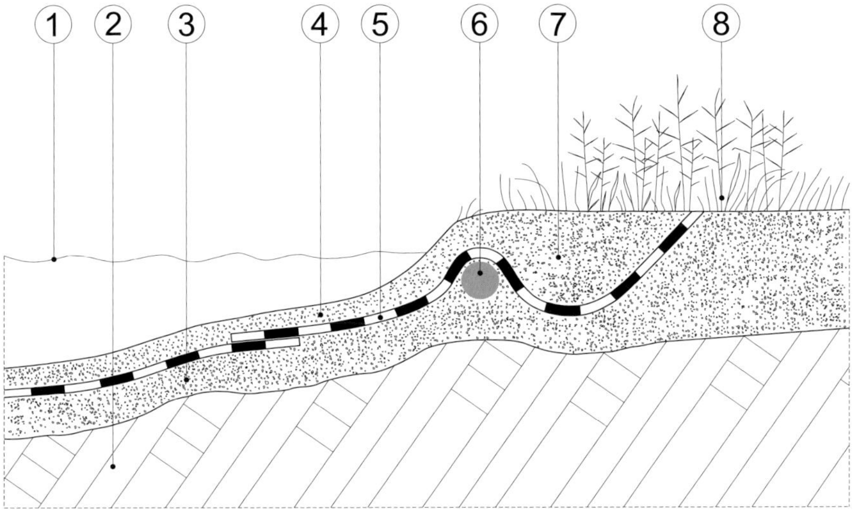

1. Wasserspiegel
2. anstehender Boden
3. Schutzschicht aus Sand
4. Teichboden
5. Bitumenbahnabdichtung
6. Rohr oder Rundholz zur Stabilisierung des Teichrandes
7. Ringgraben
8. Ufervegetation

Abbildung 30: Teichrand mit Kiesrand

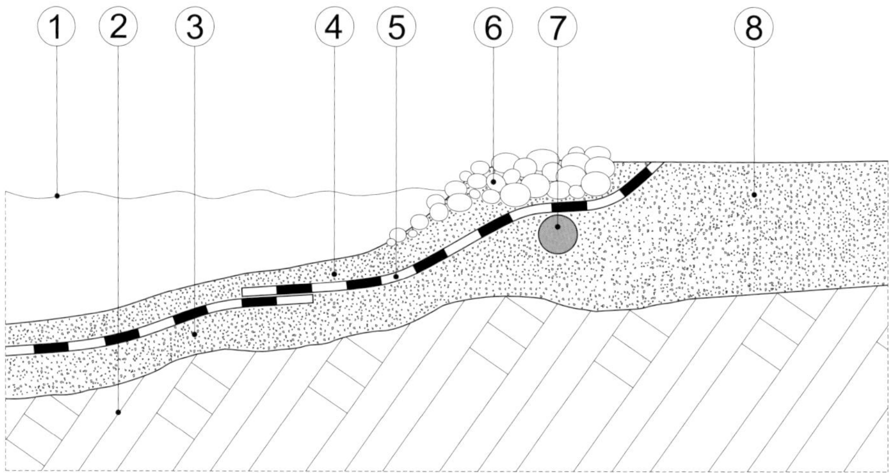

1. Wasserspiegel
2. anstehender Boden
3. Schutzschicht aus Sand
4. Teichboden
5. Bitumenbahnabdichtung
6. Grobkies
7. Rohr oder Rundholz zur Stabilisierung des Teichrandes
8. Kiesbetontes Ufer

Abbildung 31: Teichrand mit vergrößerter Wechselfeuchtzone

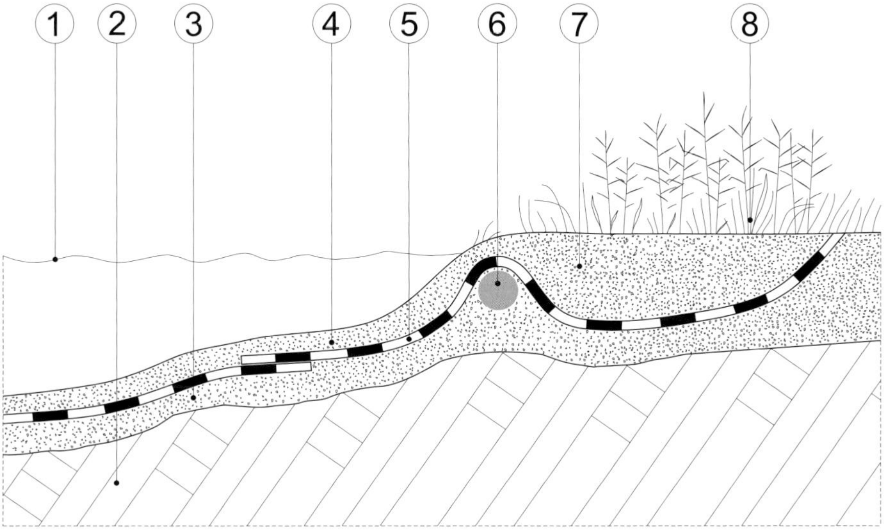

1 Wasserspiegel
2 anstehender Boden
3 Schutzschicht aus Sand
4 Teichboden
5 Bitumenbahnabdichtung
6 Rohr oder Rundholz zur Stabilisierung des Teichrandes
7 vergrößerte Wechselfeuchtzone
8 Ufervegetation

Abbildung 32: Teichrand mit Ringanker

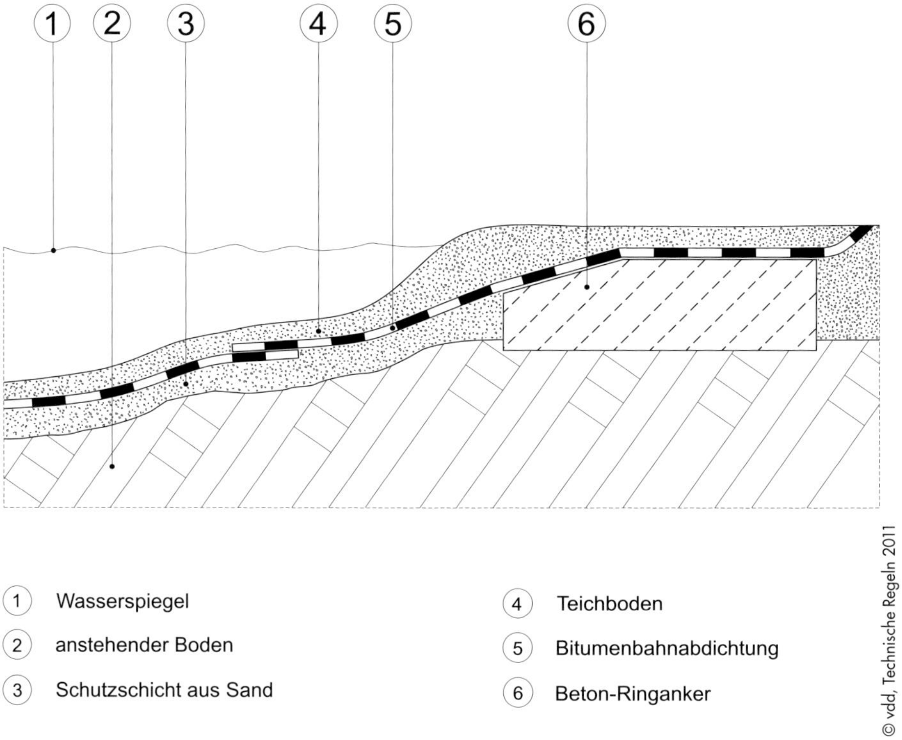

1 Wasserspiegel
2 anstehender Boden
3 Schutzschicht aus Sand
4 Teichboden
5 Bitumenbahnabdichtung
6 Beton-Ringanker

5.2 ABDICHTUNG VON BRÜCKEN

(1) Allgemeines

Die Abdichtungen von Brückentafeln, die zu öffentlichen Verkehrswegen (Straßen und Eisenbahn etc.) gehören, werden in speziellen Richtlinien und technischen Vorschriften ausführlich beschrieben und geregelt.

Andere Brückenbauwerke, die nicht diesen Regelwerken und Vorschriften unterliegen, werden i.d.R. ebenfalls nach oder in Anlehnung an diese Bauweisen ausgeführt, da es sich um praxisbewährte Konstruktionen handelt.

(2) Straßenbrücken

Den Bereich der öffentlichen Straßenbrücken regelt das Bundesministerium für Verkehr, Bau- und Wohnungswesen und die Bundesanstalt für Straßenwesen in der ZTV-ING, Ausgabe 03/2003, Zusätzliche Technische Vertragsbedingungen und Richtlinien für Ingenieurbauten. In dem entsprechenden Teil 7 dieser Vorschrift sind die auszuführenden Bauweisen für Brückenbeläge und die anzuwendenden Abdichtungsstoffe beschrieben.

Je nach auszuführender Bauweise wird die Abdichtungsschicht mit speziellen und für diesen Anwendungszweck geprüften Polymerbitumenbahnen einlagig oder zweilagig ausgeführt. Die einzusetzenden Abdichtungssysteme müssen mit allen Bestandteilen bei der Bundesanstalt für Straßenwesen (BASt) gelistet sein.

Die Ausführung der Abdichtungsarbeiten darf nur von Fachfirmen mit entsprechenden Referenzen und Sachkundenachweisen durchgeführt werden. Die Verwendung spezieller Verarbeitungsgeräte ist ebenfalls geregelt.

(3) Eisenbahnbrücken

Die Abdichtung von Brückentafeln im Bereich der DB Deutsche Bahn AG ist in der Richtlinie 804 - Eisenbahnbrücken, Ausgabe 05/2003, geregelt.

Die ZTV-ING und DIN 18195 sind zusätzlich zu beachten, die Festlegungen in der Richtlinie 804 haben dabei jedoch Vorrang.

Für die Abdichtung von DB-Eisenbahnbrücken sind für die unterschiedlichen Bauweisen als Regelabdichtung die in DIN 18195 Teil 2 genormten Bitumen-Dachdichtungsbahnen mit entsprechenden Bitumen-Heißklebe- und Bitumen-Deckaufstrichen oder Bitumen-Schweißbahnen, oder die speziellen Polymerbitumen-Schweißbahnen nach ZTV-ING einzusetzen.

Die im Verantwortungsbereich der DB Deutsche Bahn AG vorhandenen Straßenbrücken werden i.d.R. nach ZTV-ING abgedichtet.

Die einzusetzenden Abdichtungsstoffe müssen in der Bauregelliste A Teil 1 enthalten sein.

Für die Ausführung der Abdichtungsarbeiten werden Fachfirmen mit entsprechenden Referenzen bevorzugt. Bei Arbeiten nach ZTV-ING müssen die notwendigen Sachkundenachweise und Verarbeitungsgeräte vorhanden sein.

6. KAPITEL
Zusatzmaßnahmen mit Bitumenbahnen unter Dachdeckungen im Steildach

6.1 ALLGEMEINES

(1) Unterdächer, Unterdeckungen und Unterspannungen werden als zusätzliche Maßnahmen unterhalb von Dachdeckungen aus Dachziegeln oder Dachsteinen, Schiefer, Bitumenschindeln, Faserzement und Metallen angeordnet. Diese werden entsprechend ihrer Eigenschaften über den Sparren und/oder Schalung, Wärmedämmschichten aufgebracht.

(2) Nach den baulichen Anforderungen und den Vorgaben der Deckmaterialien können Bitumenbahnen freihängend, aufliegend, lose überlappend, überdeckt und genagelt oder überdeckt genagelt und verklebt werden. Sie werden üblicherweise parallel zur Traufe verlegt, können aber auch rechtwinklig oder schräg zur Traufe z.B. bei Schieferdeckung verlegt werden.

(3) Die Funktion der fertigen regensicheren Deckung ist erst dann gegeben, wenn neben der zusätzlichen Maßnahme – Unterdach, Unterdeckung, Unterspannung – auch die regensichere Deckung, z. B. Dachziegel/Dachsteine, aufgebracht wurde. Während der Ausführung können zusätzliche Schutzmaßnahmen wie z. B. Abplanen oder Einhausen erforderlich werden.

(4) Konterlattung
Über Unterdächer, Unterdeckungen und Unterspannungen sind Konterlatten von mind. 30 mm Dicke notwendig. Der hiermit hergestellte Abstand zwischen der Zusatzmaßnahme und der Deckung dient:
- der sicheren Ableitung von durch die Deckung eingedrungener Feuchtigkeit
- der Ableitung von abtropfendem Tauwasser der Deckwerkstoffe
- zur Unterlüftung der Deckung

(5) Vordeckungen bei anderen Deckungen
Direkt auf Schalung/Vordeckung befestigte Deckungen aus Schiefer, Bitumenschindeln, Faserzement oder Metallen sind nach den jeweils gültigen Fachregeln regensichere Deckungen. Als Zusatzmaßnahme unter diesen Deckungen sind mind. überdeckte Unterdeckungen aus Bitumenbahnen einzusetzen.

6.2 PLANUNG

(1) Für die Planung und Ausführung sind folgende Gegebenheiten zu berücksichtigen:
- Nutzung des Dachgeschosses zu Wohnzwecken
- Dachneigung, Regeldachneigung des Deckwerkstoffs
- Konstruktive Gegebenheiten, Dachformen
- Klimatische Verhältnisse am Standort etc.
- Örtliche Baubestimmungen

(2) Die objektbezogenen Zusatzmaßnahmen sind vom Planer und/oder dem Verarbeiter verantwortlich festzulegen.

(3) Beim Einsatz von Dachziegeln und Dachsteinen sind bei Unterschreitung der Regeldachneigung folgende Zusatzmaßnahmen mit Bitumenbahnen möglich:
- Unterdach
  - wasserdicht
  - regensicher
- Unterdeckung
  - naht- und perforationsgesichert
  - verschweißt oder verklebt
  - überlappt oder überdeckt
- Unterspannung
  - überlappt

6.3 STOFFE - BAHNEN UNTER STEILDACHDECKUNGEN

(1) Bitumen- und Polymerbitumenbahnen werden für den Einsatz im Steildach verwendet.

(2) Die für Bitumenbahnen für Unterdeckungen und Unterspannungen maßgeblichen Eigenschaften sind in DIN EN 13859-1 definiert.

Bitumen- und Polymerbitumenbahnen bieten dem Verarbeiter folgende Vorteile:
- leichte und rationelle Verlegung
- Rutschfestigkeit durch spezielle Oberflächengestaltungen
- Blendfreiheit
- Nagelausreißfestigkeit
- Nagelschaftdichtigkeit
- Durchtrittfestigkeit
- Schutz des Dachraumes bzw. der Schalung vor Staub, Flugschnee und Flugregen
- Dauerhaftigkeit – kein Verspröden oder Verrotten
- hohe Kälteflexibilität und Wärmestandfestigkeit

(3) Für die Planung und Ausführung sind die Angaben im Anhang I „Hinweise zur Bauphysik" und/oder die Herstellervorschriften zu beachten.

6.3.1 Bitumenbahnen für das wasserdichte Unterdach, regensichere Unterdach oder überdeckte Unterdeckungen

- Polymerbitumen-Bahnen, kaltselbstklebend (Tabelle 1, DIN V 20000-201)
- Polymerbitumen-Schweißbahnen (Tabelle 1, DIN V 20000-201, außer Zeile 10)
- Polymerbitumen-Dachdichtungsbahnen (Tabelle 1, DIN V 20000-201)
- Sonderbahnen mit gleichwertigen Eigenschaften

6.3.2 Bitumenbahnen für naht- und perforationsgesicherte Unterdeckungen, verschweißte oder verklebte Unterdeckungen oder überlappte Unterdeckungen

- Diffusionsoffene, nahtselbstklebende Bitumen-Unterdeckbahnen
- Nahtselbstklebende Elastomerbitumen-Schalungsbahnen
- Elastomerbitumen-Schalungsbahnen
- Sonderbahnen mit gleichwertigen Eigenschaften

6.4 VERARBEITUNG DER STOFFE

6.4.1. Unterdach

(1) Bei Unterdächern mit Bitumenbahnen sollen die Überdeckungen mind. 80 mm betragen. Um ungewollte Verklebungen zur Schalung auszuschließen, sind geeignete Trennschichten der Bitumenbahnen vorzusehen. Diese können z. B. aus einer Beschieferung, einer groben Besandung oder aus einer PE-Folienkaschierung bestehen.

(2) Beim Einsatz der offenen Flamme sind Trennlagen aus sich überlappenden Bitumenbahnen einzubauen, deren Nähte durch Nagelung fest geschlossen sind, um ein Durchschlagen der Flamme zu vermeiden.

6.4.1.1 Wasserdichtes Unterdach

(1) Bitumenbahnen für das wasserdichte Unterdach sind in der Fläche und an den gefügten Nähten wasserdicht. Sie liegen auf der jeweiligen Unterlage auf.

(2) Durchdringungen, Einbauteile, Einfassungen etc. sind wasserdicht anzuschließen.

(3) Die Befestigungen erfolgen im oberen Drittel der Höhenüberdeckungen verdeckt im Abstand von ca. 100 mm.

(4) Die Abdichtung muss entweder über die Konterlatten geführt oder es müssen Abdeckstreifen über die Konterlatten separat verlegt werden. Die Bemessung und Höhe der Konterlatte ist auf die zu erwartende Beanspruchung des Unterdaches auszulegen.

(5) Es sollten nur seitlich abgeschrägte Konterlatten oder beidseitig mit Dreikantleisten versehene Konterlatten eingebaut werden.

(6) Konterlatten aus Holz oder Holzwerkstoffen dürfen nicht mit diffusionsdichten Bahnen umhüllt werden.

(7) Wasserdichte Unterdächer sind nicht belüftete Konstruktionen.

6.4.1.2 Regensicheres Unterdach

(1) Bitumenbahnen für regensichere Unterdächer sind in der Fläche und an den gefügten Nähten wasserdicht. Sie liegen auf der jeweiligen Unterlage auf.

(2) Durchdringungen, Einbauteile, Einfassungen etc. sind regensicher anzuschließen. Die Befestigungen erfolgen im oberen Drittel der Höhenüberdeckungen verdeckt im Abstand von ca. 100 mm.

(3) Die Konterlatten werden auf der Abdichtung aufgebracht. Die Befestigungen erfolgen durch die Abdichtung hindurch in den Sparren.

(4) Die Konterlatten sollten mit Dichtbändern o. ä. unterlegt werden. Regensichere Unterdächer können hinterlüftete Konstruktionen sein.

6.4.2 Unterdeckungen

(1) Bitumenbahnen für Unterdeckungen sind in der Fläche und an den gefügten Nähten regensicher. Sie liegen auf der jeweiligen Unterlage auf.

(2) Die Konterlatten werden auf der Unterdeckung aufgebracht. Die Befestigungen erfolgen durch die Unterdeckung in den Sparren.

(3) Die Konterlatten können mit Dichtbändern o. ä. unterlegt werden. Unterdeckungen können hinterlüftete Konstruktionen sein.

6.4.3 Unterspannungen

(1) Bitumenbahnen für Unterspannungen werden frei hängend über den Sparren verlegt. Die Überdeckungen sollen mind. 100 mm betragen.

(2) Die Konterlatten werden auf der Unterspannung aufgebracht. Die Befestigungen erfolgen durch die Unterspannung in den Sparren.

(3) Die Konterlatten können mit Dichtbändern o. ä. unterlegt werden. Unterspannungen sind hinterlüftete Konstruktionen.

6.5 SKIZZEN UND DETAILS

Abbildung 33: Beispielhafte Darstellung eines wasserdichten Unterdaches

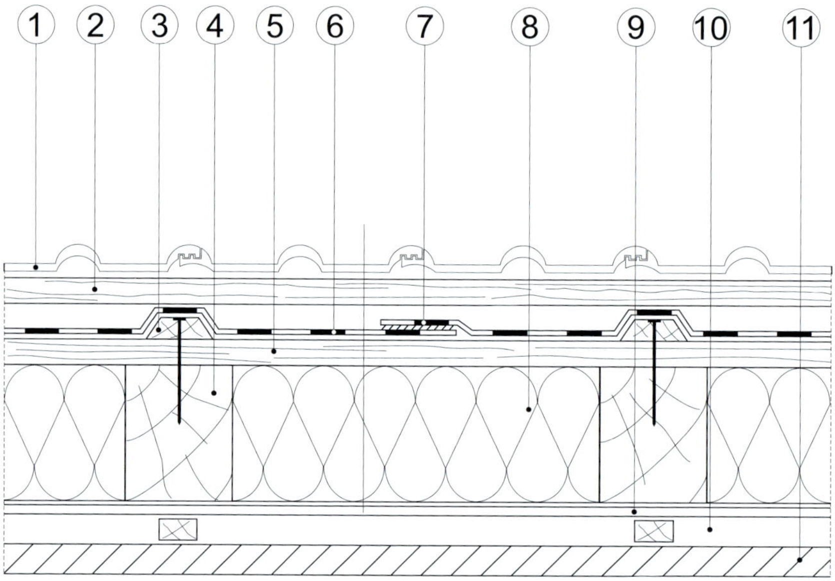

1. Dacheindeckung
2. Lattung
3. Konterlattung
4. Sparren
5. Schalung
6. Polymerbitumenbahn
7. Wasserdichte Überlappung
8. Dämmung
9. Luftdichtheitsschicht
10. Installationsraum
11. raumseitige Verkleidung

Abbildung 34: Beispielhafte Darstellung eines regensicheren Unterdaches/ Unterdeckung mit Hinterlüftung

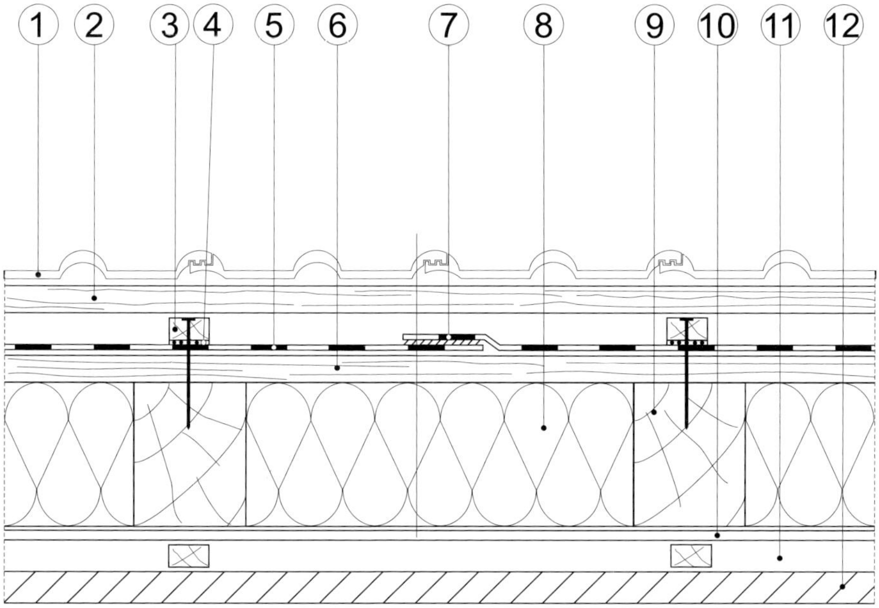

1	Dacheindeckung	7	Wasserdichte Überlappung
2	Lattung	8	Dämmung
3	Konterlattung	9	Sparren
4	Nageldichtung	10	Luftdichtheitsschicht
5	Polymerbitumenbahn	11	Installationsraum
6	Schalung	12	raumseitige Verkleidung

Abbildung 35: Beispielhafte Darstellung eines Steildaches mit Unterspannung

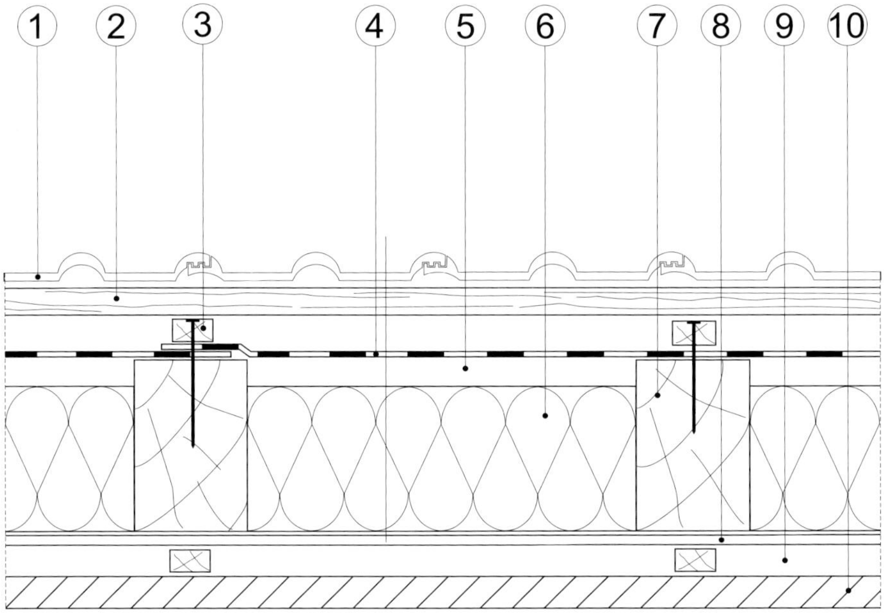

1. Dacheindeckung
2. Lattung
3. Konterlattung
4. Polymerbitumenbahn
5. Lüftungsquerschnitt
6. Dämmung
7. Sparren
8. Luftdichtheitsschicht
9. Installationsraum
10. raumseitige Verkleidung

7. KAPITEL

Regeln für Dachdeckungen und Wandbekleidungen mit Bitumenschindeln

7.1 ALLGEMEINES

7.1.1 Geltungsbereich

(1) Diese Technische Regel gilt für die Planung und Ausführung von Dachdeckungen und Wandbekleidungen mit Bitumenschindeln.

(2) Bei Einhaltung dieser Technischen Regel gelten Dachdeckungen und Wandbekleidungen mit Bitumenschindeln als regensicher und als ausreichend sicher gegen Windsog.

7.1.2 Gestaltungshinweise

(1) Bitumenschindeln sind kleinformatige Bitumenwerkstoffe für Dachdeckungen und Wandbekleidungen auf nagelbarem Untergrund. Sie werden vorzugsweise im Wohnungs- und Sakralbau, bei Dachsanierungen, in der Denkmalpflege sowie bei Verwaltungs- und Industriebauten eingesetzt.

(2) Bitumenschindeln werden in verschiedenen Formen, Formaten, Farben und Oberflächen hergestellt.

(3) Die Schindelbestreuung ist ein Naturprodukt. Abweichungen in Farbe und Korn sind daher möglich. Um ein gleichmäßiges Erscheinungsbild der Dachfläche zu erreichen, ist eine gleichzeitige Verlegung aus mehreren Paketen erforderlich.

(4) Durch Zuschneiden können alle für das Decken der Traufen- und Firstgebinde, Grate, Kehlen und Anschlüsse usw. erforderlichen Formteile hergestellt werden.

(5) Aufgrund ihrer Materialbeschaffenheit passen sich Bitumenschindeln jedem Untergrund an. Geringfügig auftretendes Wölben einzelner Bitumenschindeln und auf der Oberseite sich abzeichnende Unebenheiten der Deckunterlage (z. B. Nahtüberdeckungen der Unterdeckbahnen) beeinträchtigen die Funktionstüchtigkeit der Schindeldeckung nicht. Für eine optisch ansprechende Schindeldeckung ist daher eine ebenflächige Unterkonstruktion erforderlich.

7.2 ANFORDERUNGEN AN DACHDECKUNGEN UND WANDBEKLEIDUNGEN

7.2.1 Allgemeine Anforderungen

(1) Die im Normalfall zu erwartenden klimatischen, mechanischen und konstruktiven Beanspruchungen der Dachdeckungen und Wandbekleidungen sowie die Nutzung des Gebäudes bestimmen die Wahl des Deckwerkstoffes und gegebenenfalls die Art der Zusatzmaßnahmen. Für höhere Beanspruchungen und Anforderungen hinsichtlich Nutzung und Nutzungsdauer sind Polymerbitumen-Dachschindeln zu verwenden.

(2) Die Anforderungen an Dachdeckungen und Wandbekleidungen müssen bei der Planung berücksichtigt werden.

(3) In wärmegedämmten Dachkonstruktionen muss eine Belüftung zwischen Schalung und Wärmedämmung angeordnet werden. Die Mindestquerschnitte nach Tabelle 18 sind einzuhalten.

7.2.2 Dachneigungen

(1) Bitumenschindeln eignen sich für Dachdeckungen und Wandbekleidungen auf allen Dachformen mit Dachneigungen zwischen 15° und 85°.

(2) Bei Dachneigungen > 85° ist eine zusätzliche mechanische Fixierung und eine flächige Verklebung der Schindeldeckung untereinander erforderlich.

(3) Die Regeldachneigung ist von der Sparrenlänge und der Schindelform abhängig. Die Neigungsgrenzen nach Tabelle 19 sind einzuhalten.

(4) Besondere klimatische Verhältnisse, ungünstige Lage des Gebäudes und große Entfernung zwischen First und Traufe können steilere Dachneigungen erfordern.

(5) Wird in Ausnahmefällen an Details oder an Teilbereichen der Dachfläche, z. B. Dachgauben, die Regeldachneigung unterschritten, sind besondere geeignete regensichernde Zusatzmaßnahmen erforderlich. Werden die Schindeln ohne Nagelung vollflächig auf eine normgemäße Abdichtung aufgeklebt, oder die Abdichtung mit einer, der Schindeldeckung angepassten, farbigen, Oberlagsbahn ausgeführt, kann die Regeldachneigung unterschritten werden.

7.3 WERKSTOFFE

7.3.1 Bitumenschindeln

(1) Bitumenschindeln sind kleinformatige Baustoffe für Dachdeckungen und Wandbekleidungen mit Trägereinlagen und beidseitigen Deckschichten aus Bitumen oder Polymerbitumen, die in der Regel aus optischen Gründen durch Einschnitte geteilt sind. Die unterschiedlichen Schürzen können verschiedene Formen und Formate haben. Üblich sind:

- Rechteck
- Biberschwanz
- Dreieck
- Wabe (Trapez)
- Welle
- Sonderformate

(2) Bitumenschindeln sind i. d. R. 1000 mm breit. Die Höhe ergibt sich aus der Schindelform.

(3) Die Art des Bitumens beeinflusst nicht nur die Kälteflexibilität und die Wärmestandfestigkeit der Bitumenschindel sondern maßgeblich auch die Nutzungsdauer der Dacheindeckung. Die Deckschichten können bestehen aus:
– Oxidationsbitumen
– Elastomerbitumen
– Plastomerbitumen

(4) Es ist empfehlenswert, bei Wohnbauten mit geplanter langer Nutzungsdauer und höherer Beanspruchung des Dachwerkstoffes Elastomer- und Plastomer-Bitumenschindeln zu verwenden.

(5) Art und Gewicht des Trägers beeinflussen die Nagelausreißfestigkeit und die Flächenstabilität der Bitumenschindel.

(6) Bitumenschindeln müssen mit einem Oberflächenschutz versehen sein. Dieser kann bestehen aus:
– mineralischem Granulat
– Schiefersplitt
– Metallfolie

(7) Zur Erhöhung der Lagesicherheit können Bitumenschindeln mit Selbstklebepunkten oder -flächen ausgestattet werden.

(8) Kaltselbstklebeschindeln sollen an der Unterseite eine Selbstklebeschicht > 40 % der Gesamtfläche der Schindel aufweisen.

(9) Bitumenschindeln müssen den Mindestanforderungen der DIN EN 544 entsprechen und das CE-Zeichen tragen.

(10) Bitumenschindeln müssen den bauaufsichtlichen Anforderungen entsprechen.

7.3.2 Deckunterlagen

7.3.2.1 Allgemeines

Für Dachdeckungen und Wandbekleidungen mit Bitumenschindeln sind formstabile, nagelbare Unterkonstruktionen, vorzugsweise aus Vollholz, erforderlich. Die Deckunterlage muss geschlossen sein und mit einer Vordeckung versehen werden.

7.3.2.2 Schalung aus Vollholz

(1) Holzschalungen sind aus Schnittholz nach DIN 4074-1 mindestens Sortierklasse S10/MS10 herzustellen. Spätestens bei der Verlegung der Schindeldeckung muss das Holz trocken sein. Die Bretter sollen zwischen 80 mm und 150 mm breit sein.

(2) Die Schalung ist horizontal zu verlegen und stumpf zu stoßen.

(3) Schalungen aus Holz sind mit mindestens zwei Drahtstiften oder gleichwertigen Befestigungsmitteln pro Brett auf jedem Sparren zu befestigen.

(4) Bis zu einer lichten Weite von 0,70 m muss die Schalung mind. 24 mm dick sein, zwischen 0,70 m und 0,90 m mind. 30 mm.

7.3.2.3 Schalung aus Holzwerkstoffen

(1) Holzwerkstoffe als Deckunterlage für Bitumenschindeln müssen geeignet sein. Insbesondere dürfen sich Änderungen der Maßhaltigkeit auf die Deckung nicht nachteilig auswirken.

(2) Flachpressplatten nach DIN 68763 sind nicht geeignet.

(3) Zur Befestigung der Holzwerkstoffe ist DIN 1052 zu beachten.

7.3.2.4 Leichtbeton

Bei Leichtbeton-Unterkonstruktionen müssen offene Fugen abgedeckt oder vermörtelt werden. Die für die Befestigung auf Leichtbeton vorgesehenen Nägel müssen geeignet sein.

7.3.2.5 Vordeckung

(1) Als Vordeckung sind geeignet:
- Polymerbitumen-Unterdeckbahnen mit Glasvlies-, Polyestervlies-, Kombinationsträger- oder Glasgewebeeinlage.
- Dachbahnen mit Glasvlieseinlage oder Dachdichtungsbahnen mit Glasgewebeeinlage.

Die Nahtüberdeckungen müssen mind. 80 mm betragen; Quernähte sind zu versetzen.

(2) Die Nahtüberdeckungen der Vordeckung können sich in der Bitumenschindeldeckung abzeichnen. Aus optischen Gründen empfiehlt es sich, die Vordeckung gleichlaufend mit den Gebinden (horizontal) zu verlegen und dünne Vordeckbahnen (ca. 1,5 mm dick) zu verwenden.

(3) Bei dickeren Vordeckbahnen, z. B. Dach- und Dachdichtungsbahnen, sind Abzeichnungen der Nahtüberdeckungen unvermeidbar.

7.3.3 Befestiger

(1) Für die Befestigung der Bitumenschindeln auf Holz sind korrosionsgeschützte Nägel nach DIN EN 10230-1 mit extra großem Flachkopf, Kopfdurchmesser ≥ 9 mm zu verwenden.

(2) Die Nägel müssen mind. 25 mm lang sein, bei Mehrfachüberdeckungen, z. B. an Grat, First und bei Dacherneuerung auf vorhandene Schindeldeckung entsprechend länger. Der Schaft der Befestiger muss rau oder aufgeraut sein.

7.3.4 Hilfsstoffe

Für Bitumenschindelkleber zur windsicheren Ausbildung der Deckung von Bitumenschindeln auf An- oder Abschlussblechen oder erforderlichenfalls auch untereinander muss die Materialverträglichkeit sichergestellt sein.

7.4 AUSFÜHRUNG VON DACHDECKUNGEN UND WANDBEKLEIDUNGEN

(1) Dachdeckungen und Wandbekleidungen mit Bitumenschindeln werden in Doppeldeckung gedeckt. Dabei muss das dritte Gebinde das erste noch um die in Tabelle 20 angegebenen Mindestwerte überdecken.

(2) Bitumenschindeln werden rechtwinklig zum Wasserlauf in halbem Verband (halbe Schindelschürze) mit Stoßfuge gedeckt. Hierbei liegen die Schlitze des ersten und des dritten Gebindes übereinander.

(3) Zur gleichmäßigen Abstandhaltung in Höhe und Breite ist eine horizontale und vertikale Schnürung zu empfehlen.

(4) Bitumenschindeln sind mit mindestens vier Breitkopfstiften zu befestigen. Die Befestigungen müssen die unterdeckende Schindel mit erfassen. Die Nagelung soll mind. 20 mm oberhalb des Schürzeneinschnitts angeordnet werden. Die Nagelung sollte nicht innerhalb der Klebepunkte erfolgen.

(5) Die Selbstverklebung der einzelnen Gebinde untereinander ist temperaturabhängig. Ist aus konstruktiven oder witterungsbedingten Gründen eine Selbstverklebung der Bitumenschindeln untereinander nicht zu erwarten (z. B. bei steilen Dachneigungen, Schattenbereichen, wechselnden Witterungsbedingungen), so sind die Klebeflächen bei der Verlegung thermisch zu aktivieren.

(6) Bei der Bekleidung von Wandflächen mit geeigneten Bitumenschindeln sind die Schindeln zusätzlich in den oberen Ecken mit verzinkten Breitkopfnägeln zu befestigen.

7.5 DETAILS

7.5.1 Allgemeines

Bei Dachdeckungen mit Bitumenschindeln können An- und Abschlüsse aus dem gleichen Deckwerkstoff, aus Metall oder anderen Werkstoffen hergestellt werden.

7.5.2 Traufe

(1) An der Traufe ist bei der Deckung mit Bitumenschindeln ein Traufblech ohne Falzabkantung auf der Dachseite erforderlich.

(2) In Abhängigkeit von der Einbausituation und den klimatischen Verhältnissen sind die Traufbleche untereinander einfach zu überdecken, zu kleben oder zu löten.

(3) Damit die Bitumenschindeln an der Traufe die gleiche Neigung wie die folgenden haben, sind sie ggf. zu unterlegen.

(4) Für die Traufeinbindung ist ein Ansetzer erforderlich. Hierfür werden die Bitumenschindeln im unteren Bereich um die Höhe der Einschnitte gekürzt. Der Ansetzer ist mit Bitumenschindelkleber am Traufblech windsicher zu verkleben. Auch auf die Verklebung des aufliegenden mit dem darunter liegenden Gebinde ist zu achten.

(5) Die Unterkante des Ansetzergebindes sollte am Farbschnurschlag parallel zur Vorderkante des Traufbleches abschließen (Abstand ca. 10 mm). Das erste Deckgebinde wird im Halbverband (halbe Schindelschürze) gedeckt, die Unterkante bündig mit der Unterkante des Ansetzergebindes.

(6) Die Herstellervorschriften sind zu beachten.

7.5.3 Ortgang

(1) Der Ortgang kann mit Metallabdeckung oder mit untergelegten Blechen hergestellt werden.

(2) Beim Ortgang mit Metallabdeckung ist entlang der Dachkante eine mind. 50 mm hohe Dreikantleiste anzubringen. Vordeckung und Bitumenschindeldeckung werden hochgeführt, mit Breitkopfstiften befestigt und mit Metall abgedeckt. Die Abdeckung ist auf die Dachfläche zu führen und außenseitig mit Wassertropfnase auszubilden. Alternativ können auch mehrteilige handelsübliche Dachrandprofile verwendet werden.

(3) Bei Ortgang mit untergelegten Blechen ist ein dachseitiger Wasserfalz erforderlich. Die Überdeckung der Bitumenschindeln auf die Bleche muss mind. 120 mm betragen.

(4) An der überdeckten äußeren Oberkante müssen die Bitumenschindeln einen wasserabweisenden Schrägschnitt erhalten; ein wasserabweisender Schnitt an der Unterkante ist zu empfehlen.

(5) Vor Ort zugeschnittene Bitumenschindeln müssen mindestens eine Schürze breit sein. Im Anschlussbereich an die Flächendeckung darf 1/4 der Schürzenbreite nicht unterschritten werden. Eine entsprechende Aufteilung ist in der anzuschließenden Fläche vorzunehmen.

7.5.4 First

(1) Für die Deckung des Firstes können Teilstücke aus Bitumenschindeln mit einer Breite von mind. 200 mm, z. B. Einzelschürzen, verwendet werden.

(2) Die Höhenüberdeckung der Flächendeckung ist auch das Mindestmaß für die Überdeckung am First.

(3) Die Deckung des Firstes mit Bitumenschindeln ist als seitliche Doppeldeckung auszuführen. Dabei muss die dritte Firstschindel die erste noch um mind. 45 mm überdecken.

(4) Die Befestigung der Firstschindeln erfolgt mit zwei Breitkopfstiften, die analog zur Flächendeckung im Übergangsbereich liegen und die unterdeckende Firstschindel mitbefestigen.

(5) Eine Ausführung als Lüftungsfirst ist möglich.

(6) Pultdachfirste können analog Kapitel 7.5.3 (2) ausgeführt werden.

(7) Eine Ausführung der Firstdeckung mit Formteilen aus anderen Werkstoffen, z. B. Blechen, ist möglich.

7.5.5 Grat

Für die Gratdeckung gelten sinngemäß die gleichen Regeln wie für die Firstdeckung. Die Gebinde der in der Fläche gedeckten Bitumenschindeln sind parallel mit der Gratlinie abzuschneiden. Die Unterkante der Schindel ist mit einem wasserabweisenden Schnitt zu versehen.

7.5.6 Kehle

7.5.6.1 Allgemeines

(1) Bei Dachdeckungen mit Bitumenschindeln können folgende Kehldeckungen ausgeführt werden:
- wechselseitig durchgedeckte Kehle
- einseitig durchgedeckte Kehle
- Verfahren mit offener Kehle/unterlegte Kehle

(2) Für wechselseitig gedeckte Bitumenschindelkehlen und eingebundene Bitumenschindelkehlen muss die Kehlsparrenneigung in Abhängigkeit von Schindelform und Deckart mindestens der Regeldachneigung nach Tabelle 19 entsprechen.
Für unterlegte Kehlen ist eine Kehlsparrenneigung von mind. 30° erforderlich.

(3) Bei Unterschreitung der Kehlsparrenneigung ist eine wasserdichte Ausführung erforderlich, z. B. mit beschieferter Polymerbitumenbahn und geklebtem Anschluss der Deckung.

7.5.6.2 Wechselseitig durchgedeckte Kehle

In der Kehle kann ein Kehlbrett angebracht werden. Links und rechts der Kehlmitte ist im Abstand von jeweils 300 mm ein Schnurschlag aufzubringen. Im Zuge der Deckung sind ganze Bitumenschindeln wechselseitig bis über den gegenüberliegenden Schnurschlag zu decken. In der Kehle muss ein nagelfreier Bereich von mind. 300 mm vorhanden sein.

7.5.6.3 Einseitig durchgedeckte Kehle

Die Dachfläche mit der geringsten Dachneigung oder Höhe wird als erstes eingedeckt. Die Schindeln sind mind. 250 mm auf die angrenzende Dachfläche durchzudecken. Die Anfangsreihe ist wechselseitig zu decken. 150 mm rechts und links des Kehlmittenbereiches dürfen keine Nägel eingeschlagen werden. Die Befestigung der oberen überragenden Schindeldecke erfolgt durch einen zusätzlichen Nagel.

7.5.6.4 Unterlegte Kehle

(1) Für unterlegte Kehlen sind folgende Materialien geeignet:
- Bitumenschindeln
- Polymerbitumenschindeln
- Polymerbitumenbahnen
- Metall

(2) Die Überdeckung der Flächendeckung auf die Kehldeckung muss parallel zur Kehlmitte verlaufen und rechtwinklig zur Kehllinie gemessen mind. 120 mm betragen.

(3) Bei zweiseitig unterlegten Kehlen aus Bitumenschindeln muss das vierte Gebinde das erste noch um mind. 10 mm überdecken.

(4) Bei einseitig unterlegten Kehlen sind die Herstellervorschriften zu beachten.

7.6 ANSCHLÜSSE

7.6.1 Allgemeines

(1) Die Verschneidungslinie einer Dachfläche mit einem aufgehenden Bauteil, z. B. Wand, Schornstein oder Gaubenwange, ist ein Anschluss.

(2) Der obere Anschluss am aufgehenden Bauteil ist regensicher, z. B. mit einer Kappleiste, auszuführen.

(3) Anschlüsse an aufgehende Bauteile können mit Metall ausgeführt werden.

7.6.2 Seitliche Anschlüsse

(1) Seitliche Anschlüsse an aufgehenden Bauteilen können
- als Wandkehle,
- mit unterlegten Anschlussblechen oder
- mit Schichtstücken als Nockenanschluss ausgeführt werden.

(2) Bei einer Ausführung als Wandkehle ist im Anschlussbereich eine Dreikantleiste anzubringen. Die Bitumenschindeldeckung ist mind. 100 mm hochzuführen und zu befestigen.

(3) Bei seitlichem Anschluss mit untergelegten Blechen ist ein dachseitiger Wasserfalz erforderlich. Die Überdeckung der Bitumenschindeln auf die Bleche muss mind. 120 mm betragen.

(4) Bei Nockenanschlüssen wird unter jeder den Anschluss anlaufenden Bitumenschindel eine Nocke gedeckt und die Schindel hinterlaufsicher mit Bitumenschindelkleber aufgeklebt. Die Überdeckung der Nocken untereinander muss mindestens der Höhenüberdeckung der Flächendeckung entsprechen. Die Nocken werden im oberen Bereich der Höhenüberdeckung genagelt.

(5) Zugeschnittene Bitumenschindeln müssen mindestens eine Schürze breit sein. Im Anschlussbereich an die Flächendeckung darf 1/4 der Schürzenbreite nicht unterschritten werden. Eine entsprechende Aufteilung ist in der anzuschließenden Fläche vorzunehmen.

7.7 PFLEGE UND WARTUNG

Bitumenschindeldeckungen sind in gewissen Zeitabständen zu überprüfen. Hierfür wird der Abschluss eines Inspektions- und Wartungsvertrages empfohlen. Rechtzeitige Pflege kann die Lebensdauer der Deckung verlängern und das Dach und die Wand vor größeren Schäden bewahren.

7.8 TABELLEN

Tabelle 18: Be- und Entlüftungsquerschnitte

Sparrenlänge	Traufe und Pultabschluss ≥ 2 ‰ der zugehörigen geneigten Dachfläche, ≥ 200 cm^2/m	First und Grat ≥ 0,5 ‰ der gesamten geneigten Dachfläche	Dachfläche ≥ 200 cm^2/m und 2 cm freie Höhe
m	cm^2/m	cm^2/m	cm^2/m
6	200	60	200
7	200	70	200
8	200	80	200
9	200	90	200
10	200	100	200
11	220	110	200
12	240	120	200
13	260	130	200
14	280	140	200
15	300	150	200
16	320	160	200
17	340	170	200
18	360	180	200
19	380	190	200
20	400	200	200

Tabelle 19: Regeldachneigung

Sparrenlänge	Schindelform	Regeldachneigung
≤ 10 m	Rechteck	≥ 15° (26,8 %)
≥ 10 m		≥ 20° (36,4 %)
≤ 10 m	Biber	≥ 20° (36,4 %)
≥ 10 m		≥ 25° (46,6 %)
≤ 10 m	Dreieck	≥ 20° (36,4 %)
≥ 10 m		≥ 25° (46,6 %)
≤ 10 m	Wabe (Trapez)	≥ 25° (46,6 %)
≥ 10 m		≥ 30° (57,7 %)

Tabelle 20: Mindestüberdeckung

Schindelformat	Dachneigung	Mindestüberdeckung
Rechteck	≥ 15°	≥ 100 mm
	≥ 25°	≥ 80 mm
	≥ 35°	≥ 60 mm
	≥ 45°	≥ 50 mm
Biber/Dreieck	20° – 85°	≥ 90 mm
Wabe (Trapez)	25° – 85°	≥ 45 mm

Abbildung 36: Be- und Entlüftung

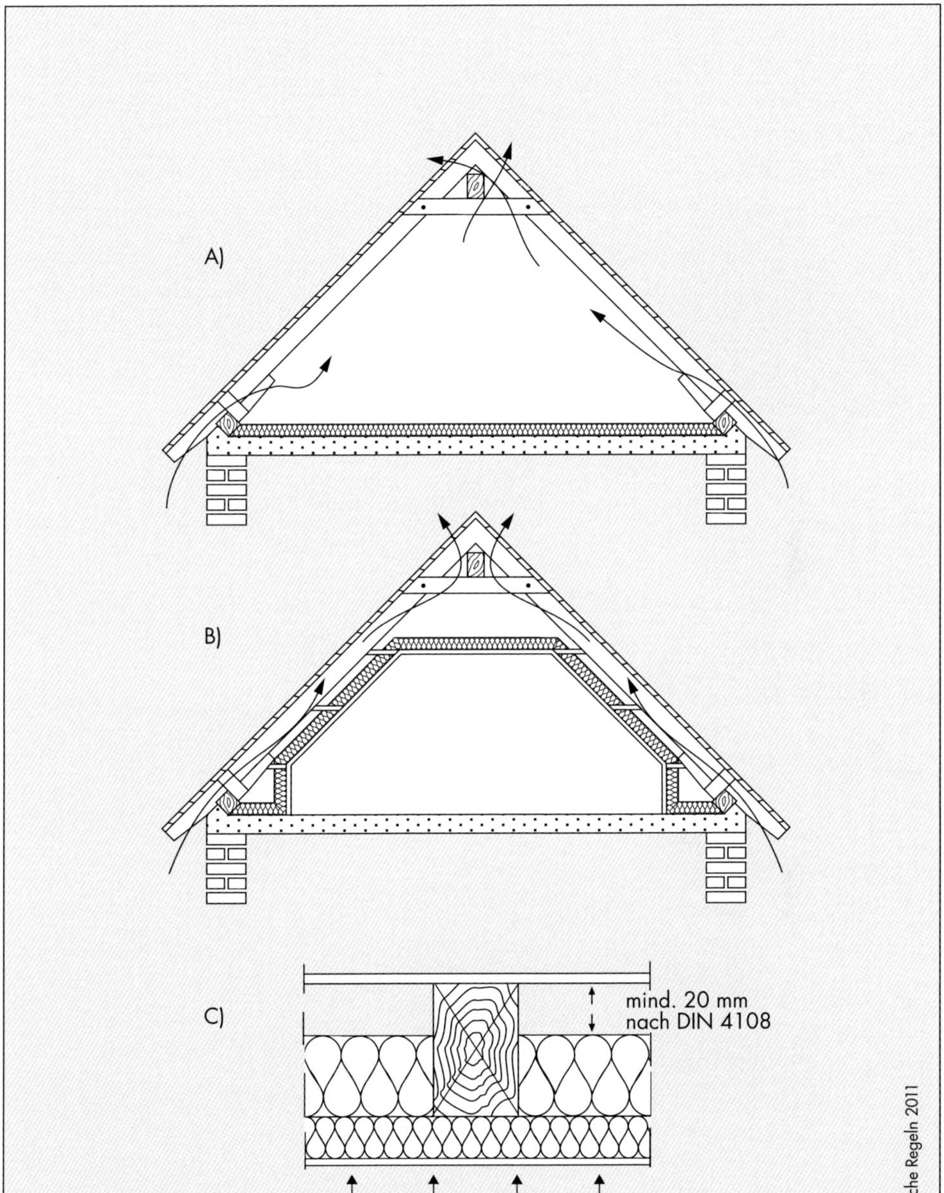

Abbildung 37: Bitumenschindeldeckung

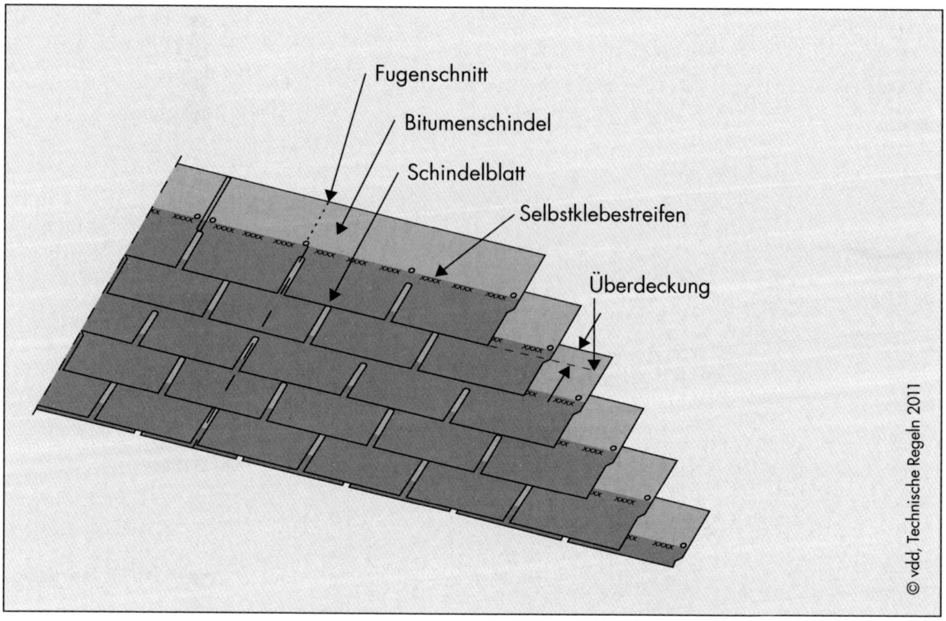

Abbildung 38: Befestigung bis 60° Dachneigung

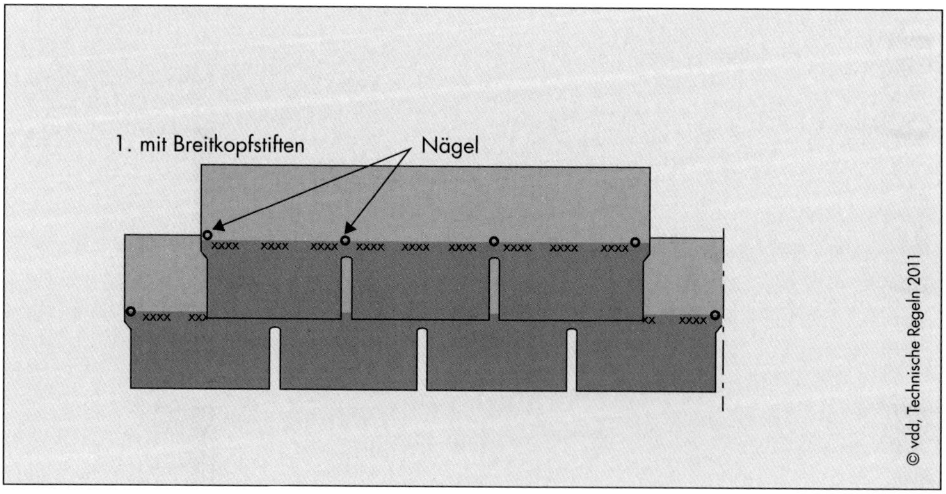

Abbildung 39: Befestigung über 60° Neigung

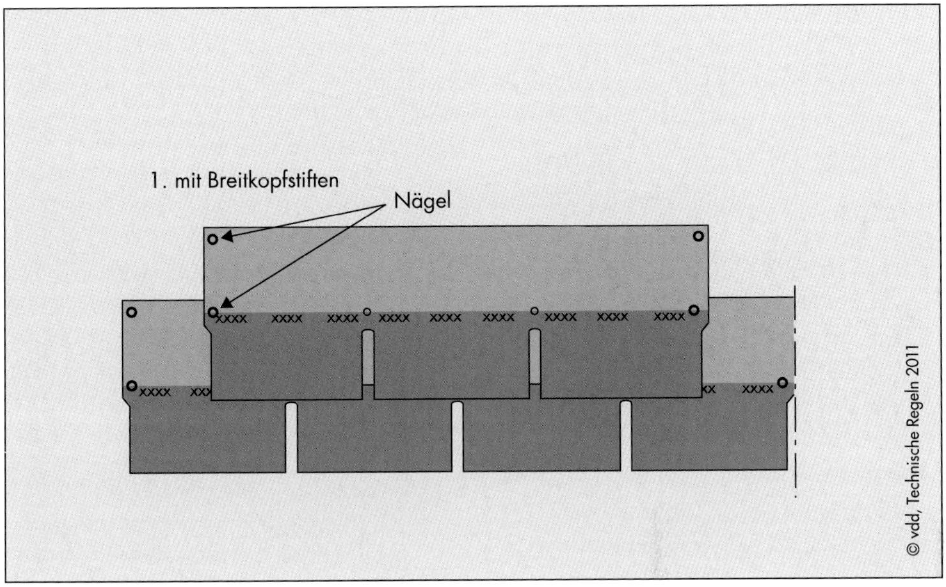

Abbildung 40: Traufausbildung

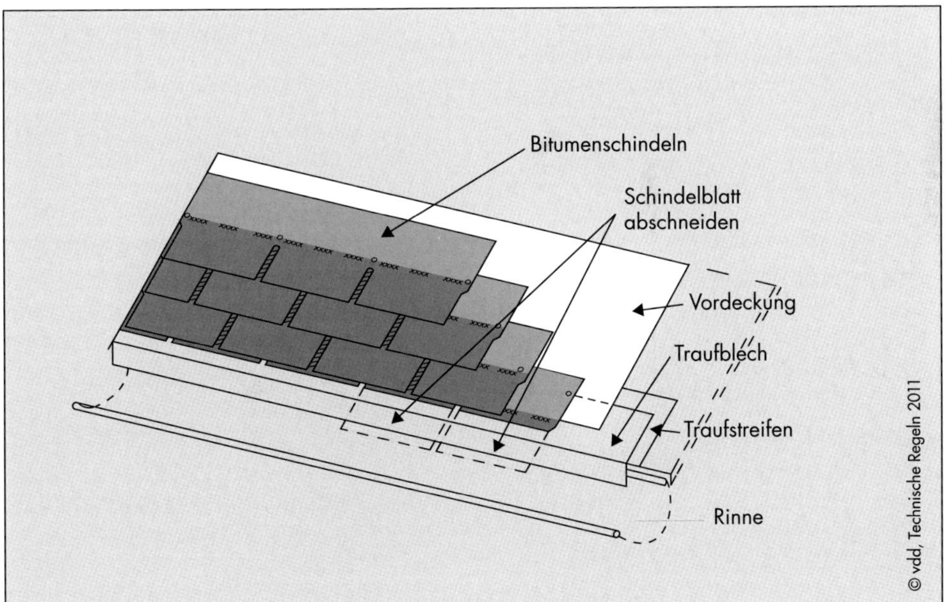

Abbildung 41: Giebelausbildung mit Ortgangblech

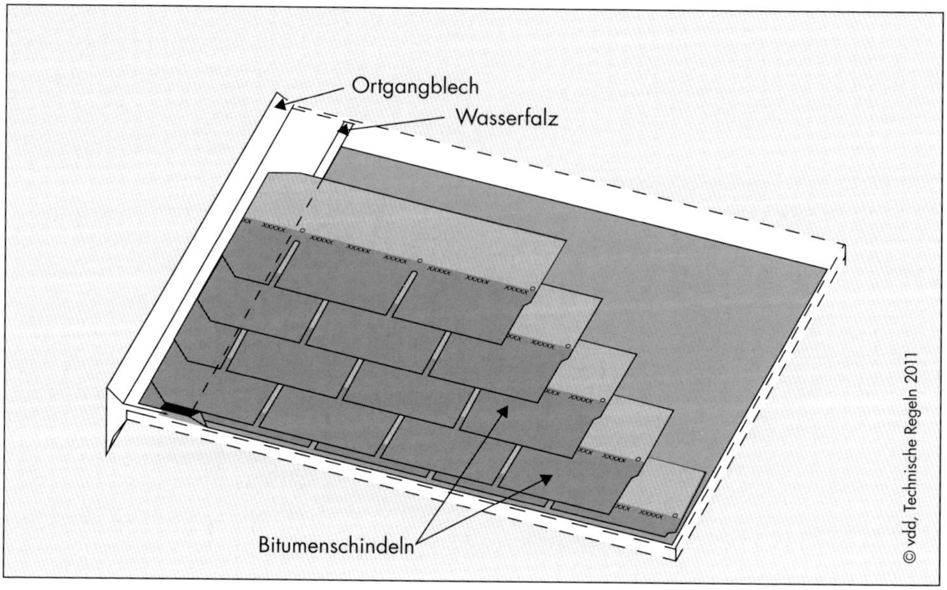

Abbildung 42: Giebelausbildung mit Abdeckung

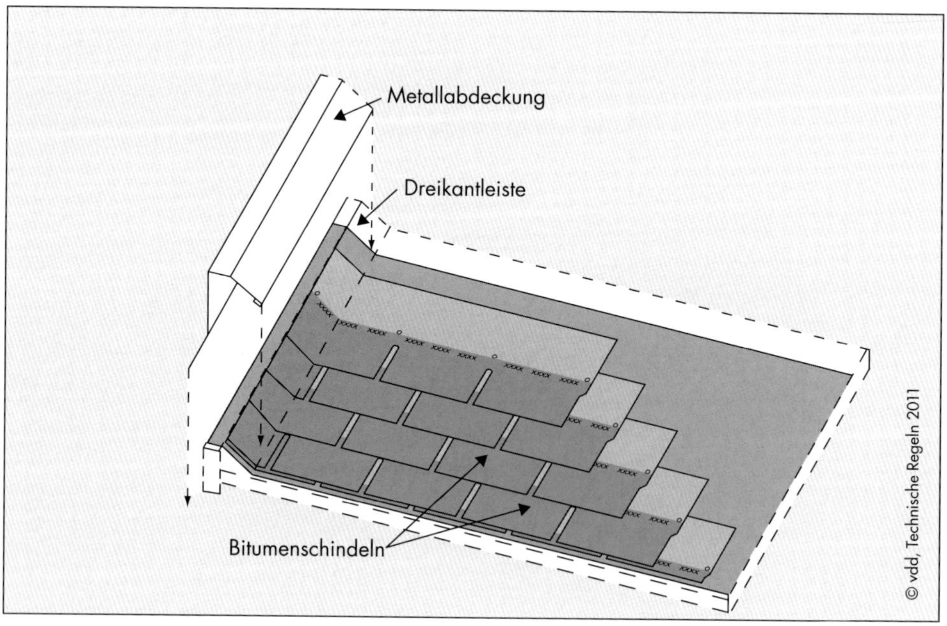

Abbildung 43: Wechselseitig durchgedeckte Kehle

Abbildung 44: Wechselseitig durchgedeckte Kehle mit Bitumenschindeln

Abbildung 45: Unterlegte Metallkehle

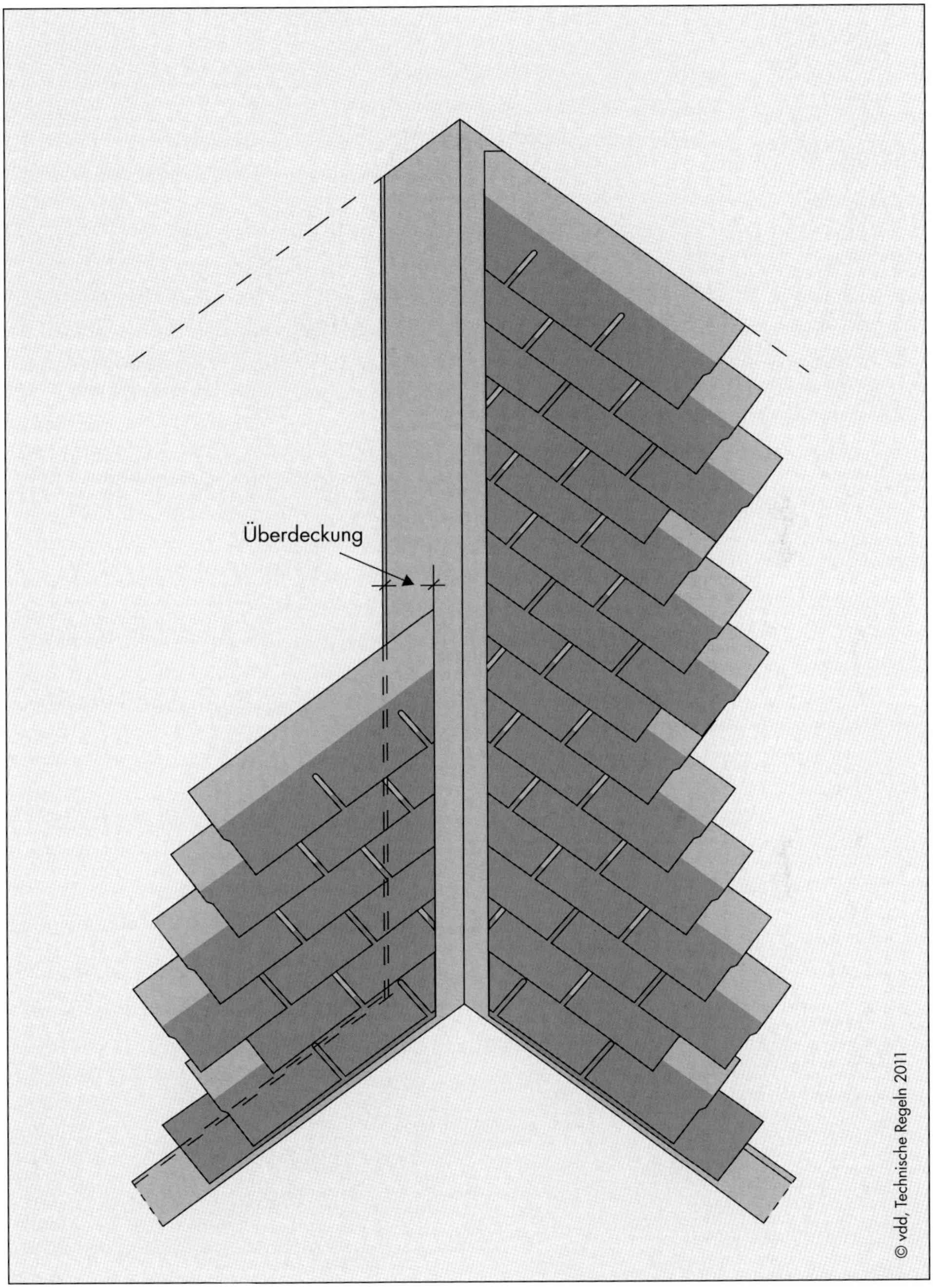

Abbildung 46: Wandanschluss mit vertiefter Wandkehle

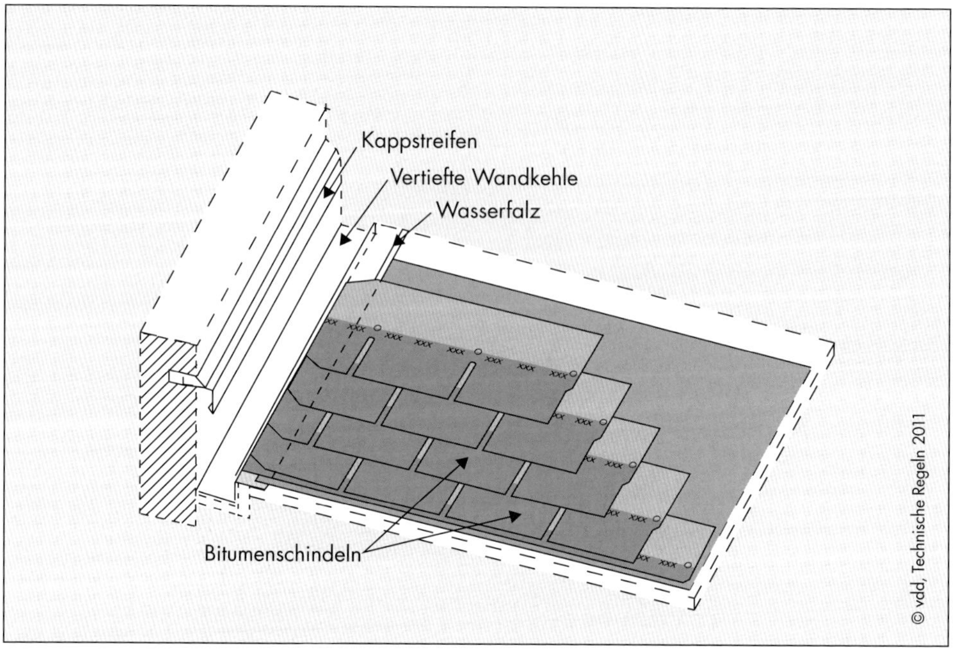

Abbildung 47: Firstausbildung

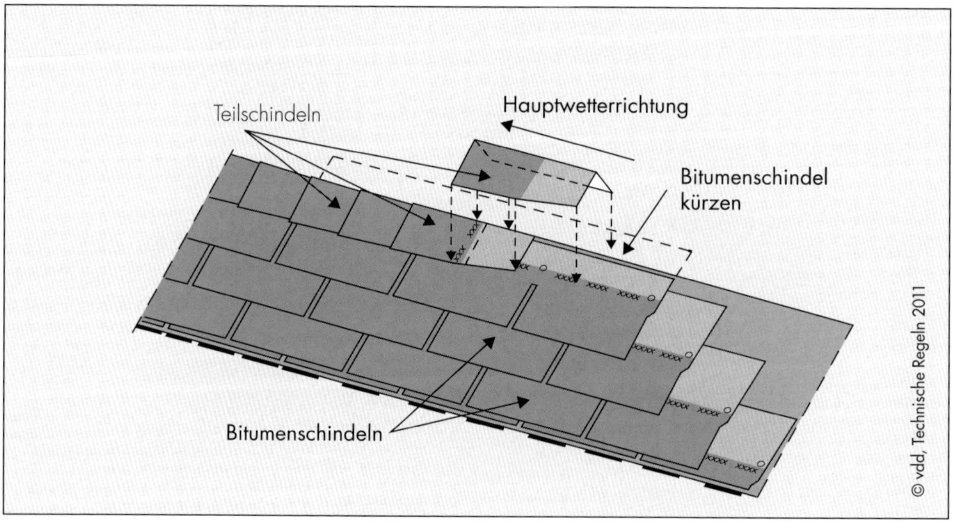

Abbildung 48: Wandanschluss mit hochgeführten Bitumenschindeln

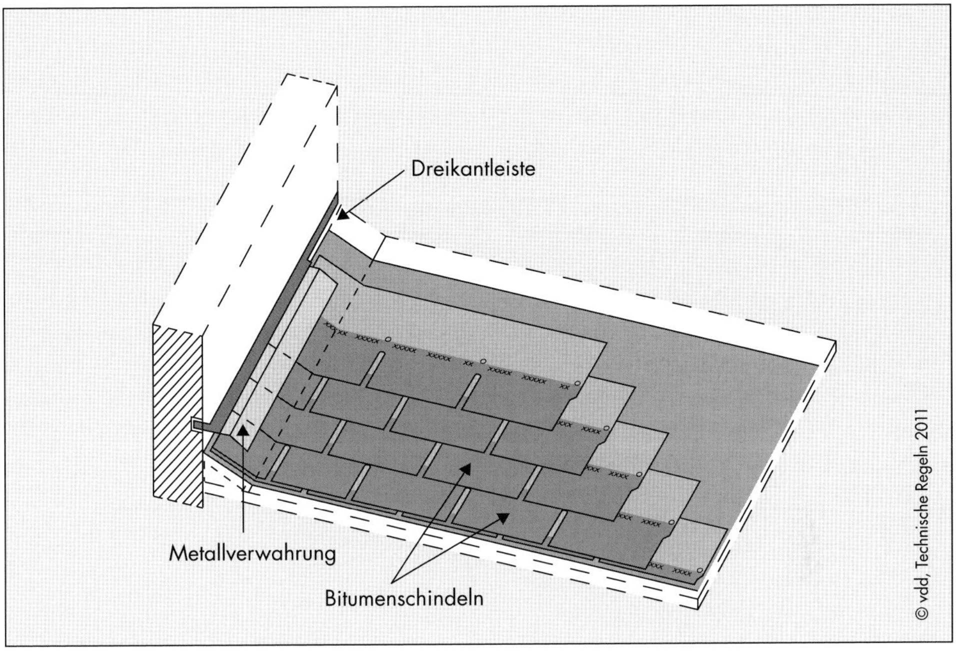

Abbildung 49: Rohrdurchführung mit Deckblech

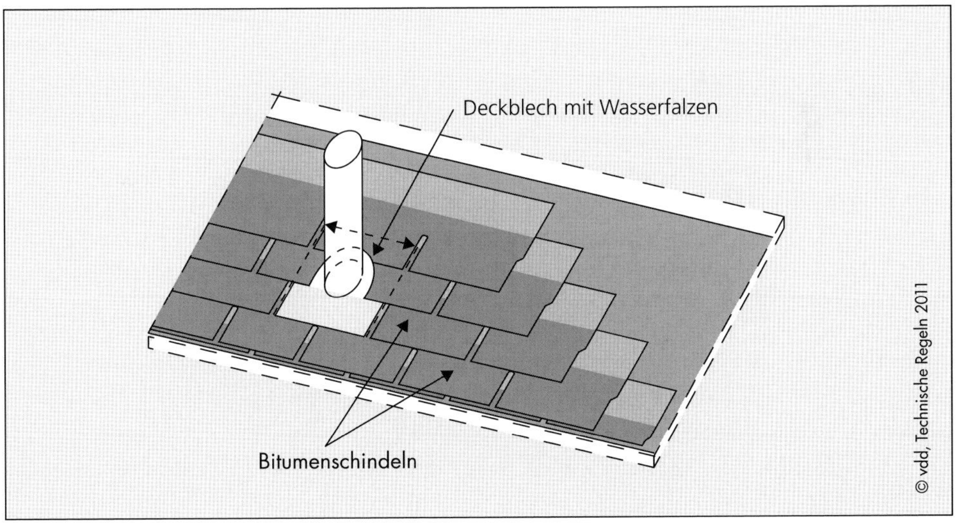

ANHANG I
Hinweise zur Bauphysik

1 ALLGEMEINES

Bei der Planung und Ausführung von Dächern sind die bauphysikalischen Beanspruchungen konstruktiv und materialtechnisch zu berücksichtigen.

Dazu zählen insbesondere der Wärmeschutz, Tauwasserschutz und Luftdichtheit.

Für den Wärmeschutz bei Dächern sind folgende Gesichtspunkte zu berücksichtigen:
- Sicherung eines behaglichen Raum- und Arbeitsklimas
- Schutz der Baukonstruktion vor Schäden durch Temperaturspannungen und Tauwasserbildung
- Schutz vor vermeidbaren Energieverlusten bei der Beheizung bzw. Kühlung der Gebäude
- Luftdichtheit von Bauteilen und Anschlüssen (DIN 4108-7 und EnEV 2009)

Planungs- und Bemessungsgrundlage für den Mindestwärmeschutz von Gebäuden, die zum dauerhaften Aufenthalt von Menschen dienen, ist die DIN 4108 und die Verordnung über Energie sparenden Wärmeschutz und Energie sparende Anlagentechnik bei Gebäuden (Energieeinsparverordnung – EnEV vom 1.10.2009).

Die Energieeinsparverordnung 2009 ist in 7 Abschnitte unterteilt und enthält 11 Anlagen. Es wurden eine Reihe von Änderungen gegenüber der EnEV 2007 aufgenommen, die zum Großteil auch die Arbeiten im Dachdeckerhandwerk betreffen. Die wesentlichen Punkte werden nachfolgend behandelt.

2 NEUBAU UND BAUEN IM BESTAND – WICHTIGE AUSZÜGE

2.1 Anwendungsbereich nach § 1 der EnEV 2009

(1) Diese Verordnung gilt
1. für Gebäude, soweit sie unter Einsatz von Energie beheizt oder gekühlt werden, und
2. für Anlagen und Einrichtungen der Heizungs-, Kühl-, Raumluft- und Beleuchtungstechnik sowie der Warmwasserversorgung von Gebäuden nach Nummer 1.

Der Energieeinsatz für Produktionsprozesse in Gebäuden ist nicht Gegenstand dieser Verordnung.

(2) Mit Ausnahme der §§ 12 und 13 gilt diese Verordnung nicht für
1. Betriebsgebäude, die überwiegend zur Aufzucht oder zur Haltung von Tieren genutzt werden,
2. Betriebsgebäude, soweit sie nach ihrem Verwendungszweck großflächig und lang anhaltend offen gehalten werden müssen,
3. unterirdische Bauten,
4. Unterglasanlagen und Kulturräume für Aufzucht, Vermehrung und Verkauf von Pflanzen,

5. Traglufthallen und Zelte,
6. Gebäude, die dazu bestimmt sind, wiederholt aufgestellt und zerlegt zu werden, und provisorische Gebäude mit einer geplanten Nutzungsdauer von bis zu zwei Jahren,
7. Gebäude, die dem Gottesdienst oder anderen religiösen Zwecken gewidmet sind,
8. Wohngebäude, die für eine Nutzungsdauer von weniger als vier Monaten jährlich bestimmt sind, und
9. sonstige handwerkliche, landwirtschaftliche, gewerbliche und industrielle Betriebsgebäude, die nach ihrer Zweckbestimmung auf eine Innentemperatur von weniger als 12° C oder jährlich weniger als vier Monate beheizt sowie jährlich weniger als zwei Monate gekühlt werden.

2.2 Wohngebäude

Mit der Einführung der EnEV 2009 wird ein neues Bilanzierungsverfahren auf Grundlage der DIN V 18599 eingeführt. Das bisherige Monatsbilanzverfahren nach DIN EN 832 in Verbindung mit DIN V 4108 Teil 6 und DIN 4701 Teil 10 darf alternativ weiter angewendet werden.

Bei dem neu eingeführten Referenzgebäudeverfahren wird der Jahresprimärenergiebedarf zunächst anhand der in EnEV Anlage 1, Tabelle 1 vorgegebenen Randbedingungen berechnet. Dabei werden die Gebäudeabmessungen, Bauteilschichten, Heizungsanlage und sonstige Bauteile des neu zu errichtenden Gebäudes bei den Berechnungen berücksichtigt und verwendet. Als Ergebnis der Berechnungen erhält man den maximalen Jahresprimärenergiebedarf und den Transmissionswärmebedarf des Gebäudes und der Bauteile bzw. der Komponenten.
Diese Werte dürfen für das neu zu errichtende Gebäude nicht überschritten werden.
Einzelkomponenten und einzelne Bauteile können nun variiert werden. Am Ende dürfen die Energie- und Wärmebedarfe des Referenzgebäudes nicht überschritten werden.

Der Nachweis ist dadurch erbracht, dass
– der Jahres-Primärenergiebedarf für Heizung, Warmwasserbereitung, Lüftung und Kühlung den Wert des Jahres-Primärenergiebedarfs eines Referenzgebäudes gleicher Geometrie, Gebäudenutzfläche und Ausrichtung mit der in Anlage 1, Tabelle 1 EnEV angegebenen technischen Referenzausführung nicht überschreitet und
– die Höchstwerte des spezifischen, auf die wärmeübertragende Umfassungsfläche bezogenen Transmissionswärmeverlusts nach EnEV Anlage 1, Tabelle 2 nicht überschritten werden.

Aufgrund der Komplexität der Berechnungen und der Notwendigkeit, dass neben den technischen Werten der Gebäudehülle auch die technischen Werte der Heizungsanlage und der Versorgungsleitungen Berücksichtigung finden müssen, ist die Erstellung der Nachweise nach EnEV zukünftig Fachleuten wie Ingenieuren und Architekten sowie Gebäudeenergieberatern weitgehend vorbehalten. Für die entsprechenden Regelungen sei auf die Abschnitte 5 und 6 der EnEV verwiesen.

2.3 Nichtwohngebäude nach § 4 der EnEV 2009

Bei der Neuerstellung von Nichtwohngebäuden wird ebenfalls wie bei Wohngebäuden das Referenzgebäudeverfahren angewandt. Die Bedingungen für Nichtwohngebäude sind in der EnEV Anlage 2, Tabelle 1 festgelegt.
Zusätzlich zur Begrenzung des Jahresprimärenergiebedarfs, der sich aus den Berechnungen des Referenzgebäudeverfahrens ergibt, dürfen die Wärmedurchgangskoeffizienten bestimmte Höchstwerte, die in Tabelle 2, Anlage 2 EnEV festgelegt sind, nicht überschritten werden.
Nichtwohngebäuden werden in Zonen, in denen die Raum-Soll-Temperatur entweder zwischen 12 °C und 19 °C oder über 19 °C liegen, unterschieden.

Der Nachweis auf Einhaltung der EnEV ist dadurch erbracht, dass
- der Jahres-Primärenergiebedarf für Heizung, Warmwasserbereitung, Anlagentechnik, Lüftung und Kühlung den Wert des Jahres-Primärenergiebedarfs eines Referenzgebäudes gleicher Geometrie, Gebäudenutzfläche und Ausrichtung mit der in Anlage 2, Tabelle 1 EnEV angegebenen technischen Referenzausführung nicht überschreitet und
- die Höchstwerte der Wärmedurchgangskoeffizienten bezogen auf den Mittelwert der jeweiligen Bauteile die Werte nach Anlage 2, Tabelle 2 EnEV nicht überschritten werden.

2.4 Bestehende Gebäude und Anlagen nach § 9 der EnEV 2009

Änderungen, Erweiterung und Ausbau von Gebäuden im Sinne der EnEV sind so auszuführen, dass die in Anlage 3 festgelegten Wärmedurchgangskoeffizienten der betroffenen Außenbauteile nicht überschritten werden.

Die Anforderungen des Satzes 1 gelten als erfüllt, wenn
1. geänderte Wohngebäude insgesamt den Jahres-Primärenergiebedarf des Referenzgebäudes nach EnEV § 3 Absatz 1 und den Höchstwert des spezifischen, auf die Wärme übertragende Umfassungsfläche bezogenen Transmissionswärmeverlusts nach Anlage 1, Tabelle 2 der EnEV,
2. geänderte Nichtwohngebäude insgesamt den Jahres-Primärenergiebedarf des Referenzgebäudes nach EnEV § 4 Absatz 1 und die Höchstwerte der mittleren Wärmedurchgangskoeffizienten der Wärme übertragenden Umfassungsfläche nach Anlage 2, Tabelle 2 der EnEV um nicht mehr als 40 von Hundert überschreiten.

2.5 Kleine Anbauten an bestehende Gebäude

Bei der Erweiterung und dem Ausbau eines Gebäudes um beheizte oder gekühlte Räume mit zusammenhängend mindestens 15 m² und höchstens 50 m² Nutzfläche sind die betroffenen Außenbauteile so auszuführen, dass die in EnEV Anlage 3, Tabelle 1 (siehe Tabelle 21) festgelegten Wärmedurchgangskoeffizienten nicht überschritten werden.

Tabelle 21: Höchstwerte der Wärmedurchgangskoeffizienten bei erstmaligem Einbau, Ersatz und Erneuerung von Bauteilen

Zeile	Bauteil	Maßnahme nach	Wohngebäude und Zonen von Nichtwohngebäuden mit Innentemperaturen ≥ 19 °C	Zonen von Nichtwohngebäuden mit Innentemperaturen von 12 bis < 19 °C
			Höchstwerte der Wärmedurchgangskoeffizienten U_{max} [1)]	
	1	2	3	4
1	Außenwände	Nr. 1a bis d	0,24 W/(m² · K)	0,35 W/(m² · K)
2a	Außen liegende Fenster, Fenstertüren	Nr. 2a und b	1,30 W/(m² · K)[2)]	1,90 W/(m² · K)[2)]
2b	Dachflächenfenster	Nr. 2a und b	1,40 W/(m² · K)[2)]	1,90 W/(m² · K)[2)]
2c	Verglasungen	Nr. 2c	1,10 W/(m² · K)[3)]	keine Anforderung
2d	Vorhangfassaden	Nr. 6 Satz 1	1,50 W/(m² · K)[4)]	1,90 W/(m² · K)[4)]
2e	Glasdächer	Nr. 2a und c	2,00 W/(m² · K)[3)]	2,70 W/(m² · K)[3)]
3a	Außen liegende Fenster, Fenstertüren, Dachflächenfenster mit Sonderverglasungen	Nr. 2a und b	2,00 W/(m² · K)[2)]	2,80 W/(m² · K)[2)]
3b	Sonderverglasungen	Nr. 2c	1,60 W/(m² · K)[3)]	keine Anforderung
3c	Vorhangfassaden mit Sonderverglasungen	Nr. 6 Satz 2	2,30 W/(m² · K)[4)]	3,00 W/(m² · K)[4)]
4a	Decken, Dächer und Dachschrägen	Nr. 4.1	0,24 W/(m² · K)	0,35 W/(m² · K)

Zeile	Bauteil	Maßnahme nach	Wohngebäude und Zonen von Nichtwohngebäuden mit Innentemperaturen ≥ 19 °C	Zonen von Nichtwohngebäuden mit Innentemperaturen von 12 bis < 19 °C
			Höchstwerte der Wärmedurchgangskoeffizienten U_{max} 1)	
	1	2	3	4
4b	Flachdächer	Nr. 4.2	0,20 W/(m² · K)	0,35 W/(m² · K)
5a	Decken und Wände gegen unbeheizte Räume oder Erdreich	Nr. 5a, b, d und e	0,30 W/(m² · K)	keine Anforderung
5b	Fußbodenaufbauten	Nr. 5c	0,50 W/(m² · K)	keine Anforderung
5c	Decken nach unten an Außenluft	Nr. 5a bis e	0,24 W/(m² · K)	0,35 W/(m² · K)

1) Wärmedurchgangskoeffizient des Bauteils unter Berücksichtigung der neuen und der vorhandenen Bauteilschichten; für die Berechnung opaker Bauteile ist DIN EN ISO 6946: 1996-11 zu verwenden.
2) Bemessungswert des Wärmedurchgangskoeffizienten des Fensters; der Bemessungswert des Wärmedurchgangskoeffizienten des Fensters ist technischen Produkt-Spezifikationen zu entnehmen oder gemäß den nach den Landesbauordnungen bekannt gemachten energetischen Kennwerten für Bauprodukte zu bestimmen. Hierunter fallen insbesondere energetische Kennwerte aus europäischen technischen Zulassungen sowie energetische Kennwerte der Regelungen nach der Bauregelliste A Teil 1 und auf Grund von Festlegungen in allgemeinen bauaufsichtlichen Zulassungen.
3) Bemessungswert des Wärmedurchgangskoeffizienten der Verglasung; der Bemessungswert des Wärmedurchgangskoeffizienten der Verglasung ist technischen Produkt-Spezifikationen zu entnehmen oder gemäß den nach den Landesbauordnungen bekannt gemachten energetischen Kennwerten für Bauprodukte zu bestimmen. Hierunter fallen insbesondere energetische Kennwerte aus europäischen technischen Zulassungen sowie energetische Kennwerte der Regelungen nach der Bauregelliste A Teil 1 und auf Grund von Festlegungen in allgemeinen bauaufsichtlichen Zulassungen.
4) Wärmedurchgangskoeffizient der Vorhangfassade; er ist nach anerkannten Regeln der Technik zu ermitteln.

Neben der Anwendung des Bauteilverfahrens, erlaubt die EnEV 2009 das Referenzgebäudeverfahren mit Begrenzung des Jahresprimärenergiebedarfs anzuwenden. Dabei dürfen die Werte die Anforderungen an neu zu errichtenden Gebäude um bis zu 40 % überschreiten.

3 BEISPIELE FÜR DIE ANWENDUNG DES ANHANG 3 DER ENEV 2009

3.1 Steildächer

Soweit bei Steildächern Decken unter nicht ausgebauten Dachräumen sowie Decken und Wände (einschließlich Dachschrägen), die beheizte oder gekühlte Räume nach oben gegen die Außenluft abgrenzen,

a) ersetzt, erstmalig eingebaut

oder in der Weise erneuert werden, dass

b) die Dachhaut bzw. außenseitige Bekleidungen oder Verschalungen ersetzt oder neu aufgebaut werden,

c) innenseitige Bekleidungen oder Verschalungen aufgebracht oder erneuert werden,
d) Dämmschichten eingebaut werden,
e) zusätzliche Bekleidungen oder Dämmschichten an Wänden zum unbeheizten Dachraum eingebaut werden,

sind für die betroffenen Bauteile die Anforderungen nach Tabelle 21, Zeile 4a einzuhalten.

Wird bei Maßnahmen nach Buchstabe b oder d der Wärmeschutz als Zwischensparrendämmung ausgeführt und ist die Dämmschichtdicke wegen einer innenseitigen Bekleidung oder der Sparrenhöhe begrenzt, so gilt die Anforderung als erfüllt, wenn die nach anerkannten Regeln der Technik höchstmögliche Dämmschichtdicke eingebaut wird.
Die Sätze 1 und 2 gelten nur für opake (nicht transparente) Bauteile.

3.2 Fallbeispiel Steildach

Bei dem mit Schindeln gedeckten Steildach eines bestehenden Gebäudes mit beheiztem Dachraum sollen die Dachschindeln erneuert werden; die darunter befindliche Schalung bleibt unverändert.
Die vorhandene Zwischensparrendämmung genügt nicht den Anforderungen der EnEV 2009.

Fragen:

Muss mit dem Austausch der Dachschindeln das Dach den Anforderungen nach Anlage 3, Tabelle 1, Zeile 4a EnEV (siehe Tabelle 21) durch erhöhte Dämmung (U-Wert < 0,24 W/m^2 · K) angepasst werden? Welche maximale Wärmeleitfähigkeit gibt die EnEV für die Dämmung vor, wenn die Dämmschichtdicke durch die Sparrenhöhe begrenzt ist?

Antworten:

Für den Fall, dass bei einem Steildach lediglich die Dachschindeln ersetzt werden sollen, ist die generelle wirtschaftliche Vertretbarkeit einer Verpflichtung zur Wärmedämmung der betroffenen Flächen derzeit nicht nachgewiesen.
Werden Schalung, und ggf. vorhandene Dachabdichtung nicht ersetzt, so greift die Verpflichtung des § 9 Abs. 1 in Verbindung mit Anlage 3 Nr. 4.1 Buchst. b EnEV folglich nicht und es muss nicht nachgedämmt werden.

Werden dagegen alle Schichten (z.B. Schalung und/oder Lattung) der Dachhaut erneuert, so muss das Dach die Anforderungen nach Anlage 3, Tabelle 1, Zeile 4a EnEV (siehe Tabelle 21) (U-Wert < 0,24 W/m^2 · K) einhalten.

Ist die Dämmschichtdicke bei Zwischensparrendämmung wegen der Sparrenhöhe oder wegen der innenseitigen Bekleidung begrenzt, gilt die Anforderung als erfüllt, wenn die nach anerkannten Regeln der Technik höchstmögliche Dämmschichtdicke eingebaut wird oder bereits eingebaut ist. Die EnEV begrenzt die Wärmeleitfähigkeit des dafür verwendeten Dämmmaterials nicht, d.h. es darf jeder zur Verfügung stehende und geeignete Dämmstoff zum Einsatz kommen.

3.3 Flachdächer

Soweit bei beheizten oder gekühlten Räumen Flachdächer

a) ersetzt, erstmalig eingebaut

oder in der Weise erneuert werden, dass

b) die Dachhaut bzw. außenseitige Bekleidungen oder Verschalungen ersetzt oder neu aufgebaut werden,

c) innenseitige Bekleidungen oder Verschalungen aufgebracht oder erneuert werden,

d) Dämmschichten eingebaut werden,

sind die Anforderungen nach Tabelle 21 Zeile 4b einzuhalten.

Werden bei der Flachdacherneuerung Gefälledächer durch die keilförmige Anordnung einer Dämmschicht aufgebaut, so ist der Wärmedurchgangskoeffizient nach DIN EN ISO 6946:1996-11 Anhang C zu ermitteln.

Der Bemessungswert des Wärmedurchlasswiderstandes am tiefsten Punkt der neuen Dämmschicht muss den Mindestwärmeschutz nach § 7 Absatz 1 gewährleisten.

Werden Maßnahmen nach Satz 1 ausgeführt und ist die Dämmschichtdicke im Rahmen dieser Maßnahmen aus technischen Gründen begrenzt, so gelten die Anforderungen als erfüllt, wenn die nach anerkannten Regeln der Technik höchstmögliche Dämmschichtdicke (bei einem Bemessungswert der Wärmeleitfähigkeit = 0,040 W/(m·K)) eingebaut wird.
Die Sätze 1 bis 4 gelten nur für opake (nicht transparente) Bauteile.

3.4 Fallbeispiel zum Thema Regeneration einer Flachdachabdichtung

Frage:

Gilt die Überarbeitung einer Dachabdichtung beim Flachdach als Erneuerung der Dachhaut nach Anlage 3 Nr. 4.2 Buchstabe b) EnEV? Wann muss der U-Wert < 0,20 W/m² · K eingehalten werden?

Antwort:

Bei einem Flachdach ist der Tatbestand nach Anlage 3 Nr. 4.2 Buchstabe b) EnEV erfüllt, wenn die bestehende Dachhaut (wasserdichte Abdichtung) durch eine voll funktionsfähige neue Dachhaut (wasserdichte Abdichtung) ersetzt wird. In diesem Fall ist es unerheblich, ob und inwieweit die bestehende Dachhaut unterhalb der neuen Dachhaut erhalten bleibt. Werden z. B. mehrlagig untereinander verklebte Bitumenbahnen oder eine neue Abdichtung aus Kunststoffbahnen aufgebracht, so ist dies als neue Dachabdichtung bzw. Dachhaut zu werten.
In diesem Fall sind die Anforderungen nach EnEV einzuhalten.

Für Fälle, in denen aus Gründen technischer Unmöglichkeit, wie z. B. bei Dämmmaßnahmen mit Anschluss an bestehende Dächer, die Dämmschichtdicke begrenzt ist, gelten nach Anlage 3 Nr. 4.2 Satz 5 EnEV die Anforderungen als erfüllt, wenn die nach anerkannten Regeln der Technik höchstmögliche Dämmschichtdicke bei einem Bemessungswert der Wärmeleitfähigkeit = 0,040 W/(m·K) eingebaut wird.

Diese Ausnahmeregelung bedarf keines Antrags auf Befreiung nach § 25 Absatz 1 EnEV durch die nach Landesrecht zuständige Behörde.

Wird eine Dachabdichtung (z. B. mehrlagig untereinander verklebte Bitumenbahnen) im Rahmen der Instandhaltung lediglich regeneriert (z. B. durch das vollflächige Aufkleben einer neuen Abdichtungslage), ohne dass die neue Schicht für sich allein eine funktionsfähige Dachhaut darstellt, ist der Tatbestand der Erneuerung der Dachhaut nicht gegeben. In diesem Falle besteht keine Anforderung nach § 9 Absatz 1 Satz 1 in Verbindung mit Anlage 3 Nr. 4.2 Buchstabe b) EnEV.

4 LUFTDICHTHEIT, MINDESTWÄRMESCHUTZ, WÄRMEBRÜCKEN, GEFÄLLEDÄMMSTOFF

4.1 Luftdichtheit der Gebäudehülle

Zu errichtende Gebäude sind bezüglich der Dichtheit so auszuführen, dass die wärmeübertragende Umfassungsfläche einschließlich der Fugen entsprechend dem Stand der Technik dauerhaft luftundurchlässig abgedichtet ist. Die Mindestbelüftung eines Gebäudes muss nach DIN EN 832:1998 aus Gründen des Komforts und der Hygiene in Abhängigkeit vom Gebäudetyp, der Abschirmung und der Nutzung des Gebäudes, gewährleistet sein. Empfohlen wird ein Mindestluftwechsel von 0,5 pro Stunde bei Wohnungen mit natürlicher Lüftung.

Ein Bemessungsverfahren oder Berechnungsmöglichkeiten für die Luftdichtheit von Gebäuden existieren nicht. Das Niveau der Luftdichtheit kann mit dem Verfahren nach DIN EN 13829:2001-02 (Blower-Door-Verfahren) abgeschätzt werden. So darf bei einer Druckdifferenz von 50 Pascal zwischen innen und außen die stündliche Luftwechselrate bei Gebäuden ohne Klimaanlagen, Wärmerückgewinnungsanlagen und Gebäuden mit geregelter Lüftung 3,0 pro Stunde nicht überschreiten.

Der Planer soll einzelfallbezogen entscheiden, inwieweit es sinnvoll und wirtschaftlich ist, eine Prüfung durchführen zu lassen. Die handwerkliche Ausführung, gerade in Bezug auf die Luftdichtheit, ist von besonderer Bedeutung und unterliegt gerade auch deswegen einer erhöhten Überwachungspflicht durch den Planer.

4.2 Luftdichtheit von Bauteilen und Anschlüssen

Die Forderung nach Luftdichtheit von Bauteilen und Anschlüssen gilt für unbelüftete und belüftete Dächer.

Die raumseitig von der Wärmedämmung liegende Luftdichtheitsschicht muss Luftströmungen (Konvektion) durch Bauteile und an Anschlüssen von Durchdringungen verhindern.

Bei der Herstellung der Luftdichtheitsschicht muss auf eine sorgfältige Verarbeitung geachtet werden. Schon bei der Planung sind gewerkeübergreifende Abstimmungen aller am Bau beteiligten Handwerker zur Erreichung einer funktionierenden Luftdichtheitsschicht notwendig.

Mauerwerk und Betonbauteile
– Bauteile aus Beton und Mauerwerk mit Putz gelten als luftdicht.

Plattenmaterial
– Holzwerkstoffe, Gipsfaser- oder Gipskarton, Bauplatten und Faserzementplatten sind luftdicht. Fugen und Anschlüsse an Durchdringungen sind so zu planen, dass sie dauerhaft luftdicht angeschlossen werden können (Elektro-Rohrinstallation, Lüfterrohre).

Stahltrapezprofile
– Stahltrapezprofile sind aufgrund der Stöße und Überlappungen nicht ausreichend luftdicht.

Durch die Luftdichtheitsschicht wird der Abfluss von Heizenergie vermindert. Ebenso kommt es in der kalten Jahreszeit bei Luftströmungen (Konzentration im Bereich der Außenbauteile) zu erheblichem Tauwasserausfall. Hierdurch werden sowohl die tragende Konstruktion als auch Wärmedämmstoff und andere Baustoffe stark geschädigt. Es kann zu abtropfendem Wasser kommen.

Luftdichtheitsschichten bei Flachdächern mit luftdurchlässiger Unterkonstruktion, besonders bei Stahltrapezprofilen, lassen sich aufgrund ihrer bekannten und bewährten handwerksgerechten Fügetechnik am leichtesten mit Polymerbitumenschweiß- bzw. Kaltselbstklebebahnen herstellen.

Diese Werkstoffe lassen sich an Anschlüssen und Durchdringungen leicht verarbeiten. Die Verfahrens- und Verlegetechniken haben sich seit Jahrzehnten bewährt. Zusätzliche Dichtbänder, Anpressplatten und Schienen sind nicht erforderlich.

4.3 Mindestwärmeschutz/Wärmebrücken

In § 7 der EnEV sind Maßnahmen bezüglich des Mindestwärmeschutzes und der Berücksichtigung von Wärmebrücken geregelt. Demnach sind bei zu errichtenden Gebäuden Bauteile, die gegen die Außenluft, das Erdreich oder Gebäudeteile mit wesentlich niedrigeren Innentemperaturen abgrenzen, so auszuführen, dass die Anforderungen des Mindestwärmeschutzes nach den anerkannten Regeln der Technik eingehalten werden.

4.4 Bemessung des U-Werts an der dünnsten Stelle des Bauteils

Der Bemessungswert des Wärmedurchlasswiderstandes am tiefsten Punkt der neuen Dämmschicht muss den Mindestwärmeschutz von R_{min} von 1,20 $m^2 \cdot K/W$ entsprechend DIN 4108-2:2003-07 haben. Dies entspricht bei Verwendung eines Dämmstoffes der Wärmeleitfähigkeitsgruppe 040 einer Dämmstoffdicke von ca. 50 mm. Bei Verwendung anderer Dämmstoffe mit anderen Wärmeleitfähigkeitsgruppen (WLG) sind die Dicken entsprechend anzupassen.

Für Bauteile mit einer geringeren flächenbezogenen Gesamtmasse als 100 kg/m^2 gelten höhere Anforderungen an den Mindestwärmeschutz. Der Wärmedurchlasswiderstand der Konstruktion muss dann mind. $R_{min} > 1{,}75\ m^2 \cdot K/W$ betragen.

*Tabelle 22: Mindestwerte für Wärmedurchlasswiderstände von Bauteilen (aus DIN 4108-2:2003-07)**

Spalte	1		2
Zeile	**Bauteile**		**Wärmedurchlass-widerstand, R $m^2 \cdot K/W$**
1	Außenwände: Wände von Aufenthaltsräumen gegen Bodenräume, Durchfahrten, offene Hausflure, Garagen, Erdreich		1,2
2	Wände zwischen fremdgenutzten Räumen; Wohnungstrennwände		0,07
3	Treppenraumwände	zu Treppenräumen mit wesentlich niedrigeren Innentemperaturen (z.B. indirekt beheizte Treppenräume): Innentemperatur $\theta \leq 10$ °C, aber Treppenraum mindestens frostfrei	0,25
4		zu Treppenräumen mit Innentemperaturen $\theta_I > 10$ °C (z.B. Verwaltungsgebäuden, Geschäftshäusern, Unterrichtsgebäuden, Hotels, Gaststätten und Wohngebäuden)	0,07
5	Wohnungstrenndecken, Decken zwischen fremden Arbeitsräumen; Decken unter Räumen zwischen gedämmten Dachschrägen und Abseitenwänden bei ausgebauten Dachräumen	allgemein	0,35
6		in zentralbeheizten Bürogebäuden	0,17
7	Unterer Abschluss nicht unterkellerter Aufenthaltsräume	unmittelbar an das Erdreich bis zu einer Raumtiefe von 5 m	0,90
8		über einen nichtbelüfteten Hohlraum an das Erdreich grenzend	
9	Decken unter nicht ausgebauten Dachräumen; Decken unter bekriechbaren oder noch niedrigeren Räumen; Decken unter belüfteten Räumen zwischen Dachschrägen und Abseitenwänden bei ausgebauten Dachräumen, wärmegedämmte Dachschrägen		
10	Kellerdecken; Decke gegen abgeschlossene, unbeheizte Hausflure u. ä.		

Spalte		1		2
Zeile		**Bauteile**		**Wärmedurchlass-widerstand, R $m^2 \cdot K/W$**
11	11.1	Decken (auch Dächer), die Aufenthaltsräume gegen die Außenluft abgrenzen	nach unten, gegen Garagen (auch beheizte), Durchfahrten (auch verschließbare) und belüftete Kriechkeller[a]	1,75
	11.2		nach oben, z.B. Dächer nach DIN 18530, Dächer und Decken unter Terrassen; Umkehrdächer nach 5.3.3. Für Umkehrdächer ist der berechnete Wärmeduchgangskoeffizient U nach DIN EN ISO 6946 mit den Korrekturwerten nach Tabelle 4 um Δ U zu berechnen	1,2

[a] Erhöhter Wärmedurchlasswiderstand wegen Fußkälte

Der Einfluss konstruktiver Wärmebrücken auf den Jahres-Heizwärmebedarf ist nach den anerkannten Regeln der Technik und den im jeweiligen Einzelfall wirtschaftlich vertretbaren Maßnahmen so gering wie möglich zu halten. In der DIN 4108 Beiblatt 2:2006-03 sind Musterlösungen für die Ausführung verschiedener Details aufgezeigt. Sie sollten auch bei Sanierungsobjekten beachtet werden, um mögliche Förderungen und Zuschüsse nicht unmöglich werden zu lassen.
Für den ausführenden Handwerker besteht vom Grundsatz her eine Mitwirkungs- und Hinweispflicht, um Bauteile und Bauteilschichten in Dachaufbauten energetisch richtig zu planen und auszuführen.

4.5 Die 10 %-Regel als Ausnahme

Bei Änderung von Außenbauteilen brauchen die Anforderungen der EnEV Anlage 3 nicht eingehalten zu werden, wenn bei

- Außenwänden
- außen liegenden Fenstern
- Fenstertüren
- Dachflächenfenstern
- Steildächern
- Flachdächern
- Bodenflächen

weniger als 10 % der gesamten jeweiligen Bauteilfläche des Gebäudes bearbeitet werden.

Zur Ermittlung der jeweiligen gesamten Bauteilfläche des Gebäudes sind die Bauteile in der Weise zusammenzufassen, wie es die Gliederung der Anlage 3 EnEV in den Nummern 1 bis 6 vorgibt.

Zur Auslegung der EnEV 2009 hat Herr Dr. Justus Achelis (DIBt) von der Fachkommission Bautechnik der Bauministerkonferenz Fragen beantwortet. Die Fragen und Antworten können unter dem nachfolgenden Link nachgeschlagen werden:

http://www.dibt.de/de/aktuelles_energieeinsparverordnung.html

4.6 Berechnung der Wärmedurchgangskoeffizienten von Bauteilen mit keilförmigen Schichten

Werden bei der Flachdacherneuerung Gefälledächer durch die keilförmige Anordnung einer Dämmschicht aufgebaut, so ist der Wärmedurchgangskoeffizient nach DIN EN ISO 6946:1996-11 Anhang C zu ermitteln.

Abbildung 50: Prinzipieller Aufbau des Bauteils

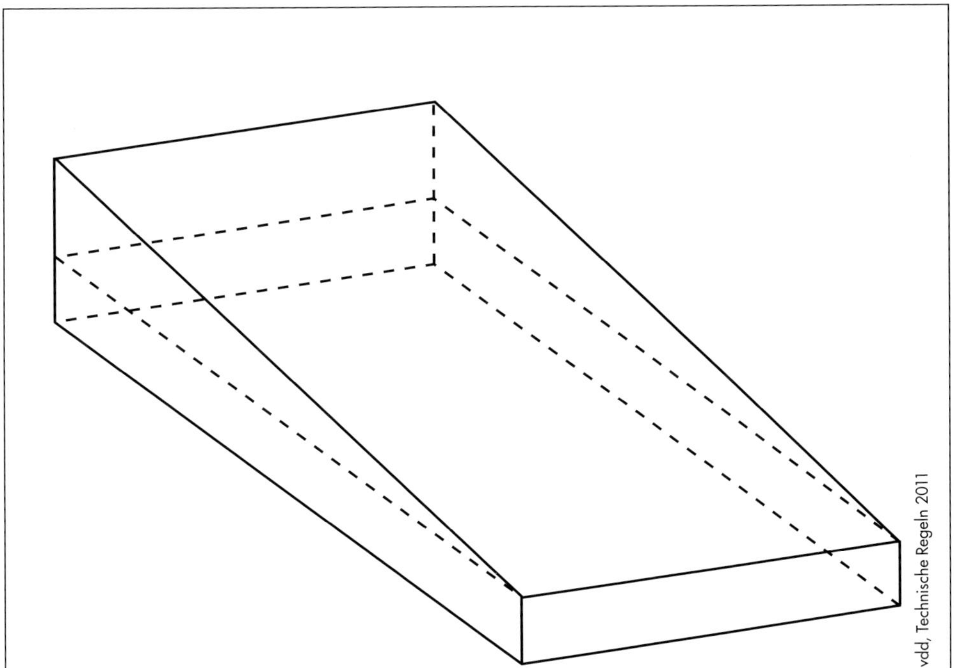

Abbildung 51: Beispielhafter Grundriss

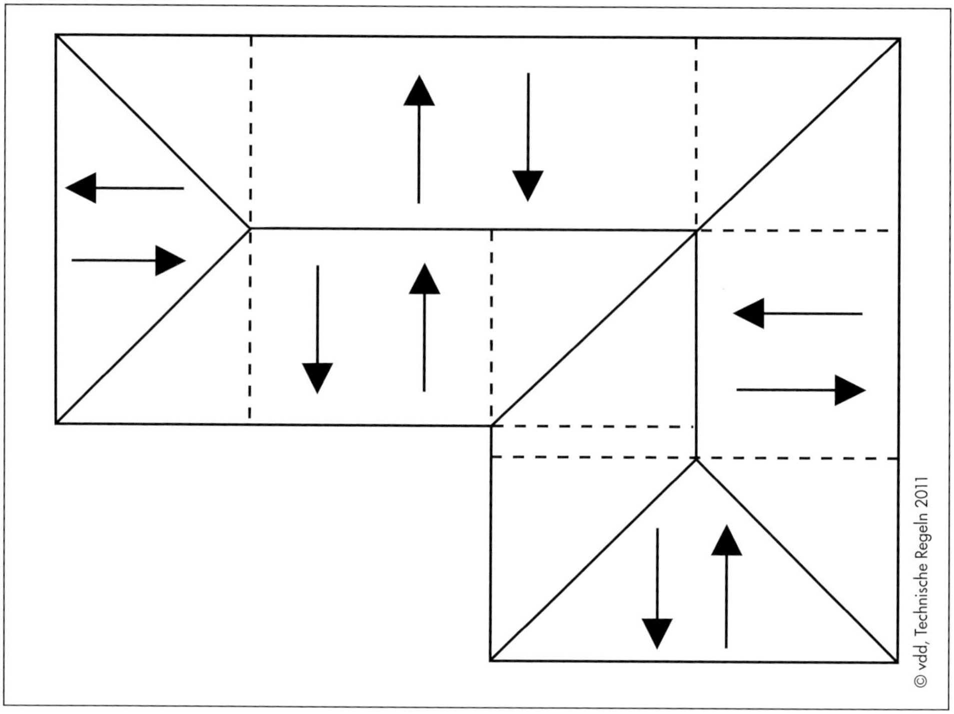

Abbildung 52: Beispiel eines Dachgrundrisses mit Gefälledämmung

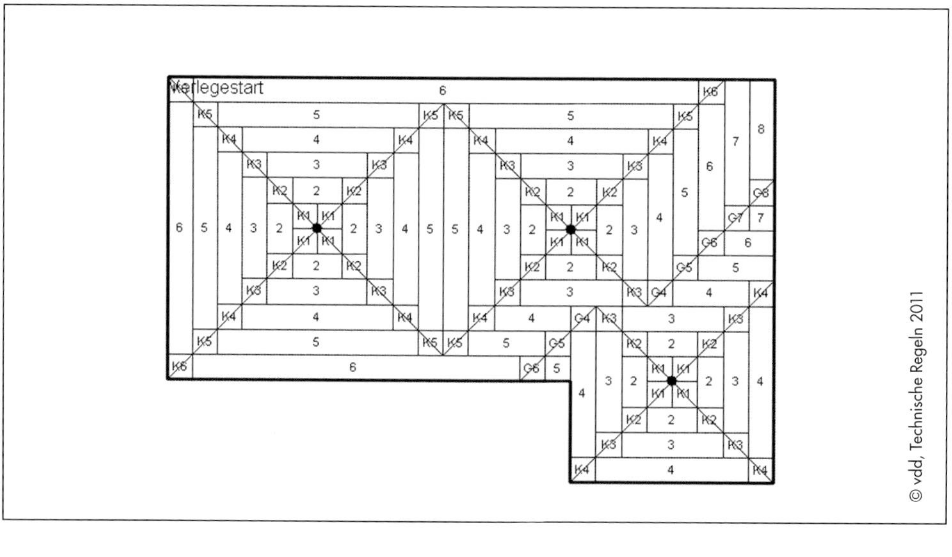

4.7 Belüftetes Dach (Kaltdach)

Für den Fall, dass bei einem belüfteten Dach lediglich die Dachhaut regeneriert wird, ist die generelle wirtschaftliche Vertretbarkeit einer Verpflichtung zur Wärmedämmung der betroffenen Flächen derzeit nicht nachgewiesen.

Werden Schalung und ggf. vorhandene Dachabdichtung nicht ersetzt, so greift die Verpflichtung des § 9 in Verbindung mit Anlage 3 Nr. 4 b EnEV 2009 (U-Wert < 0,20 $W/m^2 \cdot K$) folglich nicht und es muss nicht nachgedämmt werden.

Werden dagegen alle Schichten der Dachhaut erneuert oder es wird eine neue für sich vollständige Abdichtung erstellt, so muss das Dach die Anforderungen nach Anlage 3, Tabelle 1, Zeile 4 b EnEV 2009 (siehe Tabelle 21) einhalten.

4.8 Nicht belüftetes Flachdach (Warmdach)

Die Anforderung der EnEV ist einzuhalten, wenn die bestehende Dachhaut (Abdichtung) durch eine voll funktionsfähige neue Dachhaut (Abdichtung) ersetzt oder neu aufgebaut wird. Dies gilt auch, wenn die bestehende Dachhaut unterhalb der neuen Dachhaut erhalten bleibt.

Wenn auf eine vorhandene funktionstüchtige Abdichtung eine zusätzliche Lage aufgebracht wird, gilt dies nur als Regenerationsmaßnahme der vorhandenen Abdichtung, und die Anforderungen nach Anlage 3, Tabelle 1, Zeile 4 b EnEV 2009 (siehe Tabelle 21) brauchen nicht berücksichtigt zu werden.

5 NACHRÜSTUNG VON GEBÄUDEN UND NACHWEISE

5.1 Nachrüstung bei Anlagen und Gebäuden nach § 10 EnEV

Wohngebäude sowie Nichtwohngebäude, die nach ihrer Zweckbestimmung jährlich mindestens vier Monate und auf Innentemperaturen von mindestens 19 °C beheizt werden, müssen gedämmt werden.
Diese Forderung gilt für bisher ungedämmte, nicht begehbare, aber zugängliche oberste Geschossdecken beheizter Räume. Alternativ darf anstelle der Geschossdecke das darüber liegende, bisher ungedämmte Dach entsprechend gedämmt werden.
Der Wärmedurchgangskoeffizient der Geschossdecke darf dabei 0,24 Watt/($m^2 \cdot K$) nicht überschreiten. Die Dämmmaßnahmen sind bis zum 31.12.2011 durchzuführen.

Es muss nicht nachgedämmt werden, soweit die für die Nachrüstung erforderlichen Aufwendungen durch die eintretenden Einsparungen nicht innerhalb angemessener Frist erwirtschaftet werden können.

5.2 Private Nachweise nach § 26a EnEV

(1) Wer geschäftsmäßig an oder in bestehenden Gebäuden Arbeiten

1. zur Änderung von Außenbauteilen im Sinne des § 9 Absatz 1 Satz 1,
2. zur Dämmung oberster Geschossdecken im Sinne von § 10 Absatz 3 und 4, auch in Verbindung mit Absatz 5, oder
3. zum erstmaligen Einbau oder zur Ersetzung von Heizkesseln und sonstigen Wärmeerzeugersystemen nach § 13, Verteilungseinrichtungen oder Warmwasseranlagen nach § 14 oder Klimaanlagen oder sonstigen Anlagen der Raumlufttechnik nach § 15

durchführt, hat dem Eigentümer unverzüglich nach Abschluss der Arbeiten schriftlich zu bestätigen, dass die von ihm geänderten oder eingebauten Bau- oder Anlagenteile den Anforderungen dieser Verordnung entsprechen (Unternehmererklärung).

(2) Mit der Unternehmererklärung wird die Erfüllung der Pflichten aus den in Absatz 1 genannten Vorschriften nachgewiesen. Die Unternehmererklärung ist von dem Eigentümer mindestens fünf Jahre aufzubewahren. Der Eigentümer hat die Unternehmererklärungen der nach Landesrecht zuständigen Behörde auf Verlangen vorzulegen.

6 TAUWASSERSCHUTZ BEI DÄCHERN

6.1 Nicht belüftete Dächer

Bei Anordnung einer diffusionshemmenden Schicht mit einer diffusionsäquivalenten Luftschichtdicke $s_d = (\mu \cdot s) \geq 100$ m unter der Wärmedämmung und einer Wärmedämmschichtdicke entsprechend der EnEV hat sich als praktische Erfahrung ergeben, dass bei Innentemperaturen ti $\leq +20$ °C und einer relativen Luftfeuchtigkeit ≤ 60 % kein schädliches Tauwasser in der Dachkonstruktion anfällt.

Bei abweichenden Klimabedingungen ist eine Überprüfung der gesamten Dachkonstruktion durch eine diffusionstechnische Berechnung vorzunehmen. Der Nachweis ist nach DIN 4108 zu führen.

Als Dampfsperre eignen sich besonders Bitumenbahnen mit Metallband-Einlage. Sie gelten als praktisch dampfdicht.

6.2 Belüftete Dächer

Die für den Tauwasserschutz erforderlichen Maßnahmen sind der nachstehenden Tabelle in Anlehnung an Ziffer 4.3.3.3 der DIN 4108-3 zu entnehmen:

Tabelle 23: Bemessung belüfteter Dächer nach DIN 4108 1)

Dachneigung	Geforderte diffusionsäquivalente Luftschichtdicke s_d 3)	Mindestlüftungsquerschnitt 2)		
		Dachbereich (Lüftungshöhe)	Traufe	First/Grat
< 5 °	≥ 100 m	k. A.	k. A.	k. A.
≥ 5 °	≥ 2 m	≥ 200 cm²/m und ≥ 2 cm	≥ 2 ‰ der zugehörigen Dachfläche an zwei gegenüberliegenden Traufen, mind. jedoch 200 cm²/m	≥ 0,5 ‰ der gesamten geneigten Dachfläche, mind. jedoch 50 cm²/m

1) Bei nichtklimatisierten Wohn- und Bürogebäuden sowie vergleichbar genutzten Gebäuden
2) Baustellenbedingte Ungenauigkeiten, Maßtoleranzen, Querschnitteinengungen, Lüftungsgitter u. a. sind mit ihrem Einfluss auf die Lüftungsquerschnitte bei der Planung zu berücksichtigen
3) Maßgebend ist die diffusionsäquivalente Luftschichtdicke der unterhalb des belüfteten Raumes angeordneten Bauteilschichten. Sie lässt sich berechnen aus s_d (m x s)
μ ist die Wasserdampfdiffusionswiderstandszahl
s ist die Schichtdicke in Metern

Wenn diese Bedingungen erfüllt werden, ist kein rechnerischer Nachweis des Tauwasserausfalls infolge Dampfdiffusion bei normalem Wohnraumklima in den unterhalb der Wärmedämmung liegenden Räumen (20 °C und 50 % relative Luftfeuchtigkeit) erforderlich. Andernfalls soll der rechnerische Nachweis nach DIN 4108 geführt werden.

ANHANG II
Sicherung des Dachaufbaus gegen Abheben durch Windlasten

1 WINDLASTEN

Dachabdichtungen und die dazugehörigen Schichten sind gegen Abheben durch Windlasten zu sichern. Die Festlegung der Windlasten erfolgt nach DIN EN 1991-1-4.

Die nachfolgenden Ausführungen beruhen auf DIN EN 1991-1-4:2010-12.

Die Größe der Windbelastung für Dachabdichtungen ist abhängig von
- der Lage des Gebäudes
- der Gebäudehöhe
- der Gebäudeart
- der Dachform
- der Dachneigung
- den Dachbereichen
- der Unterlage.

Die auf die Außenfläche eines Bauwerkes einwirkende Windkraft berechnet sich wie folgt:
$\mathbf{w_e = q_p (z_e) \cdot c_{pe}}$

Dabei bedeuten:
$\mathbf{q_p (z_e)}$ der Böengeschwindigkeitsdruck
$\mathbf{z_e}$ die Bezugshöhe
$\mathbf{c_{pe}}$ der aerodynamische Beiwert

Deutschland ist in vier Windzonen eingeteilt (siehe Abbildung 53). Aus den Windzonen ergibt sich der Geschwindigkeitsstaudruck q.

Bei nicht schwingungsanfälligen Gebäuden ohne Innendruck darf der Geschwindigkeitsstaudruck vereinfachend nach Tabelle 24 ermittelt werden.

Tabelle 24: Vereinfachte Geschwindigkeitsstaudrücke für Bauwerke bis 25 m Höhe
Auszug aus DIN EN 1991-1-4/NA Tabelle NA.B.3

Windzone (Binnenland)	**Geschwindigkeitsstaudruck q in kN/m² bei einer Gebäudehöhe h in den Grenzen von**		
	$h \leq 10$ m	$10 \text{ m} < h \leq 18$ m	$18 \text{ m} < h \leq 25$ m
1	0,50	0,65	0,75
2	0,65	0,80	0,90
3	0,80	0,95	1,10
4	0,95	1,15	1,30

Für die Küstenregionen, in küstennahen Gebieten in einem Streifen entlang der Küste mit 5 km Breite landeinwärts sowie die Ost- und Nordseeinseln gelten höhere Geschwindigkeitsstaudrücke.

*Abbildung 53: Windzonenkarte für das Gebiet der Bundesrepublik Deutschland DIN EN 1991-14-4/NA Bild NA.A.1**

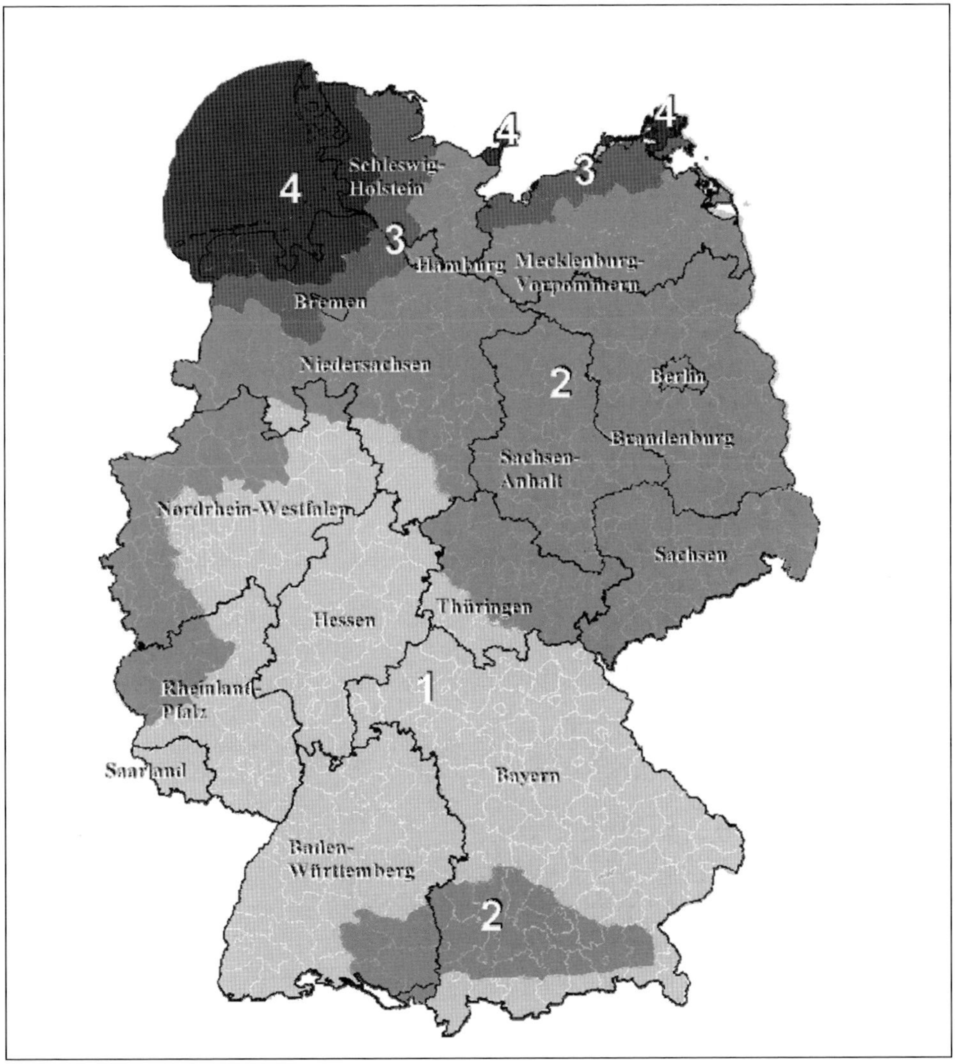

* Wiedergegeben mit Erlaubnis des DIN Deutsches Institut für Normung e.V. Maßgebend für das Anwenden der DIN-Norm ist deren Fassung mit dem neuesten Ausgabedatum, die bei der Beuth Verlag GmbH, Burggrafenstraße 6, 10787 Berlin, erhältlich ist.

Als nicht schwingungsanfällig gelten in der Regel Wohn-, Büro- und Industriegebäude mit einer Höhe bis zu 25 m und ihnen in Form oder Konstruktion ähnliche Gebäude.

Flachdächer werden in vier Bereiche eingeteilt:
F: Ecke
G: Außenrand
H: Innenrand
I: Innenbereich

Als Flachdächer gelten Dächer mit einer Neigung $\leq 5°$ ($\leq 8{,}7$ %).

Die Aufteilung erfolgt nach folgendem Muster. Dabei wird jede vom Wind angeströmte Seite jeweils separat betrachtet.

*Abbildung 54: Einteilung der Dachflächen bei Flachdächern DIN EN 1991-1-4 Bild 7.6**

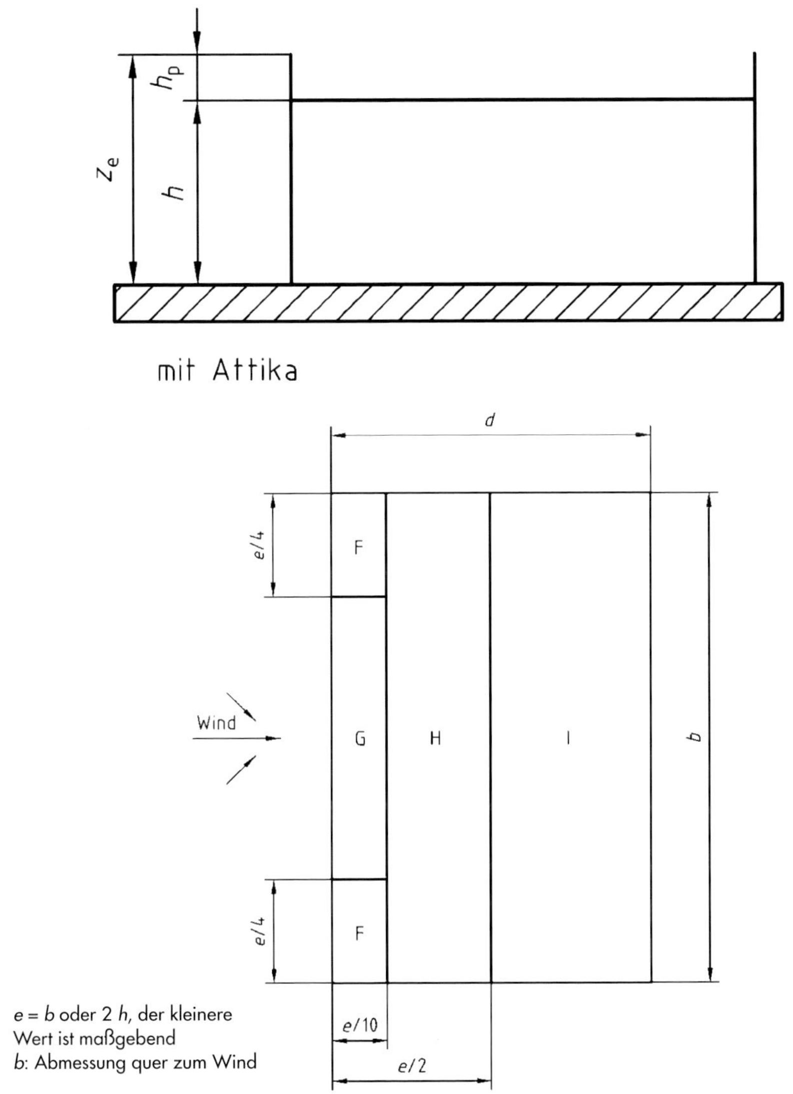

e = *b* oder 2 *h*, der kleinere Wert ist maßgebend
b: Abmessung quer zum Wind

* Wiedergegeben mit Erlaubnis des DIN Deutsches Institut für Normung e.V. Maßgebend für das Anwenden der DIN-Norm ist deren Fassung mit dem neuesten Ausgabedatum, die bei der Beuth Verlag GmbH, Burggrafenstraße 6, 10787 Berlin, erhältlich ist.

Die Außendruckbeiwerte für Flachdächer können ebenfalls vereinfachend nach Tabelle 25 ermittelt werden.

Tabelle 25: Empfohlene Werte für Außendruckbeiwerte für Flachdächer
*Auszug aus DIN EN 1991-1-4 Tabelle 7.2, korrigiert nach DIN EN 1991-1-4/NA NCI zu 7.2.3**

Aerodynamischer Beiwert für den Außendruck		**Bereich**			
		F	**G**	**H**	**I**
		$c_{pe,1}$	**$c_{pe,1}$**	**$c_{pe,1}$**	**$c_{pe,1}$**
Scharfkantiger Traufbereich		– 2,5	– 2,0	– 1,2	– 0,6
Mit Attika	hp/h = 0,025	– 2,2	– 1,8	– 1,2	– 0,6
	hp/h = 0,050	– 2,0	– 1,6	– 1,2	– 0,6
	hp/h = 0,100	–1,8	– 1,4	– 1,2	– 0,6

Abgerundete und abgeschrägte Traufbereiche wirken lastmindernd und können nach DIN EN 1991-1-4 abweichend berechnet werden.

Bei Gebäuden über 25 m Höhe, bei Gebäuden in exponierter Lage, bei Gebäuden mit Innendruck sowie bei frei stehenden Dächern gelten abweichende Regelungen.

Innendruck ist bei Gebäuden mit nicht unterteiltem Grundriss, wie z. B. Hallen, mit einem Öffnungsanteil der Außenwände über 1 % nachzuweisen.

2 LAGESICHERUNG

2.1 Allgemeines

Die Lagesicherung von Flachdächern erfolgt durch
- Verklebung
- mechanische Befestigung
- Auflast.

Die Art der Lagesicherung muss geeignet sein, die auf sie einwirkenden Windlasten aufzunehmen und ihnen entgegenzuwirken. Sie muss in Art und Umfang ausreichend bemessen sein. Die für die Lagesicherung der Dachabdichtung erforderlichen Maßnahmen sind bei der Planung festzulegen.

Während der Bauphase darf der Geschwindigkeitsstaudruck nach Tabelle 26 vorübergehend abgemindert werden.

*Tabelle 26: Abgeminderter Geschwindigkeitsdruck zur Untersuchung vorübergehender Zustände, Auszug aus DIN EN 1991-1-4/NA Tabelle NA.B.5**

Dauer des vorübergehenden Zustandes	Mit verstärkten Sicherungsmaßnahmen	Ohne Sicherungsmaßnahmen
Bis zu 3 Tagen	0,2 x q	0,5 x q
Bis zu 3 Monaten von Mai bis August	0,3 x q	0,5 x q
Bis zu 12 Monaten	0,3 x q	0,6 x q
Bis zu 24 Monaten	0,4 x q	0,7 x q

Erfolgt die Sicherung der Abdichtung gegen Abheben durch Windkräfte allein oder zusätzlich zur Verklebung durch
- Nagelung oder Metallbandbefestigung
- Befestigung mit Schrauben, Haltetellern und/oder Dübeln

sollen die Dachabdichtungsbahnen, die mechanisch befestigt werden, Trägereinlagen aus Glasgewebe, Polyestervlies oder Kombinationsträger mit gleichwertigen Eigenschaften haben.

Die nachfolgenden Tabellen 27 bis 31 gelten für nicht schwingungsanfällige, geschlossene Gebäude im Binnenland und in nicht exponierter Lage bis zu einer Gebäudehöhe von 25 m.

2.2 Lagesicherung durch Verklebung

Für verklebte Dachaufbauten muss der Untergrund ausreichend fest und tragfähig sein. Er muss für eine gute Klebehaftung geeignet sein. Gegebenenfalls ist ein Haftgrund aufzutragen.

Bei der Kaltverklebung sind die Herstellerangaben zu beachten.

Die Abreißfestigkeit jeder einzelnen Lage oder Schicht und die Eigenfestigkeit der Klebstoffverbindung muss so groß sein, dass die angesetzten Windlasten lagesicher abgeleitet werden können.

Wenn eine der zu klebenden Lagen oder Schichten keine ausreichende Abreißfestigkeit aufweist, sind andere geeignete Maßnahmen, z. B. mechanische Befestigung, anzuwenden.

Tabelle 27: Lagesicherung durch Verklebung

	Heißbitumen	**Kaltbitumen***	**PUR-Kleber****
Innenbereich	10 %	2 Streifen/m	3–4 Streifen/m
Innenrand	20 %	3 Streifen/m	4–5 Streifen/m
Außenrand	30 %	3 Streifen/m	5–6 Streifen/m
Ecke	40 %	4 Streifen/m	6–8 Streifen/m

*ca. 100 g/m und Streifen
** ca. 40 g/m und Streifen

Die Verklebung erfolgt nach handwerklichen Regeln. Eine Verklebung nach Tabelle 27 gilt erfahrungsgemäß als ausreichend sicher gegen Abheben durch Windkräfte.

Bei Unterkonstruktionen aus Stahltrapezblech und auf nagelbaren Untergründen müssen Dachabdichtungen am Dachrand zur Sicherung gegen Windkräfte und zur Aufnahme horizontaler Kräfte zusätzlich mechanisch befestigt werden.
Auf massiven oder nicht nagelbaren Untergründen ist diese zusätzliche Befestigung zu empfehlen. Es sind die jeweiligen Herstellerempfehlungen zu beachten.

Die Befestigung der Abdichtung mit dem Untergrund erfolgt durch Linienbefestigung oder durch lineare Befestigung. Linienbefestigungen können mit Metallbändern ausgeführt werden, die mit mindestens drei Befestigern pro Meter mit dem Untergrund verbunden sein sollten. Lineare Befestigungen sind in Reihe angeordnete punktweise Einzelbefestigungen. Diese sollten mit mindestens drei Befestigern pro Meter ausgeführt werden.

Die Befestigung nach Abbildung 55 hat sich in der Praxis bewährt und gilt als ausreichend sicher.

Diese Befestigungen sind nur dann voll wirksam, wenn sie in oder unmittelbar über der Dachabdichtungsebene vor dem Übergang zu senkrechten oder geneigten Flächen angeordnet und ausgeführt werden. Einbinden oder Einklemmen der Abdichtung in höherliegende Randprofile oder unter Dachrandabdeckungen sind nicht ausreichend.

Bei Anschlüssen an aufgehenden Bauteilen, Bewegungsfugen, Lichtbändern, Lichtkuppeln u.ä. sind die Befestigungen in der Dachabdichtungsebene wie am Dachrand vorzunehmen.

2.3 Lagesicherung durch mechanische Befestigung

Die mechanische Befestigung von Dachabdichtungen findet vorzugsweise bei Stahltrapezblechen oder bei nagelbaren Unterkonstruktionen Anwendung. Die Befestigung kann als lineare Befestigung (punktweise mit Einzelbefestigungen) oder als Linienbefestigung (mit durchlaufenden Metallbändern) erfolgen.
Mechanische Befestiger müssen im jeweiligen Bereich gleichmäßig verteilt und angeordnet werden.

Die Anzahl der zu verwendenden Befestiger ergibt sich aus den anzusetzenden Windlasten, der Ausführungsart und der Bemessungslast des Befestigers. Es sollen mindestens zwei Befestiger pro m^2 verwendet werden.

Erfolgt die mechanische Befestigung von Bitumenbahnen durch Nagelung, haben sich folgende Nagelreihenabstände bewährt:

Abbildung 55: Dachrandbefestigungen

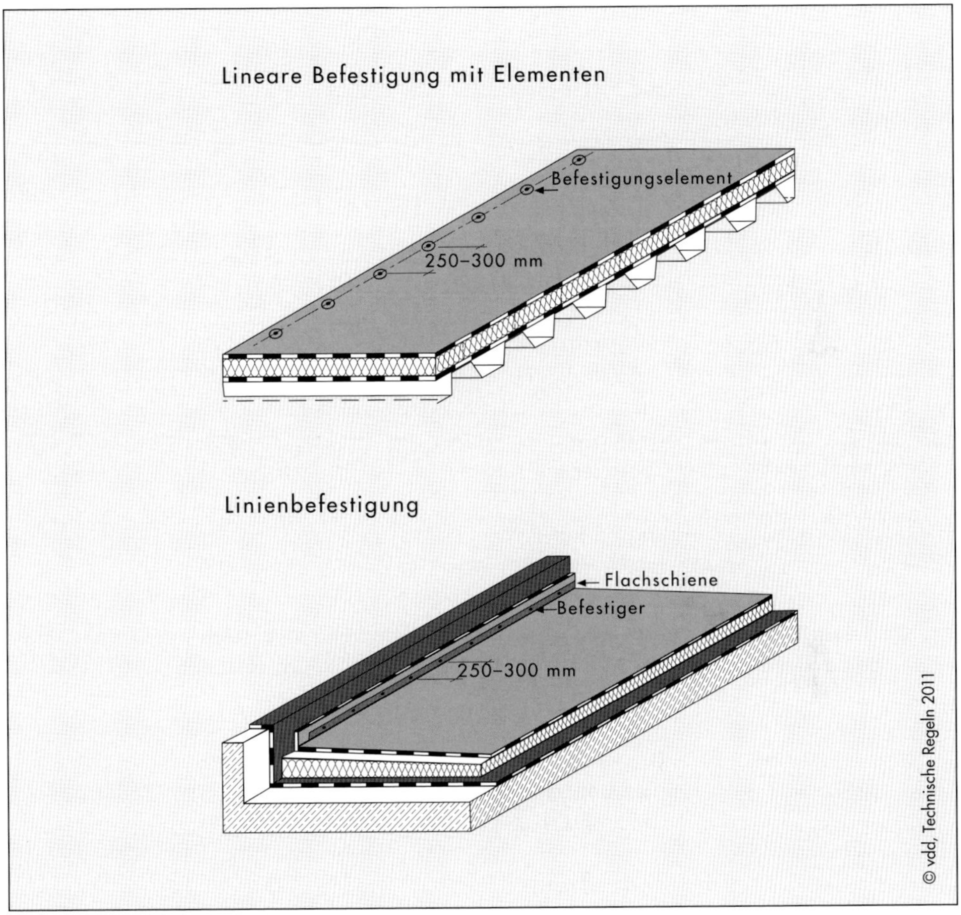

Tabelle 28: Lagesicherung durch mechanische Befestigung

Mechanische Befestigung – Windzone 2 (Binnenland)*					
Höhe		**Innenbereich**	**Innenrand**	**Außenrand**	**Ecke**
0 – 10 m	Nägel**	11 Stück	22 Stück	44 Stück	44 Stück
	Reihenabstand	0,90 m	0,45 m	0,45 m	0,45 m
	Nagelabstand	100 mm	100 mm	50 mm	50 mm
	Schrauben***	2 Stück	3 Stück	5 Stück	7 Stück
10 – 18 m	Nägel**	11 Stück	22 Stück	44 Stück	44 Stück
	Reihenabstand	0,90 m	0,45 m	0,45 m	0,45 m
	Nagelabstand	100 mm	100 mm	50 mm	50 mm
	Schrauben***	2 Stück	4 Stück	6 Stück	8 Stück
18 – 25 m	Nägel**	22 Stück	44 Stück	44 Stück	67 Stück
	Reihenabstand	0,90 m	0,45 m	0,45 m	0,30 m
	Nagelabstand	50 mm	50 mm	50 mm	50 mm
	Schrauben***	3 Stück	5 Stück	7 Stück	9 Stück

*Berechnungsgrundlage DIN EN 1991-1-4: 2010-12 $c_{pe,1}$ und Scharfkantige Traufe gemäß Tabelle 4, vereinfachte Geschwindigkeitsdrücke gemäß Tabelle 2; Teilsicherheitsbeiwert 1,5

**Für die Bemessung wurden Breitkopfstifte in mindestens 22 mm trockener Schalung angesetzt mit einer Bemessungslast von 0,076 kN/Stück.

***Für die Bemessung wurden Befestiger mit einer Bemessungslast von 0,4 kN/Stück angesetzt

Für die Befestigung von Hölzern, Bohlen u.ä. am Dachrand und im Bereich von Deckenöffnungen haben sich die in der Tabelle 29 genannten Befestigerabstände bewährt.

Tabelle 29: Befestigerabstände für Randhölzer

	Befestigerabstände		
Gebäudehöhen	**bis 10 m**	**10 m bis 18 m**	**18 m bis 25 m**
Holz auf Beton verzinkte Schrauben d = 7 mm + Dübel	1,00 m	0,66 m	0,50 m
Holz auf Porenbeton verzinkte Schrauben d = 7 mm + Spezialdübel	0,90 m	0,50 m	0,33 m
Holz auf Profilblech d = 0,88 mm verzinkte Schrauben d = 4,2 mm	0,50 m	0,33	0,25 m
Holz auf Vollholz verzinkte Holzschrauben d = 6 mm	0,80 m	0,50 m	0,33 m

2.4 Lagesicherung durch Auflast

Auf Unterkonstruktionen, auf denen eine Verklebung oder eine zusätzliche Befestigung der Dachabdichtung nicht möglich ist, sind Auflasten erforderlich. Sie müssen den Windsoglasten nach DIN EN 1991-1-4 entsprechen und lagesicher sein.

Tabelle 30: Lagesicherung durch Auflasten

Gebäudehöhe		**Auflast***							
		Innenbereich		Innenrand		Außenrand		Ecke	
		kN/m²	Kies in cm**	kN/m²	Kies in cm**	kN/m²	Kies in cm**	kN/m²	Kies in cm**
Windzone 1 Binnenland	0 – 10 m	0,45	5	0,90	5	1,50	9	1,88	11
	10 – 18 m	0,59	5	1,17	7	1,95	11	2,44	14
	18 – 25 m	0,68	5	1,35	8	2,25	13	2,81	16
Windzone 2 Binnenland	0 – 10 m	0,59	5	1,17	7	1,95	11	2,44	14
	10 – 18 m	0,72	5	1,44	8	2,40	14	3,00	17
	18 – 25 m	0,81	5	1,62	9	2,70	15	3,38	19

* Berechnungsgrundlage DIN EN 1991-1-4: 2010-12 $c_{pe,\ 1}$ und Scharfkantige Traufe gemäß Tabelle 4, vereinfachte Geschwindigkeitsdrücke gemäß Tabelle 2; Teilsicherheitsbeiwert 1,5

** Kies 0,18 kN/1 cm Dicke

Auflasten können wie folgt hergestellt werden:

- Gesteinsschüttung aus Kies der Körnung 16/32 mm, Mindestdicke im Einbauzustand 50 mm
- Dachbegrünungen mit ausreichendem Flächengewicht im trockenen Zustand
- Plattenbeläge aus Betongehwegplatten oder gleichwertige Platten, mind. 400 mm x 400 mm x 40 mm, zur Abdeckung von Kies oder direkt auf einer Schutz- oder Trennlage verlegt
- Rasengittersteine auf Schutzlage verlegt und mit Kies verfüllt
- Betonplatten aus Ortbeton oder vorgefertigt, Ausführung nach statischen Erfordernissen bis max. 2,5 m x 2,5 m, ca. 100 mm dick, auf Schutz- oder auf zweilagiger Trennschicht (Gleitschicht) verlegt.

In Rand- und Eckbereichen können bei Schüttgütern Verwehungen auftreten. Dort empfiehlt sich die Verlegung von Platten, Pflastersteinen oder eine Kombination aus Kiesschüttung und Platten bzw. Rasengittersteinen.

Tabelle 31: Ausführungsbeispiele für Gebäude bis 25 m Höhe, Windzone 2 (Binnenland) [1)]

Lagesicherung	Höhe	Innenbereich	Innenrand	Außenrand	Ecke
Kleben					
Heißbitumen	**0 – 25 m**	10 % Fläche	20 % Fläche	30 % Fläche	40 % Fläche
Kaltbitumen[2)]		2 Streifen/m	3 Streifen/m	3 Streifen/m	4 Streifen/m
PUR-Kleber[3)]		3–4 Streifen/m	4–5 Streifen/m	5–6 Streifen/m	6–8 Streifen/m
Mechanisch befestigen					
Nägel[4)]	**0 – 10 m**	11 Stück	22 Stück	44 Stück	44 Stück
Reihenabstand		0,90 m	0,45 m	0,45 m	0,45 m
Nagelabstand		100 mm	100 mm	50 mm	50 mm
Schrauben[5)]		2 Stück	3 Stück	5 Stück	7 Stück
Nägel[4)]	**10 – 18 m**	11 Stück	22 Stück	44 Stück	44 Stück
Reihenabstand		0,90 m	0,45 m	0,45 m	0,45 m
Nagelabstand		100 mm	100 mm	50 mm	50 mm
Schrauben[5)]		2 Stück	4 Stück	6 Stück	8 Stück
Nägel[4)]	**18 – 25 m**	22 Stück	44 Stück	44 Stück	67 Stück
Reihenabstand		0,90 m	0,45 m	0,45 m	0,30 m
Nagelabstand		50 mm	50 mm	50 mm	50 mm
Schrauben[5)]		3 Stück	5 Stück	7 Stück	9 Stück
Auflast					
Kies/Plattenbelag	**0 – 10 m**	59 kg	117 kg	195 kg	244 kg
Kies/Plattenbelag	**10 – 18 m**	72 kg	144 kg	240 kg	300 kg
Kies/Plattenbelag	**18 – 25 m**	81 kg	162 kg	270 kg	338 kg

1) Berechnungsgrundlage DIN EN 1991-1-4: 2010-12 $c_{pe,1}$ und Scharfkantige Traufe gemäß Tabelle 4, vereinfachte Geschwindigkeitsdrücke gemäß Tabelle 2, Teilsicherheitsbeiwert 1,5
2) ca. 100 g pro Streifen und Meter, die Herstellerangaben sind zu beachten
3) ca. 40 g pro Streifen und Meter, die Herstellerangaben sind zu beachten
4) Für die Bemessung wurden Breitkopfstifte in mindestens 22 mm trockener Schalung angesetzt mit einer Bemessungslast von 0,076 kN/Stück
5) Für die Bemessung wurden Befestiger mit einer Bemessungslast von 0,4 kN/Stück angesetzt

ANHANG III
Entwässerung und Notentwässerung

Im Mai 2008 wurde die überarbeitete DIN 1986-100 als verbindliches Regelwerk für die „Entwässerungsanlagen für Gebäude und Grundstücke" unter Berücksichtigung der europäischen Normung der DIN EN 752 und DIN EN 12056 als Weißdruck vorgestellt. Sie regelt in Deutschland die Entwässerung innerhalb und außerhalb von Gebäuden bis zur Grundstücksgrenze. Die das Dachdeckerhandwerk betreffenden Passagen zur Planung, Ausführung und Bemessung werden im nachfolgenden mit geringfügigen Ergänzungen zusammengefasst.

1 REGENENTWÄSSERUNG VON DÄCHERN

Allgemeines zur Grundstücksentwässerung

Die Planung von Grundstücksentwässerungsanlagen muss so erfolgen, dass die nach den Normen der Reihe DIN EN 12056 für Schwerkraftentwässerungsanlagen innerhalb von Gebäuden getroffenen Festlegungen eingehalten werden, die nach DIN 1986-3 erforderlichen Arbeiten für die Betriebssicherheit und Wartung und die nach DIN 1986-30 erforderlichen Maßnahmen zur Instandhaltung leicht durchgeführt werden können.
Ferner sind bei der Planung die Entwurfsziele nach DIN EN 752 für Entwässerungssysteme außerhalb von Gebäuden zu berücksichtigen.
Besondere Ausführungsanforderungen und -bestimmungen hinsichtlich der Entwässerungsanlagen für Gebäude mit besonderer Nutzung, wie Kindergärten, Schulen, Krankenhäuser, Sanatorien und Altenheime sowie besondere Anforderungen an Grundstücksentwässerungsanlagen bei industrieller oder gewerblicher Nutzung des Grundstücks, sind ebenfalls rechtzeitig in die Planung einzubeziehen.
Bauliche Anlagen sind so zu errichten, dass die Abwasserbeseitigung (die Schmutz- und Regenwasserbeseitigung) jederzeit gesichert ist. Der Planer muss daher bei der Entwurfserstellung prüfen, unter welchen Voraussetzungen die Ableitung des Schmutz- und/oder Regenwassers sicher erfolgen kann, bzw. hat mit dem Bauherrn und den zuständigen Behörden zu klären, welche Maßnahmen zu treffen sind.

2 ALLGEMEINES ZU REGENENTWÄSSERUNGSANLAGEN

Planungsanforderungen und Planungshinweise

Bei Planung und Bemessung von Anlagen zur Regenwasserableitung sollten vorrangig alle Möglichkeiten der dezentralen Regenwasserbewirtschaftung genutzt werden, um die Einleitung von Regenwasser in die öffentliche Abwasseranlage zu reduzieren.
Möglichkeiten der dezentralen Regenwasserbewirtschaftung sind:

- Speicherung und Nutzung
- Versickerung, gegebenenfalls in Kombination mit Teileinleitung in die Kanalisation
- Einleitung in ein oberirdisches Gewässer.

Das auf Dächern anfallende Regenwasser muss, soweit im Einzelfall nicht anders festgelegt, aufgefangen und auf kürzestem Weg über die Entwässerungsanlage abgeleitet werden. Im Einzelfall darf Regenwasser auch auf andere Art abgeführt werden, wenn Vorsorge getroffen wird, dass Gebäude gegen Durchfeuchtung geschützt sind und das Regenwasser ungehindert und ohne Beeinträchtigung Dritter ablaufen oder versickern kann.

Regenwasser darf planmäßig nicht auf öffentliche Verkehrs- bzw. Wegeflächen abgeleitet werden.

Jede Dachfläche bzw. jeder durch die Dachkonstruktion vorgegebene Tiefpunkt muss über eine Notentwässerung verfügen. Bei planmäßig vorgesehener Regenrückhaltung auf dem Dach kann auf eine Notentwässerung verzichtet werden. Die Dachflächen sind in diesem Fall mindestens bis zur Überflutungshöhe abzudichten.
Die aus den Aufstauhöhen resultierenden Lasten sind bei der statischen Bemessung der Dach- und Tragkonstruktion zu berücksichtigen.
Regenwasser, auch von kleinen Dachflächen, Balkonen usw., darf im Gegensatz zu DIN EN 12056-3:2001-01, 6.4 nicht in Schmutzwasserfallleitungen eingeleitet werden.
Die Regenentwässerung kann über Freispiegelsysteme oder planmäßig vollgefüllt betriebene Regenwasserleitungen mit Druckströmung erfolgen.
Bei planmäßig vollgefüllt betriebenen Regenwasserleitungen mit Druckströmung kommt es mit Überschreiten der Berechnungsregenspende zur Überflutung der Dachfläche.

3 ARTEN DER ABLAUFSTELLEN

3.1 Dachabläufe

3.1.1 Allgemeines

Es dürfen Dachabläufe verwendet werden, die den Anforderungen der DIN EN 1253-1 entsprechen oder Dachabläufe, für die eine allgemeine bauaufsichtliche Zulassung bzw. ein allgemeines bauaufsichtliches Prüfzeugnis vorliegt.
Der Hersteller muss das Abflussvermögen des Dachablaufes in Abhängigkeit von der Druckhöhe in Form einer Tabelle oder eines Diagramms angeben.
Der dichte Anschluss der Abläufe an die Dachhaut muss sichergestellt sein. Die Dachabläufe sind mit ihren Flanschaußenkanten im Abstand von mindestens 0,30 m zu den Außenkanten anderer Durchdringungen, Fugen, Dachaufbauten oder zu aufgehenden Bauteilen zu planen, es sei denn, es handelt sich um speziell für den Einbau in die Attika vorgesehene Dachabläufe. Zweiteilige Dachabläufe müssen eine dichte Verbindung zwischen Ablauf und Aufstockelement aufweisen.
Die Festlegungen für Dachabläufe gelten sinngemäß auch für Attika-, Rinnen- und Notabläufe bzw. Notüberläufe. Dachabläufe sollten für eine spätere Wartung frei und zugänglich sein.

3.1.2 Druckentwässerungssysteme (planmäßig vollgefüllt betriebene Dachentwässerungssysteme)

Die Dachabläufe müssen für Druckentwässerungssysteme geeignet sein. Das Abflussvermögen des Dachablaufes muss ohne Lufteintrag ermittelt werden. Der Einzelwiderstandsbeiwert für den Dachablauf ist nach DIN EN 1253-2 zu ermitteln und vom Hersteller anzugeben.

Die bei diesem Dachentwässerungssystem verwendeten Bauteile müssen aufeinander abgestimmt sein und den im Betrieb auftretenden Über- und Unterdrücken sowie den daraus resultierenden Kräften standhalten.
Systemspezifische Herstellerangaben sind einzuhalten.
Planmäßig vollgefüllte Regenwasserleitungen dürfen ohne Gefälle verlegt werden.
Über eine vollgefüllt betriebene Regenentwässerungsanlage sollten nicht mehr als 5 000 m^2 Dachfläche entwässert werden. Größere Dachflächen sind dementsprechend über mehrere Anlagen zu entwässern.
In einem Druckentwässerungssystem ist die Kombination von Dachflächen mit unterschiedlicher Abflussverzögerung (Abflussbeiwerte) – z. B. Intensivbegrünungen/Extensivbegrünungen oder bekieste/unbekieste Dächer – zu vermeiden.
Dachflächen mit stark unterschiedlichem Höhenniveau (> 1 m), sollten über getrennte Fallleitungen entwässert werden.

3.2 Dachrinnen/Kehlen

3.2.1 Allgemeines
Vorgehängte und innenliegende Dachrinnen können mit Gefälle zu den Abläufen oder waagerecht verlegt werden.
Waagerecht verlegte Rinnen bzw. Kehlen können nach einem Regenereignis nicht vollständig leerlaufen. Wasserrückstände in der Rinne ergeben sich zwangsläufig und müssen toleriert werden.
Hieraus resultiert eine höhere Belastung der Dachhaut (siehe auch Kapitel 3.1.4).

3.2.2 Vorgehängte Dachrinnen
Bei Starkregenereignissen oberhalb der Berechnungsregenspende erfolgt die Notentwässerung in der Regel über die Rinnenlängsseite. Eine höhere Berechnungsregenspende sollte dann verwendet werden, wenn überfließendes Wasser zu Beeinträchtigungen führen kann, z. B. über Eingängen von öffentlichen Gebäuden.

Der Anschluss der Dachrinne an das Dach sollte, soweit erforderlich, über ein Traufblech (Rinneneinhang) erfolgen. Die Dachrinnen sind so anzuordnen, dass bei Starkregenereignissen aufstauendes Wasser über die Rinnenvorderkante ablaufen kann.

3.2.3 Innenliegende Rinnen
Eine innenliegende Rinne kann in drei Funktionalschichten eingeteilt werden, nach denen sich auch die Anordnung der Notentwässerung bzw. die Höhe der Rinnenkopfstücke ergeben.

3.2.4 Kehlen

Bei Anordnung von wasserführenden Kehlen sind insbesondere die Kriterien zur Entwässerung von Dachflächen nach Anhang III Ziffer 9.2 zu berücksichtigen.
Entsprechend der gewählten Dachkategorie sind z. B. Dachreiter zur geregelten Wasserführung zu berücksichtigen.

4 ARTEN DER DACHFLÄCHEN

4.1 Flachdächer

4.1.1 Allgemeines

Flachdächer können über Flachdachabläufe nach DIN EN 1253-1 und/oder über innenliegende Kehlen bzw. außenliegende Rinnen entwässert werden, die für den Berechnungsregen auszulegen sind. Bei Starkregenereignissen oberhalb des Berechnungsregens kann es zu Überflutungen (Aufstau) auf den Dachflächen kommen. Deshalb müssen grundsätzlich jedem Entwässerungstiefpunkt auf dem Dach neben dem Ablauf eine Notentwässerung zugeordnet werden.

4.1.2 Massivbauweise

Flachdächer in Massivbauweise müssen die durch Überflutung oder durch planmäßige Rückhaltung von Regenwasser entstehenden Belastungen sicher aufnehmen können. Für den erforderlichen Standsicherheitsnachweis sind dem Tragwerksplaner die zu berücksichtigenden Wasserstände anzugeben.

Bei Dächem in Massivbauweise, bei denen Regenwasserrückhaltung planmäßig vorgesehen und statisch nachgewiesen ist, kann auf Notentwässerungen verzichtet werden.

4.1.3 Leichtbauweise

Flachdächer in Leichtbauweise müssen konstruktiv so ausgebildet und entwässert werden, dass das Regenwasser sowie Schnee- und Hagelschmelze von der Dachfläche abgeführt werden können, ohne Schäden infolge unzulässiger Beanspruchungen und Verformungen am Dach zu verursachen.

Bei Dächern in Leichtbauweise müssen Notentwässerungen vorgesehen werden.

Die zusätzliche Belastung aus einer Überflutung bis zur Höhe einer gesicherten freien Notentwässerung muss im Standsicherheitsnachweis für das Bauwerk berücksichtigt sein. Dem Tragwerksplaner sind die zu berücksichtigenden Wasserstände anzugeben.

4.2 Dachbegrünung

Dachbegrünungen haben – je nach Aufbau – ein hohes Wasserrückhaltevermögen. Kleinere Regenereignisse können komplett gespeichert und anschließend durch Verdunstung der Luft wieder zugeführt werden. Starkregenereignisse, die nicht vollständig gespeichert werden können, fließen zeitverzögert in die Entwässerungsanlage ab.

Dachbegrünungen mit flächigem Wasseraustausch in der Dränageschicht sind Sonderformen und separat mit Freispiegelsystemen zu entwässern.
Die Dachabläufe sind gegen Zuwachsen durch die Begrünung zu schützen, z. B. durch einen mindestens 50 cm breiten Kiesrand.
Ein statischer Nachweis für Dächer mit Dachbegrünungen muss unter Berücksichtigung der Sollwassertiefe für die Notentwässerung erfolgen.
Weiteres siehe auch Kapitel 3.7.5.2.

4.3 Sanierung von Dachflächen

Wenn die Dachfläche eines Gebäudes saniert wird, muss das Abflussvermögen der vorhandenen Entwässerungsanlage überprüft werden. Gleichfalls ist zu kontrollieren, ob Notentwässerungen vorhanden, ausreichend bemessen und richtig angeordnet sind.

5 NOTENTWÄSSERUNG

Die Notentwässerung darf nicht an die Entwässerungsanlage angeschlossen werden, sondern muss mit freiem Auslauf auf schadlos überflutbare Grundstücksflächen entwässert werden.
Von jedem Dachablauf aus muss ein freier Abfluss auf der Dachabdichtung zu einer Notentwässerung mit ausreichendem Abflussvermögen vorhanden sein. Lässt die Dachgeometrie eine freie Notentwässerung über die Fassade nicht zu, muss zur Sicherstellung der Notentwässerungsfunktion ein zusätzliches Leitungssystem mit freiem Auslauf auf das Grundstück diese Aufgabe übernehmen.
Notabläufe können als Attikaabläufe frei durch die Attika entwässern.

6 BALKONE UND LOGGIEN

Balkone und Loggien sollten einen Ablauf oder eine vorgehängte Rinne erhalten. Haben Balkone und Loggien eine geschlossene Brüstung, so muss zusätzlich zum Ablauf ein Notablauf oder ein Notüberlauf von mindestens 40 mm lichter Weite in der Brüstung vorhanden sein.

An Regenwasserfallleitungen von Dachentwässerungen dürfen zur Vermeidung von Überflutungen auf den darunterliegenden Etagen keine Balkon-, Loggien- oder Terrassenabläufe angeschlossen werden, auch dann nicht, wenn Notentwässerungen in der Brüstung vorhanden sind.
Wenn Dritte nicht beeinträchtigt werden, darf das Regenwasser auch direkt über Wasserspeier oder Tropfleisten auf das Grundstück abgeleitet werden.

7 HINWEISE ZUM VERLEGEN VON REGENWASSERLEITUNGEN

7.1 Schwitzwasserdämmung

Innenliegende Regenwasserleitungen müssen gegen Schwitzwasserbildung gedämmt werden, falls die Temperaturen im Gebäude und die Luftfeuchtigkeit dies erfordern.

7.2 Auslauf auf andere Dachflächen

Im Regelfall ist, entsprechend des Kommentars der DIN 1986-100, die Ableitung des Regenwassers sowohl von der Haupt- als auch von der Notentwässerung auf andere Dachflächen nicht zulässig.

In begründeten Ausnahmefällen kann Regenwasser über freie Ausläufe auf niedrigere Dachflächen abgeleitet werden, dabei muss das Regenwasser von aufgehenden Gebäudeteilen weggeleitet werden. Im Bereich, wo das Regenwasser auftrifft, muss die Abdichtung gegebenenfalls verstärkt werden.

7.3 Begleitheizung

Wenn Eis und Schnee Abläufe, innenliegende Dachrinnen und Leitungen blockieren können und dadurch das Eindringen von Wasser in das Gebäude möglich oder die Standsicherheit der Dachkonstruktion gefährdet sein kann, sollte eine Begleitheizung installiert werden.

8 BRANDSCHUTZ

Bei der Planung und Ausführung von Entwässerungsanlagen sind die Brandschutzanforderungen entsprechend der Landesbauordnungen und der Technischen Baubestimmungen bzw. der Richtlinien über brandschutztechnische Anforderungen an Leitungsanlagen der Länder einzuhalten.

9 BEMESSUNG VON DACHABLÄUFEN UND NOTENTWÄSSERUNG

9.1 Regenwasserabfluss

Der Regenwasserabfluss von einer Niederschlagsfläche ist mit folgender Gleichung zu ermitteln:

$$Q = r_{(5,5)} \cdot C \cdot A \;/\; 10000$$

Dabei ist

$r_{(5,5)}$ die Berechnungsregenspende, in Liter je Sekunde und Hektar, (l/(s·ha)),

C der Abflussbeiwert

A die wirksame Niederschlagsfläche, in Quadratmeter, (m^2)

Q der Regenwasserabfluss, in Liter je Sekunde, (l/s).

Hierin gilt:

Berechnungsregen $r_{(5,5)}$
Für die Ermittlung der Berechnungsregenspenden sind die Werte nach KOSTRA-DWD 2000 zu verwenden.
Für ausgewählte Orte in Deutschland sind in DIN 1986-100 Tabelle A.1 beispielhaft Regenspenden angegeben, die sich nach definierter Vorgehensweise aus KOSTRA-DWD 2000 ergeben.

Definition:
KOSTRA-DWD 2000 - **KO**ordinierte **ST**arkniederschlags-**R**egionalisierungs-**A**uswertungen.

Tabelle 32: Abflussbeiwert C (Auszug DIN 1986-100:2008-05 Tabelle 9)

Nr	Art der Flächen	Abflussbeiwert C
1	Wasserdurchlässige Flächen, z. B.	
	– Dachflächen	1,0
	– Betonflächen	1,0
	– Rampen	1,0
	– befestigte Flächen mit Fugendichtung	1,0
	– Schwarzdecken (Asphalt)	1,0
	– Pflaster mit Fugenverguss	1,0
	– Kiesschüttdächer	0,5
	– begrünte Dachflächen	
	– für Intensivbegrünungen	0,3
	– für Extensivbegrünungen ab 10 cm Aufbaudicke	0,3
	– für Extensivbegrünungen unter 10 cm Aufbaudicke	0,5

Abflusswirksame Flächen A
Bei der Bemessung ist als wirksame Dachfläche die im Grundriss projizierte Dachfläche zu verwenden.
Der Planer muss prüfen, ob Wind getriebener Regen auf Fassaden Einfluss auf den Regenwasserabfluss in die Entwässerungsanlage hat. Muss Windeinwirkung berücksichtigt werden, ist 50 % der Wandfläche zur wirksamen Dachfläche zu addieren.

9.2 Anzahl der Dachabläufe

Die Vorgehensweise für die Ermittlung der Anzahl der Dachabläufe gilt sinngemäß auch für Attikaabläufe, Rinnenabläufe und Notabläufe bzw. -überläufe.
Bei der Entwässerung von Dachflächen sind folgende Kriterien zu berücksichtigen:
– jeder durch die Dachkonstruktion vorgegebene Tiefpunkt muss mindestens einen Dachablauf erhalten;

– es muss geprüft werden, ob weitere Tiefpunkte bedingt durch die Dachkonstruktion entstehen (z. B. durch große Binderabstände bei Trapezblechdächern, vorgefertigte Dämmkonstruktion, Durchbiegung der Dachfläche);
– konstruktionsbedingte Aufteilung der Dachflächen, z. B. durch Lichtöffnungen, Gebäudewände, Aufbauten);
– wenn sich die Dachabläufe in einem linearen Tiefpunkt ohne nennenswerte Höhendifferenzen befinden, sollte der maximale Abstand der Dachabläufe 20 m nicht überschreiten. In nicht geradlinigen Tiefpunkten mit Höhenunterschieden sind entsprechend kürzere Abstände zu wählen, um die Ansammlung von Regenwasser zu vermeiden.

Die Anzahl der erforderlichen Dachabläufe ist unter Verwendung der nachfolgenden Gleichung zu ermitteln.

Das jeweilige Abflussvermögen, Q_{DA}, in Abhängigkeit von der Druckhöhe muss vom Hersteller des Dachablaufes durch eine Prüfung nach DIN EN 1253-2 nachgewiesen werden. Die Mindestwerte sind in DIN 1986-100 Tabelle 10 (siehe Tabelle 33) angegeben.

$$n_{DA} = Q / Q_{DA}$$

Dabei ist

n_{DA} die Mindestanzahl der Dach- bzw. Rinnenabläufe, auf volle Stückzahl aufgerundet

Q der Regenwasserabfluss von einer Dachfläche bzw. von einer Teilfläche, in Liter je Sekunde, (l/s)

Q_{DA} das Abflussvermögen des gewählten Dachablaufs in Abhängigkeit von der Stauhöhe (Druckhöhe) am Dachablauf, in Liter je Sekunde, (1/s)

Die Bemessung der Dachabläufe erfolgt vorteilhaft durch den Hersteller mit den genaueren Abflussvermögen der Dachabläufe, was im Regelfall ein Optimierungspotential eröffnet.

Tabelle 33: Erforderliche Druckhöhe am Dachablauf zur Erreichung des Mindestabflusses nach DIN EN 1253-1 (aus DIN 1986-100:2008-05)

Nennweite Dachablaufstutzen		Freispiegelentwässerung		Druckentwässerung	
DN/OD	**DN/ID**	**Mindestabfluss l/s**	**Druckhöhe h mm**	**Mindestabfluss l/s**	**Druckhöhe h mm**
40		–	–	2,5	55
	40	–	–	3,0	
50		0,9	35	4,0	
	50			6,0	
63		1,0	35	–	–
75		1,7	35	12,0	55
	70				
80		2,6*	35	14,0*	
	75				
90		–	–	18,0*	55
110		4,5	35	22,0*	
	100				
125		7,0	45	–	–
	125			–	–
160		8,1	45	–	–
	150			–	–

*Werte zusätzlich zu DIN EN 1253-1.

9.3 Regenabfluss über Notentwässerung

Entwässerungs- und Notentwässerungssystem müssen gemeinsam mindestens das am Gebäudestandort über 5 min zu erwartende Jahrhundertregenereignis ($r_{(5,100)}$) entwässern können. Das Mindestabflussvermögen der Notentwässerung wird nach folgender Gleichung berechnet

$$Q_{Not} = (r_{(5,100)} - r_{(5,5)} \cdot C) \cdot A \;/\; 10000$$

Dabei ist

Q_{Not}	das Mindestabflussvermögen der Notentwässerung, in Liter je Sekunde, (l/s);
$r_{(5,100)}$	die 5-Minuten-Regenspende, in Liter je Sekunde und Hektar, (l/(s·ha)), die einmal in 100 Jahren erwartet werden muss;
$r_{(5,5)}$	die Berechnungsregenspende, in Liter je Sekunde und Hektar, (l/(s·ha))
C	der Abflussbeiwert Die Berücksichtigung des Abflussbeiwertes, C, ist nur bei der Ermittlung des Abflusses aus dem Berechnungsregen $r_{(5,5)}$ für die Dachfläche zulässig;
A	die wirksame Niederschlagsfläche, in Quadratmeter, (m^2).

Ist ein außergewöhnliches Maß an Schutz für ein Gebäude notwendig, sollte die Notentwässerungseinrichtung allein den Jahrhundertregen $r_{(5,100)}$ entwässern können.
Die Unterkante der Notentwässerung muss oberhalb der erforderlichen Druckhöhe für den gewählten Dachablauf liegen.
Die Addition der Druckhöhen am Dachablauf und an der Notentwässerung ergibt die maximal zu erwartende Überflutungshöhe auf dem Dach. Die Überflutungshöhe muss mit dem Tragwerksplaner abgestimmt werden. Die aus der Überflutungshöhe resultierende Flächenlast über dem Entwässerungstiefpunkt (Dachablauf) darf den statisch zugelassenen Wert für die Dachkonstruktion nicht überschreiten. Kann dieses Ziel nicht erreicht werden, muss die Dachkonstruktion mindestens im Bereich der Gefälletiefpunkte verstärkt werden.

10 BEMESSUNG VON DRUCKENTWÄSSERUNGSSYSTEMEN UND RINNEN

Die komplexe Bemessung der Druckentwässerung und Rinnen erfolgt vorteilhaft durch den Hersteller bzw. Haustechniker und wird hier nicht weiter dargestellt.

Hinweis:

Wiedergegeben mit Erlaubnis des DIN Deutsches Institut für Normung e.V. Maßgebend für das Anwenden der DIN-Norm ist deren Fassung mit dem neuesten Ausgabedatum, die bei der Beuth Verlag GmbH, Burggrafenstraße 6, 10787 Berlin, erhältlich ist.

ANHANG IV
Normen, Regelwerke

NORMEN

Prüfnormen für Abdichtungsbahnen

DIN 52123	Prüfung von Bitumen- und Polymerbitumenbahnen
DIN EN 13416	Abdichtungsbahnen – Bitumen-, Kunststoff- und Elastomerbahnen für Dachabdichtungen – Regeln für die Probenentnahme
DIN EN 1107-1	Abdichtungsbahnen – Bestimmung der Maßhaltigkeit – Teil 1: Bitumenbahnen für Dachabdichtungen
DIN EN 1108	Abdichtungsbahnen – Bitumenbahnen für Dachabdichtungen – Bestimmung der Formstabilität bei zyklischer Temperaturänderung
DIN EN 1109	Abdichtungsbahnen – Bitumenbahnen für Dachabdichtungen – Bestimmung des Kaltbiegeverhaltens
DIN EN 1110	Abdichtungsbahnen – Bitumenbahnen für Dachabdichtungen – Bestimmung der Wärmestandfestigkeit
DIN EN 1296	Abdichtungsbahnen – Bitumen-, Kunststoff- und Elastomerbahnen für Dachabdichtungen – Verfahren zur künstlichen Alterung bei Dauerbeanspruchung durch erhöhte Temperatur
DIN EN 1297	Abdichtungsbahnen – Bitumen-, Kunststoff- und Elastomerbahnen für Dachabdichtungen – Verfahren zur künstlichen Alterung bei kombinierter Dauerbeanspruchung durch UV-Strahlung, erhöhte Temperatur und Wasser
DIN EN 1848-1	Abdichtungsbahnen – Bestimmung der Länge, Breite und Geradheit – Teil 1: Bitumenbahnen für Dachabdichtungen
DIN EN 1849-1	Abdichtungsbahnen – Bestimmung der Dicke und flächenbezogenen Masse – Teil 1: Bitumenbahnen für Dachabdichtungen
DIN EN 1850-1	Abdichtungsbahnen – Bestimmung sichtbarer Mängel – Teil 1: Bitumenbahnen für Dachabdichtungen
DIN EN 1928	Abdichtungsbahnen – Bitumen-, Kunststoff- und Elastomerbahnen für Dachabdichtungen – Bestimmung der Wasserdichtheit
DIN EN 1931	Abdichtungsbahnen – Bitumen-, Kunststoff- und Elastomerbahnen für Dachabdichtungen – Bestimmung der Wasserdampfdurchlässigkeit
DIN EN 12039	Abdichtungsbahnen – Bitumenbahnen für Dachabdichtungen – Bestimmung der Bestreuungshaftung
DIN EN 12310-1	Abdichtungsbahnen – Teil 1: Bitumenbahnen für Dachabdichtungen; Bestimmung des Weiterreißwiderstandes (Nagelschaft)
DIN EN 12311-1	Abdichtungsbahnen – Teil 1: Bitumenbahnen für Dachabdichtungen; Bestimmung des Zug-Dehnungsverhaltens
DIN EN 12316-1	Abdichtungsbahnen – Teil 1: Bitumenbahnen für Dachabdichtungen; Bestimmung des Schälwiderstandes der Fügenähte
DIN EN 12317-1	Abdichtungsbahnen – Teil 1: Bitumenbahnen für Dachabdichtungen; Bestimmung des Scherwiderstandes der Fügenähte

DIN EN 12691	Abdichtungsbahnen – Bitumen-, Kunststoff- und Elastomerbahnen für Dachabdichtungen – Bestimmung des Widerstandes gegen stoßartige Belastung
DIN EN 12730	Abdichtungsbahnen – Bitumen-, Kunststoff- und Elastomerbahnen für Dachabdichtungen – Bestimmung des Widerstandes gegen statische Belastung
DIN EN 13111	Abdichtungsbahnen – Unterdeck- und Unterspannbahnen für Dachdeckungen und Wände – Bestimmung des Widerstandes gegen Wasserdurchgang
DIN EN 13375	Abdichtungsbahnen – Abdichtungssysteme auf Beton für Brücken und andere Verkehrsflächen – Regeln für Probenentnahme und Vorbereitung von Prüfkörpern
DIN EN 13583	Abdichtungsbahnen – Bitumen-, Kunststoff- und Elastomerbahnen für Dachabdichtungen – Bestimmung des Widerstandes gegen Hagelschlag
DIN EN 13596	Abdichtungsbahnen – Abdichtungssysteme auf Beton für Brücken und andere Verkehrsflächen – Bestimmung der Abreißfestigkeit
DIN EN 13653	Abdichtungsbahnen – Abdichtungssysteme auf Beton für Brücken und andere Verkehrsflächen – Bestimmung der Schubfestigkeit
DIN EN 13897	Abdichtungsbahnen – Bitumen-, Kunststoff- und Elastomerbahnen für Dachabdichtungen – Bestimmung der Wasserdichtheit nach Dehnung bei niedriger Temperatur
DIN EN 13948	Abdichtungsbahnen – Bitumen-, Kunststoff- und Elastomerbahnen für Dachabdichtungen – Bestimmung des Widerstandes gegen Durchwurzelung
DIN EN 14223	Abdichtungsbahnen – Abdichtung für Betonbrücken und andere Verkehrsflächen auf Beton – Bestimmung der Wasserabsorption
DIN EN 14224	Abdichtungsbahnen – Abdichtung von Betonbrücken und andere Verkehrsflächen auf Beton – Bestimmung der Fähigkeit zur Rissüberbrückung
DIN EN 14691	Abdichtungsbahnen – Abdichtungen für Betonbrücken und andere Verkehrsflächen auf Beton – Bestimmung der Verträglichkeit nach Wärmelagerung
DIN EN 14692	Abdichtungsbahnen – Abdichtungen für Betonbrücken und andere Verkehrsflächen auf Beton – Bestimmung des Widerstandes gegenüber Verdichtung der Schutzschicht
DIN EN 14693	Abdichtungsbahnen – Abdichtungen für Betonbrücken und andere Verkehrsflächen auf Beton – Bestimmung des Verhaltens von Bitumen-Bahnen bei Anwendung von Gussasphalt
DIN EN 14694	Abdichtungsbahnen – Abdichtungen für Betonbrücken und andere Verkehrsflächen auf Beton – Bestimmung des Widerstandes gegenüber dynamischem Wasserdruck nach Schadenvorbeanspruchung

Stoff-Normen für Bitumenbahnen

DIN 52129	Nackte Bitumenbahnen; Begriff, Bezeichnung, Anforderungen
DIN EN 13707	Abdichtungsbahnen – Bitumenbahnen mit Trägereinlage für Dachabdichtungen – Definitionen und Eigenschaften
DIN EN 13969	Abdichtungsbahnen – Bitumenbahnen für die Bauwerksabdichtung gegen Bodenfeuchte und Wasser – Definitionen und Eigenschaften
DIN EN 13970	Abdichtungsbahnen – Bitumen-Dampfsperrbahnen – Definitionen und Eigenschaften
DIN EN 13859-1	Abdichtungsbahnen – Definitionen und Eigenschaften von Unterdeck- und Unterspannbahnen – Teil 1: Unterdeck- und Unterspannbahnen für Dachdeckungen
DIN EN 13859-2	Abdichtungsbahnen – Definitionen und Eigenschaften von Unterdeck- und Unterspannbahnen – Teil 2: Unterdeck- und Unterspannbahnen für Wände
DIN EN 14695	Abdichtungsbahnen – Bitumenbahnen mit Trägereinlage für Abdichtungen von Betonbrücken und andere Verkehrsflächen aus Beton – Definitionen und Eigenschaften
DIN EN 14967	Abdichtungsbahnen – Bitumen-Mauersperrbahnen – Definitionen und Eigenschaften

Sonstige Stoff-Normen

DIN EN 544	Bitumenschindeln mit mineralhaltiger Einlage und/oder Kunststoffeinlage – Produktspezifikation und Prüfverfahren
DIN EN 10230-1	Nägel aus Stahldraht – Teil 1: Lose Nägel für allgemeine Verwendungszwecke
DIN EN 13162	Wärmedämmstoffe für Gebäude – Werkmäßig hergestellte Produkte aus Mineralwolle (MW) – Spezifikation
DIN EN 13163	Wärmedämmstoffe für Gebäude – Werkmäßig hergestellte Produkte aus expandiertem Polystyrol (EPS) – Spezifikation
DIN EN 13164	Wärmedämmstoffe für Gebäude – Werkmäßig hergestellte Produkte aus extrudiertem Polystyrolschaum (XPS) – Spezifikation
DIN EN 13165	Wärmedämmstoffe für Gebäude – Werkmäßig hergestellte Produkte aus Polyurethan-Hartschaum (PUR) – Spezifikation
DIN EN 13166	Wärmedämmstoffe für Gebäude – Werkmäßig hergestellte Produkte aus Phenolharzschaum (PF) – Spezifikation
DIN EN 13167	Wärmedämmstoffe für Gebäude – Werkmäßig hergestellte Produkte aus Schaumglas (CG) – Spezifikation
DIN EN 13169	Wärmedämmstoffe für Gebäude – Werkmäßig hergestellte Produkte aus Blähperlit (EPB) – Spezifikation
DIN EN 13170	Wärmedämmstoffe für Gebäude – Werkmäßig hergestellte Produkte aus expandiertem Kork (ICB) – Spezifikation

DIN EN 13171	Wärmedämmstoffe für Gebäude – Werkmäßig hergestellte Produkte aus Holzfasern (WF) – Spezifikation

Anwendungsnormen

DIN V 20000-201	Anwendung von Bauprodukten in Bauwerken – Teil 201: Anwendungsnorm für Abdichtungsbahnen nach Europäischen Produktnormen zur Verwendung in Dachabdichtungen
DIN V 20000-202	Anwendung von Bauprodukten in Bauwerken – Teil 202: Anwendungsnorm für Abdichtungsbahnen nach Europäischen Produktnormen zur Verwendung in der Bauwerksabdichtung
DIN V 20000-203	Anwendung von Bauprodukten in Bauwerken – Teil 203: Anwendungsnorm für Abdichtungsbahnen nach europäischen Produktnormen zur Verwendung für Abdichtungen von Betonbrücken und anderen Verkehrsbauwerken aus Beton

Konstruktionsnormen

DIN 18531	Dachabdichtungen – Abdichtungen für nicht genutzte Dächer Teile 1-4	
	Teil 1:	Begriffe, Anforderungen, Planungsgrundsätze
	Teil 2:	Stoffe
	Teil 3:	Bemessung, Verarbeitung der Stoffe, Ausführung der Dachabdichtungen
	Teil 4:	Instandhaltung
DIN 18195	Bauwerksabdichtungen Teile 1 bis 10	
	Teil 1:	Grundsätze, Definitionen, Zuordnung der Abdichtungsarten
	Teil 2:	Stoffe
	Teil 3:	Anforderungen an den Untergrund und Verarbeitung der Stoffe
	Teil 4:	Abdichtungen gegen Bodenfeuchte (Kapillarwasser, Haftwasser) und nichtstauendes Sickerwasser an Bodenplatten und Wänden, Bemessung und Ausführung
	Teil 5:	Abdichtungen gegen nichtdrückendes Wasser auf Deckenflächen und in Nassräumen, Bemessung und Ausführung
	Teil 6:	Abdichtungen gegen von außen drückendes Wasser und aufstauendes Sickerwasser, Bemessung und Ausführung
	Teil 7:	Abdichtungen gegen von innen drückendes Wasser, Bemessung und Ausführung
	Teil 8:	Abdichtungen über Bewegungsfugen
	Teil 9:	Durchdringungen, Übergänge, An- und Abschlüsse

	Teil 10: Schutzschichten und Schutzmaßnahmen
	Beiblatt 1: Bauwerksabdichtungen – Beispiele für die Anordnung der Abdichtung bei Abdichtungen

Sonstige Normen

DIN EN 206-1	Beton – Festlegung, Eigenschaften, Herstellung und Konformität
DIN EN 312	Spanplatten – Anforderungen
DIN EN 612	Hängedachrinnen mit Aussteifung der Rinnenvorderseite und Regenrohre aus Metallblech mit Nahtverbindungen
DIN EN 673	Glas im Bauwesen – Bestimmung des Wärmedurchgangskoeffizienten (U-Wert) – Berechnungsverfahren
DIN EN 832	Wärmetechnisches Verhalten von Gebäuden – Berechnung des Heizenergiebedarfs – Wohngebäude
DIN 1045-1	Tragwerke aus Beton, Stahlbeton und Spannbeton – Teil 1: Bemessung und Konstruktion
DIN EN 1052-1	Prüfverfahren für Mauerwerk – Teil 1: Bestimmung der Druckfestigkeit
DIN 1053 -1	Mauerwerk – Teil 1: Berechnung und Ausführung
DIN EN 1991-1-4	Eurocode 1: Einwirkung auf Tragwerke – Teil 1-4: Allgemeine Einwirkungen – Windlasten;
DIN EN 1991-1-4/NA	Nationaler Anhang – National festgelegte Parameter – Eurocode 1: Einwirkungen auf Tragwerke – Teil 1-4: Allgemeine Einwirkungen – Windlasten
DIN V ENV 1187	Prüfverfahren zur Beanspruchung von Bedachungen durch Feuer von außen
DIN EN 1253	Abläufe für Gebäude Teil 1: Anforderungen Teil 2: Prüfverfahren Teil 3: Güteüberwachung Teil 4: Abdeckungen
DIN EN 1427	Bitumen und bitumenhaltige Bindemittel – Bestimmung des Erweichungspunktes – Ring- und Kugel-Verfahren
DIN EN 1652	Kupfer- und Kupferlegierungen – Platten, Bleche, Bänder, Streifen und Ronden zur allgemeinen Verwendung
DIN 1986-3	Entwässerungsanlagen für Gebäude und Grundstücke – Teil 3: Regeln für Betrieb und Wartung
DIN 1986-30	Entwässerungsanlagen für Gebäude und Grundstücke – Teil 30: Instandhaltung
DIN 1986-100	Entwässerungsanlagen für Gebäude und Grundstücke Teil 100: Zusätzliche Bestimmungen zu DIN EN 752 und DIN EN 12056
DIN 4045	Abwassertechnik – Grundbegriffe

DIN 4074-1	Sortierung von Holz nach der Tragfähigkeit – Teil 1: Nadelschnittholz
DIN 4095	Baugrund; Dränung zum Schutz baulicher Anlagen; Planung, Bemessung und Ausführung
DIN 4102	Brandverhalten von Baustoffen und Bauteilen Teil 1: Baustoffe; Begriffe, Anforderungen und Prüfungen Teil 4: Zusammenstellung und Anwendung klassifizierter Baustoffe, Bauteile und Sonderbauteile Teil 7: Bedachungen; Begriffe, Anforderungen und Prüfungen
DIN 4108-1	Wärmeschutz im Hochbau – Größen und Einheiten
DIN 4108-2	Wärmeschutz und Energie-Einsparung in Gebäuden – Teil 2: Mindestanforderungen an den Wärmeschutz
DIN 4108-3	Wärmeschutz und Energie-Einsparung in Gebäuden – Teil 3: Klimabedingter Feuchteschutz – Anforderungen, Berechnungsverfahren und Hinweise für Planung und Ausführung
DIN V 4108-4	Wärmeschutz und Energie-Einsparung in Gebäuden – Teil 4: Wärme- und feuchteschutztechnische Bemessungswerte
DIN V 4108-6	Wärmeschutz und Energie-Einsparung in Gebäuden – Teil 6: Berechnung des Jahresheizwärme- und Jahresheizenergiebedarfs
DIN 4108-7	Wärmeschutz und Energie-Einsparung in Gebäuden – Teil 7: Luftdichtheit von Gebäuden, Anforderungen, Planungs- und Ausführungsempfehlungen sowie -beispiele
DIN V 4108-10	Wärmeschutz und Energie-Einsparung in Gebäuden – Teil 10: Anwendungsbezogene Anforderungen an Wärmedämmstoffe – Werkmäßig hergestellte Wärmedämmstoffe
DIN 4109	Schallschutz im Hochbau; Anforderungen und Nachweise
DIN 4426	Einrichtungen zur Instandhaltung baulicher Anlagen – Sicherheitstechnische Anforderungen an Arbeitsplätze und Verkehrswege – Planung und Ausführung
DIN 68800-3	Holzschutz; Vorbeugender chemischer Holzschutz
DIN EN ISO 6946	Bauteile – Wärmedurchlasswiderstand und Wärmedurchgangskoeffizient – Berechnungsverfahren
DIN EN ISO 10077-1	Wärmetechnisches Verhalten von Fenstern, Türen und Abschlüssen – Berechnung des Wärmedurchgangskoeffizienten – Teil 1: Allgemeines
DIN EN 12056-3	Schwerkraftentwässerungsanlagen innerhalb von Gebäuden – Teil 3: Dachentwässerung, Planung und Bemessung
DIN EN 13501-1	Klassifizierung von Bauprodukten und Bauarten zu ihrem Brandverhalten – Teil 1: Klassifizierung mit den Ergebnissen aus den Prüfungen zum Brandverhalten von Baustoffen

DIN EN 13829	Wärmetechnisches Verhalten von Gebäuden – Bestimmung der Luftdurchlässigkeit von Gebäuden – Differenzdruckverfahren
DIN EN 13986	Holzwerkstoffe zur Verwendung im Bauwesen – Eigenschaften, Bewertung der Konformität und Kennzeichnung
DIN 18191	Textilglasgewebe als Einlage für bituminöse Bahnen
DIN 18192	Verfestigtes Polyestervlies als Einlage für Bitumen- und Polymerbitumenbahnen; Begriff, Bezeichnung, Anforderungen, Prüfung
DIN 18202	Toleranzen im Hochbau – Bauwerke
DIN 18234	Baulicher Brandschutz großflächiger Dächer – Brandbeanspruchung von unten – Teil 1: Begriffe, Anforderungen und Prüfungen; Geschlossene Dachflächen Teil 2: Verzeichnis von Dächern, welche die Anforderungen nach DIN 18234-1 erfüllen; Geschlossene Dachflächen Teil 3: Begriffe, Anforderungen und Prüfungen, Durchdringungen, Anschlüsse und Abschlüsse von Dachflächen Teil 4: Verzeichnis von Durchdringungen, Anschlüssen und Abschlüssen von Dachflächen, welche die Anforderungen nach DIN 18234-3 erfüllen
VOB/C DIN 18299	Allgemeine Regelungen für Bauarbeiten jeder Art
VOB/C DIN 18334	Zimmer- und Holzbauarbeiten
VOB/C DIN 18336	Abdichtungsarbeiten
VOB/C DIN 18338	Dachdeckungs- und Dachabdichtungsarbeiten
VOB/C DIN 18339	Klempnerarbeiten
DIN 18530	Massive Deckenkonstruktionen für Dächer; Planung und Ausführung
DIN 18807	Trapezprofile im Hochbau; Stahltrapezprofile Teil 1: Allgemeine Anforderungen, Ermittlung der Tragfähigkeitswerte durch Berechnung Teil 2: Durchführung und Auswertung von Tragfähigkeitsversuchen Teil 3: Festigkeitsnachweis und konstruktive Ausbildung
DIN 52117	Rohfilzpappe; Begriff, Bezeichnung, Anforderungen
DIN 52141	Glasvlies als Einlage für Dach- und Dichtungsbahnen; Begriff, Bezeichnung, Anforderungen
DIN 52142	Glasvlies als Einlage für Dach- und Dichtungsbahnen
DIN 68365	Bauholz für Zimmerarbeiten; Gütebedingungen
DIN 68705	Sperrholz; Bau-Furniersperrholz
DIN 68763	Spanplatten, Flachpressplatten für das Bauwesen

REGELWERKE

Merkblatt Solar – Technisches Merkblatt für Dachabdichtungen mit Bitumenbahnen bei Beanspruchungen durch Solaranlagen, 2012
Herausgeber: vdd Industrieverband Bitumen-Dach- und Dichtungsbahnen e.V., Frankfurt

Fachregel für Dächer mit Abdichtungen – Flachdachrichtlinien 2008
Herausgeber: Zentralverband des Deutschen Dachdeckerhandwerks ZVDH, Köln
und Bundesfachabteilung Bauwerksabdichtung im Hauptverband der Deutschen Bauindustrie e. V., Berlin

Richtlinien für die Planung, Ausführung und Pflege von Dachbegrünungen, 2008
Herausgeber: FLL, Forschungsgesellschaft Landschaftsentwicklung und Landschaftsbau e. V., Bonn

Richtlinien für die Montage von Stahlprofilblechen für Dach-, Wand- und Deckenkonstruktionen, Ausgabe 2009
Herausgeber: Industrieverband für Bausysteme im Metallleichtbau e. V., Düsseldorf

Richtlinien für die Verwendung brennbarer Baustoffe im Hochbau. Ausführungsverordnung der Landesbauordnungen

Richtlinien für die Ausführung von Metall-Dächern, Außenwandbekleidungen und Bauklempner-Arbeiten, 2003
Herausgeber: Zentralverband Sanitär, Heizung, Klima (ZVSHK), St. Augustin

Lehrbriefe Bauwerksabdichtung, 2004
Herausgeber: Bundesfachabteilung Bauwerksabdichtung im Hauptverband der Deutschen Bauindustrie e. V., Berlin

Energieeinsparverordnung – EnEV
Verordnung über energiesparenden Wärmeschutz und energiesparende Anlagentechnik bei Gebäuden, 2009
Herausgeber: Bundesministerium für Verkehr, Bau und Stadtentwicklung (BMVBS), Berlin

TL-BEL-B 1
Technische Lieferbedingungen für die Dichtungsschicht aus einer Bitumen-Schweißbahn zur Herstellung von Brückenbelägen auf Beton nach ZTV-BEL-B, Teil 1, FGSV, Ausgabe 1999

ZTV-ING
Zusätzliche Technische Vertragsbedingungen und Richtlinien für Ingenieurbauten, Teil 7 Brückenbeläge auf Beton, Teil 1: Abschnitt 1 Brückenbeläge auf Beton mit einer Dichtungsschicht aus einer Bitumen-Schweißbahn, Ausgabe 2003

ANHANG V
Begriffe

DEFINITIONEN

Abdichtungen sind flächige wasserdichte Schichten aus bahnenförmigen Abdichtungsstoffen zum Schutz des Bauwerkes gegen Wasser.

Abdichtungslage ist eine flächige Abdichtung aus Bitumenbahnen, die an den Überdeckungen miteinander verklebt sind.

Abdichtungsrücklage ist ein festes Bauteil, auf das eine Abdichtung für senkrechte oder stark geneigte Flächen aufgebracht wird, wenn die Abdichtung zeitlich vor dem zu schützenden Bauwerksteil hergestellt wird.

Abdichtungsuntergrund (Untergrund) ist die Fläche, auf die die Abdichtung unmittelbar aufgebracht wird.

Abschluss ist die Ausbildung der Abdichtung am Dachrand.

Abschottung ist eine Sicherungsmaßnahme, um Wasserunterläufigkeit in verschiedenen Schichten des Dachaufbaues zu verhindern.

Anschluss ist die Ausbildung der Abdichtung an angrenzende oder durchdringende Bauteile oder Bauelemente. Es werden starre und bewegliche Anschlüsse unterschieden.

Anwendungskategorie ist eine Anwendungszuordnung für Dachabdichtungen, bei der hinsichtlich der Planung und der Bemessung unterschiedliche Anforderungen gestellt werden.

Anwendungsnorm ist eine Norm, die nationale anwendungsbezogene Anforderungen an die in europäischen Normen für Produkte angegebenen Eigenschaften festlegt. Sie ordnet den Produkten Bezeichnungen und Kurzzeichen zu.

APP bedeutet ataktisches Polypropylen und wird in Plastomerbitumen-Bahnen eingesetzt.

Asphaltbeton ist eine der Mischgutarten für Asphaltdeckschichten im Straßenbau und ist für die meisten Straßenarten geeignet. Asphaltbeton wird aus Edelsplitt, Edelbrechsand, Natursand, Füller und Straßenbaubitumen hohlraumarm zusammengesetzt, im heißen Zustand mit Fertiger eingebaut und anschließend mit Walzen verdichtet.

Asphaltmastix ist ein Gemisch aus Bitumen, Gesteinsmehl und Sand mit einem Massenanteil an Bitumen von 13 % bis 16 %.

Auflast ist eine schwere Schutzschicht, um die Dachschichten gegen Windsog zu sichern.

Ausgleichsschicht ist eine Schicht, die die Übertragung von schädigenden Einflüssen aus der Unterkonstruktion auf den darüber liegenden Dachaufbau ausschließt. Sie wird z. B. erreicht durch teilflächige Verklebung oder lose Verlegung der Folgelage.

Baufeuchte ist die Feuchtigkeit, die während der Herstellung eines Bauwerkes eingebaut wird oder eindringt.

Bauteiltemperatur ist die Temperatur der Bauteiloberfläche, mit der die Abdichtung bei ihrem Einbau direkt in Berührung kommt.

Beanspruchungsklasse ist eine Zusammenfassung mechanischer und/oder thermischer Beanspruchungsstufen zu kombinierten Beanspruchungen von Dachabdichtungen.

Beanspruchungsstufe ist eine abgestufte Beanspruchung infolge mechanischer und/oder thermischer Einwirkungen auf Dachabdichtungen

Befestigungselement wird zur mechanischen Befestigung von Dachabdichtungen in der Unterkonstruktion eingesetzt. Es besteht aus Lastverteilteller und Schraube bzw. Spreizdübel mit Einschlagstift.

Behelfsdeckung ist ein regensicherer Schutz eines Gebäudes oder der darunter liegenden Bauteile für einen begrenzten Zeitraum.

Behelfsmäßige Abdichtung ist ein vorübergehender Schutz einer Konstruktion oder Bauteilfläche, um das Gebäude vor Feuchtigkeit zu schützen und z. B. eine Weiterarbeit im Gebäudeinneren zu ermöglichen. Behelfsmäßige Abdichtungen sind zumindest für einige Zeit der Witterung ausgesetzt.

Hinweis: Die verwendeten Werkstoffe und die Art der Ausführung müssen hierfür geeignet sein. Je nach Art und Ausführung können auch Dampfsperren oder erste Lagen von mehrlagigen Dachabdichtungen als behelfsmäßige Abdichtung verwendet werden.

Belüftetes Dach (frühere Bezeichnung „Kaltdach") ist eine Dachkonstruktion mit einer oberen und einer unteren Schale mit einem dazwischenliegenden von außen be- und entlüfteten Dachraum.

Bemessungswasserstand ist der höchste, nach Möglichkeit aus langjähriger Beobachtung ermittelte Grundwasserstand/Hochwasserstand. Bei von innen drückendem Wasser der höchste planmäßige Wasserstand.

Bestreuung (z. B. Beschieferung) ist ein leichter Oberflächenschutz auf Bitumenbahnen, der fabrikmäßig aus vorwiegend plättchenförmigen mineralischen Stoffen hergestellt wird.

Beweglicher Anschluss ist der An- oder Abschluss an Bauteile, der gegenüber der Unterkonstruktion und dem jeweiligen Systemaufbau Bewegungen verschiedener Art unterworfen ist.

Bewegungsfuge ist ein geplanter Zwischenraum zwischen zwei Bauwerksteilen oder Bauteilen, der zwängungsfreien Ausgleich unterschiedlicher Bewegungen ermöglicht.

Bitumen ist ein viskoelastisches Erdöldestillat zur Herstellung von Bitumenbahnen und -klebemassen.

Bitumenbahnen bestehen aus Trägereinlagen mit beidseitigen Bitumendeckschichten.

Bitumendachschindeln sind kleinformatige Bauelemente auf Bitumenbasis mit Trägereinlagen, beidseitig aufgebrachten Bitumendeckschichten und oberseitiger fabrikmäßiger Bestreuung.

Bitumenklebemassen sind heiß oder kalt zu verarbeitende Stoffe zur Verklebung der Dachschichten.

Blasen sind Hohlräume zwischen Abdichtungslagen oder zwischen Abdichtung und der Unterlage.

Blockregen ist ein Modellregen mit einer konstanten Regenintensität und vorgegebener Regenhäufigkeit mit der Bezeichung BRT(n) wobei T für die Dauer des Regens und (n) für den Zeitraum des Auftretens eines derartigen Regenfalls in Jahren steht.

Dachabdichtung ist ein flächiges, aus Abdichtungsstoffen bestehendes Bauteil zum Schutz eines Bauwerkes gegen Niederschlagswasser, das aus einer über die ganze Dachfläche reichenden wasserundurchlässigen Schicht besteht. Zur Dachabdichtung gehören auch Anschlüsse, Abschlüsse und Bewegungsfugen.

Dachablauf (s. Gully)

Dachaufbau umfasst alle Funktionsschichten oberhalb der Tragkonstruktion, deren Art und Anordnung von der jeweiligen Konstruktionsart des Daches abhängig ist.

Dachbahn ist eine Bitumenbahn, die mit Bitumenklebemasse verlegt oder als Vordeckung eingesetzt wird. Trägereinlagen sind Glasvlies (einsetzbar als zusätzliche Lage) oder Rohfilz (nicht für Dachabdichtungen).

Dachbegrünung ist eine besondere Art der Dachflächennutzung mit Bepflanzung, die je nach Art der Begrünung in extensiv oder intensiv unterschieden wird.

Dachdeckungen sind im Gegensatz zu Dachabdichtungen nur regensicher und bestehen aus schuppenförmig angeordneten Baustoffen, z. B. Bitumenschindeln, Ziegeln.

Dachdichtungsbahn ist eine Bitumen- oder Polymerbitumenbahn mit hochwertiger Trägereinlage, die mit Bitumenklebemasse verlegt wird.

Dachkonstruktion (s. Unterkonstruktion)

Dachneigung ist die Neigung einer Dachfläche gegen die Waagerechte, ausgedrückt als Winkel in Grad (°) oder als Steigung in Prozent (%).

Dämmbahn ist ein Element, das aus Wärmedämmstoff und einer Bitumenbahn besteht. Lieferformen sind Roll- und Klappbahnen (s. auch Kaschierlage).

Dampfdruckausgleichsschicht ist eine zusammenhängende Luftschicht zum Ausgleich örtlich entstehender Dampfdruckunterschiede. Sie wird erreicht durch teilflächige Verklebung oder lose Verlegung der Folgelage.

Dampfsperre ist eine Schicht, welche die Diffusion von Wasserdampf vermindert oder verhindert. Sie kann bei geeigneter Stoffauswahl die Funktion der Luftdichtheitsschicht erfüllen. Es wird unterschieden zwischen diffusionshemmenden Schichten (0,5 m < s_d < 1.500 m) und diffusionsdichten Schichten ($s_d \geq$ 1.500 m).

Deckaufstrich ist eine heiß oder kalt aufzubringende Bitumenschicht.

Deckschicht (Deckmasse) ist eine beidseits der Trägereinlage angeordnete dichtende Schicht aus Oxidations-, Elastomer- oder Plastomerbitumen.

Dehnung bei Höchstzugkraft ist die Angabe der Längenänderung in % bei Erreichen der Höchstzugkraft (s. Höchstzugkraft).

Dehnungsfuge (s. Bewegungsfuge)

Destillationsbitumen ist eine weiche bis mittelharte Bitumensorte, die durch Vakuumdestillation aus Erdöl gewonnen wird. Es wird durch die Penetration gekennzeichnet.

Durchdringung ist ein Bauteil oder Bauelement, das den Dachaufbau durchdringt.

Durchwurzelungsschutz ist eine Schicht zur Vermeidung von Wurzeldurchwuchs durch die Dachabdichtung. Der Durchwurzelungsschutz kann durch die Abdichtungsoberlage selbst oder durch eine separate Durchwurzelungsschutzschicht erreicht werden.

Eigenschaftsklasse ist eine Abstufung thermischer und mechanischer Produkteigenschaften, der die Abdichtungsprodukte aufgrund ihrer spezifischen Stoffeigenschaften zugeordnet werden können.

Eigenüberwachung ist die werkseigene Produktionskontrolle. Sie ist Voraussetzung für die Übereinstimmungs- bzw. Konformitätserklärung des Herstellers. Prüfumfang und -häufigkeit sind in DIN V 52144 und den europäischen Normen geregelt.

Einbaumenge ist die Menge Klebemasse, Asphaltmastix, kunststoffmodifizierte Bitumendickbeschichtung oder Deckaufstrichmittel im eingebauten Zustand.

Einbauteil ist ein Bauteil oder Element, das Dachdeckungen oder -abdichtungen nur in Teilschichten durchdringt, z. B. Sicherheitsdachhaken oder Absturzsicherungen.

Einbautemperatur ist die Temperatur der Abdichtungsstoffe beim Einbau.

Einbettung der Abdichtung ist die hohlraumfreie Lage der Abdichtung zwischen Abdichtungsuntergrund und Schutzschicht, ohne dass die Abdichtung einen nennenswerten Flächendruck erfährt.

Einlage (s. Trägereinlage)

Einlagige Verlegung von speziell entwickelten Polymerbitumenbahnen ist eine Anwendung entsprechend DIN 18531.

Einpressung der Abdichtung ist die hohlraumfreie Lage der Abdichtung zwischen zwei festen Bauteilen, wobei die Abdichtung einem ständig wirkenden Flächendruck ausgesetzt ist.

Einschaliges Dach (s. nicht belüftetes Dach)

Eintauchtiefe ist die Höhendifferenz zwischen der tiefsten abzudichtenden Bauwerksfläche und dem Bemessungswasserstand.

Elastomerbitumenbahnen (PYE) sind Bitumenbahnen, deren Deckschichten aus mit Elastomeren modifiziertem Bitumen bestehen.

EPS bedeutet Expandiertes Polystyrol. Es wird in Form von Hartschaum als Plattenware für die Wärmedämmung eingesetzt (DIN EN 13163).

Erneuerung des Dachaufbaus ist eine Maßnahme zum kompletten Ersatz eines nicht mehr funktionstüchtigen oder eines verbesserungsbedürftigen Dachaufbaus.

Erneuerung der Dachabdichtung ist eine Maßnahme zum Ersatz einer nicht mehr funktionstüchtigen Dachabdichtung.

Erweichungspunkt ist eine Temperaturmaßzahl für das Fließverhalten von Bitumen bei hohen Temperaturen. Er wird nach Ring- und Kugelmethode (RuK) geprüft (DIN EN 1427).

exPS (s. XPS)

Extensivbegrünung ist eine Begrünungsart für eine Dachfläche mit anspruchslosem, niedrigem, pflegearmem Bewuchs, z. B. Sedumpflanzen. Charakteristisch sind geringe Aufbauhöhe und geringes Gewicht. Sie ist eine Form des Oberflächenschutzes. Die Funktion als Auflast zur Windsogsicherung muss gesondert nachgewiesen werden.

Festes Bauteil ist ein Bauteil, das ohne größere Formänderung Kräfte aufnehmen oder weiterleiten kann.

Filtervlies ist eine Schicht, die das Einschlämmen von Feinteilen in darunter liegende Schichten des Dachaufbaues verhindert.

Flanschkonstruktion ist eine im Regelfall aus Stahl bestehende Klemmkonstruktion zum wasserdichten Einklemmen einer Abdichtung. Sie besteht meist aus einem einbetonierten Festflansch mit angeschweißten Gewindebolzen und entsprechend gelochtem Losflansch. Durch Anpressen (Anziehen der Muttern) wird eine wasserdichte Verbindung hergestellt.

Fremdüberwachung ist die neutrale Produktkontrolle durch Institute. Bestandteil ist die Überprüfung der Eigenüberwachung.

Fügetechnik ist die Technik der materialgerechten Naht- und Stoßverbindungen von Abdichtungsbahnen zur Herstellung einer Abdichtungslage.

Füllstoff ist Gesteinsmehl (Schiefer-, Kalkstein- oder Basaltmehl). Es stabilisiert die Deckschichten bei Lagerung und Transport und erhöht die Trittfestigkeit verlegter Bahnen.

Fugenkammer ist eine Verbreiterung einer Bewegungsfuge in ausreichender Tiefe an der Abdichtungsfläche, um eine schadlose Verformung der Abdichtung im Fugenbereich zu ermöglichen.
Fugenverstärkung ist die Verstärkung einer Abdichtung durch eine oder mehrere zusätzliche Abdichtungslagen im Bereich einer Bewegungsfuge.
Geblasenes Bitumen (s. Oxidationsbitumen)
Gefälle (s. Dachneigung)
Gefälledächer werden in der Regel mit keilförmig geschnittenen Dämmplatten hergestellt.
Gefüllte Bitumenklebemasse ist eine aus Bitumen und Füllstoff, z. B. Gesteinsmehl, bestehende Masse.
Gelege sind grobmaschige Gitter aus Glas- und/oder Polyesterfäden, meist in Verbindung mit Glas- oder Polyester-Vliesen als Verbundträger mit hoher Höchstzugkraft und mittlerer Dehnung für Schweiß- und Kaltselbstklebebahnen.
Genutzte Dachfläche ist eine Fläche, die für den Aufenthalt von Personen (z. B. Balkone, Terrassen), für die Nutzung durch Fahrzeuge (z. B. Parkdächer, Hofkellerdecken) oder für die Intensivbegrünung vorgesehen ist.
Gießverfahren ist eine Klebetechnik, bei der Bitumenbahnen in die vor die Rolle gegossene erhitzte Bitumen-Klebemasse eingerollt werden.
Glasvlies ist eine Trägereinlage mit geringer Höchstzugkraft und geringer Dehnung (s. auch Dachbahn).
Glasgewebe ist eine Trägereinlage mit sehr hoher Höchstzugkraft und geringer Dehnung für Dachdichtungsbahnen und Schweißbahnen.
Gründach (s. Dachbegrünung)
Güteüberwachung ist die Qualitätskontrolle der Fertigware. Sie teilt sich auf in Eigenüberwachung durch Werklabors und (freiwillige) Fremdüberwachung.
Gully ist ein Einbauteil zur Entwässerung der Dachfläche, das grundsätzlich an den Tiefpunkten der Dachfläche anzuordnen ist.
Gussasphalt ist ein hohlraumfreies und dichtes Gemisch aus Füller (Steinmehl), Sand, Splitt oder Kies und Bitumen als Bindemittel.
Haftgrund (s. Voranstrich)
Harte Bedachung ist ein Begriff des Bauordnungsrechts und beschreibt eine Klassifizierung von Dachaufbauten nach DIN 4102-7 (Brandverhalten von Baustoffen und Bauteilen), die ausreichend widerstandsfähig gegen Flugfeuer und strahlende Wärme sind. Als gleichwertig wird eine Prüfung nach DIN V ENV 1187, Prüfverfahren 1, anerkannt.
Heißbitumen ist zum Zweck der Verarbeitung durch Erhitzen verflüssigtes Bitumen.
Hochwertbahnen sind Bitumenbahnen mit technischen Eigenschaften, die über die normativen Mindestanforderungen hinausgehen und deshalb ein höheres Maß an Sicherheit und Qualität bieten.
Höchstzugkraft ist die Kraft, die bei der Prüfung eines 50 mm breiten Bahnenstreifens bis zum Bruch der Einlage aufzuwenden ist.
HWL (s. WW)
Inspektion ist eine Maßnahme zur Feststellung des Istzustandes

Instandhaltung umfasst Inspektion, Wartung, Instandsetzung und Erneuerung der Dachabdichtung.

Intensivbegrünung ist eine Begrünungsart für eine Dachfläche mit anspruchsvollem, pflegeintensivem Bewuchs (Gräser, Stauden, Sträucher und Bäume) und entsprechendem Aufbau der Vegetationstragschicht.

Kälteflexibilität (s. Kaltbiegeverhalten)

Kaltbiegeverhalten ist eine Prüfung zur Ermittlung des Biegevermögens von Bitumenbahnen bei tiefen Temperaturen.

Kaltdach (s. belüftetes Dach)

Kaltklebeverfahren ist die Klebetechnik, mit der Bitumenbahnen bzw. Dämmstoffe mit Kaltklebern aufgeklebt werden.

Kaltselbstklebebahnen sind Polymerbitumenbahnen, werkseitig mit einer unterseitigen Kaltselbstklebeschicht ausgerüstet, die nach Abzug einer Trennfolie oder eines Trennpapiers unter Druck auf einen kaltselbstklebefreundlichen Untergrund verlegt werden.

Kaschierlage ist eine Bitumenbahn, die werkseitig auf einen Dämmstoff aufgeklebt ist.

Kehle ist eine Entwässerungslinie zu einem Dachablauf.

Klebeflansch ist ein flächiges Einbauteil, das mit Durchdringungen von Abdichtungen wasserdicht verbunden und zum Auf- und Einkleben der Abdichtung geeignet ist.

Klebemasse (s. Bitumenklebemasse)

Klemmprofil ist ein Einbauteil (Formteil) aus einem profilierten Metallquerschnitt, hergestellt durch Strangpressung oder mehrfache Kantung, mit dem An- und Abschlüsse von Dach- oder Bauwerksabdichtungen unmittelbar an abzudichtende Bauwerksteile angeklemmt werden.

Klemmschiene ist ein Einbauteil aus einer flanschartigen Metallschiene, mit dem An- und Abschlüsse von Dach- oder Bauwerksabdichtungen unmittelbar an abzudichtende Bauwerksteile angeklemmt werden.

Kompaktdach ist eine nicht belüftete, einschalige Dachkonstruktion, bei der der Dachaufbau unmittelbar auf der Unterkonstruktion aufliegt und mit dieser vollflächig verklebt ist. Alle weiteren Schichten werden hohlraumfrei miteinander verklebt.

Konstruktionsnorm ist eine Norm, die Prinzipien zur Planung und Ausführung von Bauteilen festlegt.

Kork besteht aus expandierten Naturkorkteilchen. Mit Bitumen gebunden wird er als imprägnierter Kork, mit eigenen Harzen gebunden als Backkork bezeichnet. Er wird als Plattenware für die Wärmedämmung eingesetzt (DIN EN 13170).

Lagenrückversatz ist eine Anschlusstechnik bei Einklebungen, wobei die letzte Lage die abgestuft verlegten unteren Lagen überdecken muss.

Lagenversatz ist die Anordnung der Bahnen mehrerer Abdichtungslagen, damit die Nähte nicht übereinanderliegen.

Lineare Befestigung ist eine in Reihe angeordnete punktweise, mechanische Einzelbefestigung der Dachabdichtung.

Linienbefestigung ist ein kontinuierliches Band oder Profil zur mechanischen Befestigung der Dachabdichtung.

Los- und Festflanschkonstruktion (s. Flanschkonstruktion)

Luftdichtheit ist die Beschaffenheit von Konstruktionen zur Vermeidung von Wärmeverlusten durch unkontrollierten Luftaustausch und zur Vermeidung von Tauwasserbildung infolge von Konvektion feuchter Luft. Sachgerecht verklebte Dampfsperren und Dachabdichtungen sind luftdicht.

Manschette ist ein an die Durchdringung einer Abdichtung angeformtes Einbauteil, das wasserdicht an die Durchdringung angeschlossen wird, z. B. mit einer Schelle, und das mit der Abdichtung wasserdicht verbunden ist. In Sonderfällen wird es auch aus der Abdichtung selbst hergestellt.

Metallband ist ein dünn (bis auf < 0,1 mm) ausgewalztes Metall als Trägereinlage für Dampfsperren, Bahnen für druckwasserhaltende Abdichtungen oder Wurzelschutzbahnen, meist in Kombination mit einem Glasvlies bzw. -gewebe.

Metall-Kunststoff-Verbund ist eine Metallfolie mit ein- oder beidseitiger Beschichtung als Trägereinlage für Dampfsperren oder Wurzelschutzbahnen, meist in Kombination mit Glasvlies bzw. -gewebe.

Mineralwolle (Mineralfaser) besteht aus Glas- oder Steinfaser. Sie wird als Plattenware oder Dämmbahn für die Wärmedämmung eingesetzt (DIN EN 13162).

Naht ist die Verbindung zweier Bahnen einer Abdichtungslage an ihren Längs- oder Querrändern.

Nahtverbindung ist die wasserdichte Verbindung der Überdeckungen.

Nassraum ist ein Innenraum, in dem nutzungsbedingt Wasser in solcher Menge anfällt, dass zu seiner Ableitung eine Fußbodenentwässerung erforderlich ist. Bäder im Wohnungsbau ohne Bodenablauf zählen nicht zu den Nassräumen.

Nicht belüftetes Dach (frühere Bezeichnung: Warmdach) ist eine einschalige Dachkonstruktion, bei der alle Funktionsschichten direkt übereinanderliegen.

Nicht genutzte Dachfläche ist eine nur zum Zwecke der Pflege und Wartung und allgemeinen Instandhaltung begehbare Dachfläche. Sie ist nicht für den dauernden Aufenthalt von Personen und die Nutzung durch Verkehr vorgesehen. Extensiv begrünte Dachflächen gehören zu den nicht genutzten Dachflächen.

Notabdichtung ist eine befristete Abdichtung als vorübergehender Schutz im Schadensfall. Notabdichtungen sind keine dauerhafte Lösung. Von ihr können nicht die Kriterien einer Abdichtung erwartet werden. Sie ersetzen keine Abdichtung.

Nutzungsfeuchte ist die Feuchtigkeit, die bei der Nutzung des Gebäudes in den Innenräumen entsteht.

Oberflächenschutz ist eine Schutzschicht auf der Oberlage der Abdichtung, welche diese vor mechanischer Beanspruchung und Witterungseinflüssen schützt. Es wird zwischen leichtem und schwerem Oberflächenschutz unterschieden.

Oberlage ist die oberste Lage der Dachabdichtung.

Oxidationsbitumen wird aus heißflüssigem Destillationsbitumen durch Einblasen von Luft bei hohen Temperaturen gewonnen. Es wird durch den Erweichungspunkt (EP) und die Penetration gekennzeichnet, z. B. Bitumen 100/25.

Penetration (Eindringtiefe) ist eine Prüfung zur Bestimmung des Härtegrades von Bitumen.

Plastizitätsspanne ist die Temperaturdifferenz zwischen Wärmestandfestigkeit und Kaltbiegeverhalten bei Bitumenbahnen.

Plastomerbitumenbahnen (PYP) sind Bitumenbahnen, deren Deckschichten aus mit Plastomeren modifiziertem Bitumen bestehen.
Plusdach ist eine nicht belüftete einschalige Dachkonstruktion, bei der der Dachaufbau unmittelbar auf der Unterkonstruktion aufliegt. Dabei wird ein Teil der Dämmschicht unter und ein Teil über der Abdichtung angeordnet. Die letzte Lage der Dämmschicht wird mit einer Auflast/ einem Oberflächenschutz versehen.
Polyestervlies ist eine Trägereinlage mit hoher Höchstzugkraft und hoher Dehnung für Dachdichtungsbahnen und Schweißbahnen.
Polymerbitumenbahnen ist der Oberbegriff für Elastomerbitumenbahnen (PYE) und Plastomerbitumenbahnen (PYP).
Polystyrol (s. EPS und XPS)
Polyurethan (s. PUR)
PUR bedeutet Polyurethan. Es wird in Form von Hartschaum als Plattenware für die Wärmedämmung eingesetzt (DIN EN 13165).
PIR bedeutet Polyisocyanurat. Es wird in Form von Hartschaum als Plattenware für die Wärmedämmung eingesetzt.
Regeldachneigung ist die Dachneigung, bis zu der sich eine Dachdeckung in der Regel als regensicher erwiesen hat. Traufwärts fließendes Wasser dringt im Normalfall nicht ein.
Regenfestigkeit ist der Zeitpunkt, zu dem flüssige oder spachtelbare Abdichtungen so weit abgebunden haben, dass sie durch darauf einwirkenden Regen nicht geschädigt werden. Bitumenbahnen für die Bauwerksabdichtung sind sofort nach Einbau regenfest.
Regensicherheit ist die Dichtheit von Dachdeckungen gegen rasch ablaufendes Niederschlagswasser. Zur Verhinderung des Einwehens von Nässe, Schnee und Staub in die Dachkonstruktion sind zusätzliche Maßnahmen zu treffen.
Reißfestigkeit (s. Höchstzugkraft)
SBS bedeutet Styrol-Butadien-Styrol und wird in Elastomerbitumen-Bahnen eingesetzt.
Schaumglas ist ein hochdruckfester, formbeständiger und dampfdiffusionsdichter Wärmedämmstoff und wird als Plattenware eingesetzt (DIN EN 13167).
Schelle ist eine ringförmig zu schließende Spannvorrichtung zum wasserdichten Anschluss von Abdichtungen und Manschetten an durchdringende Bauteile mit kreisförmigem Querschnitt.
Schleppstreifen sind streifenförmige Trennlagen aus geeigneten Stoffen zur Sicherung unverklebter Zonen.
Schutzlage ist eine oberhalb der Dachabdichtung angeordnete Lage zum Schutz vor Einwirkungen von außen, z. B. mechanischen Belastungen. Eine Schutzlage zählt nicht als Abdichtungslage.
Schutzmaßnahme ist eine bauliche Maßnahme zum vorübergehenden Schutz einer Abdichtung während der Bauarbeiten.
Schutzschicht ist eine Schicht aus Baustoffen zum dauernden Schutz der Abdichtung vor mechanischen und thermischen Beanspruchungen.
Schweißbahnen sind Bitumenbahnen mit dickeren Deckschichten (Bahndicke in der Regel 4 - 5 mm), die im Schweißverfahren unter Wärmezufuhr verlegt werden.

Schweißverfahren ist die Verfahrenstechnik für Schweißbahnen, bei der die Deckschichten durch Wärmeeinwirkung angeschmolzen und die Bahnen so mit dem Untergrund verbunden werden.

s_d-Wert ist die wasserdampfdiffusionsäquivalente Luftschichtdicke: $s_d = \mu \cdot d$ (μ ist die Wasserdampf-Diffusionswiderstandszahl und d die Schichtdicke in m)

Sichtbare (blanke) Nagelung ist eine mechanische Befestigung einer Bitumenbahn mit Dachpappstiften im sichtbaren Bereich.

Sickerwasser aufstauend ist unter Einwirkung der Schwerkraft frei abfließendes Niederschlags- und/oder Brauchwasser, das auf wenig durchlässigen Bodenschichten zeitweise aufstauen kann.

Starrer Anschluss ist der Anschluss der Dachabdichtung an Bauteile, die mit der Unterkonstruktion fest verbunden sind.

Steinkohlenteerpech wird bei der zerstörenden Verkokung oder Verschwelung von Steinkohle gewonnen. Wird seit 1979 nicht mehr für Abdichtungswerkstoffe eingesetzt.

Stoß ist der Bereich einer Abdichtung, in dem Nähte oder Anschlüsse der einzelnen Abdichtungslagen übereinanderliegend oder um Überlappungsbreite versetzt in der Abdichtung angeordnet sind.

Stütz- und Nagelbohlen sind konstruktive Bauteile zum Schutz gegen Abgleiten von Wärmedämmschichten und zur mechanischen Befestigung der Abdichtungslagen.

Styropor (s. EPS und XPS)

Teer (s. Steinkohlenteerpech)

Teerpappe ist ein Vorläufer der heutigen Bitumenbahnen, bestehend aus teergetränkter Filz-Trägereinlage, Teer-Deckschichten und Abstreuung aus Feinsand.

Telleranker ist ein Einbauteil, in der Regel aus Stahl, zur Verankerung zweier Bauteile, die durch eine Abdichtung getrennt sind und das im allgemeinen die dauerhafte Einbettung der Abdichtung sicherstellt.

Trägereinlagen sind z. B. Vliesstoffe, Gewebe, Verbundeinlagen oder Metallbänder, die als Einlage der Bitumenbahnen verwendet werden.

Trennschicht/-lage ist eine Schicht oder Lage zur flächigen oder teilflächigen Trennung einer Dachabdichtung oder der Dampfsperre von Bauteilen und Schichten.

Tränkung ist die Imprägnierung von Trägereinlagen in der Bahnen-Produktion vor dem Aufbringen der Deckschichten, um Hohlräume auszufüllen und Eigenfeuchtigkeit zu eliminieren.

T-Stoß ist das Zusammentreffen der (Längs-) Naht einer Bahn mit der (Quer-)Naht der benachbarten Bahn.

Überdeckung (Überlappung) ist der Bereich, in dem zwei Bahnen einer Abdichtungslage zur Herstellung von Längs- und Quernähten übereinanderliegen.

Übergang ist die Verbindung unterschiedlicher Abdichtungssysteme.

Umkehrdach ist eine nicht belüftete einschalige Dachkonstruktion, bei der der Dachaufbau unmittelbar auf der Unterkonstruktion aufliegt. Dabei wird die Wärmedämmschicht über der Abdichtung verlegt und mit Auflast/Oberflächenschutz versehen.

Unterdach besteht aus wasserdichten Werkstoffen auf einer tragfähigen Unterlage.

Unterdeckung besteht aus ausreichend wasserundurchlässigen Bahnen auf einer tragfähigen Unterlage.

Unterdeckung, naht- und perforationsgesichert hat in den Nähten und Stößen eine regensichere Verklebung und ist in Abhängigkeit vom Werkstoff unterhalb der Konterlattung mit Maßnahmen gegen Wassereintrieb, wie z. B. Nageldichtmaterial, zusätzlich gesichert.

Untergrund der Dachabdichtung ist eine Fläche, auf die die Dachabdichtung unmittelbar aufgebracht wird.

Unterkonstruktion ist die flächige Unterlage zur Aufnahme des Dachaufbaues.

Unterspannung besteht aus ausreichend wasserundurchlässigen Bahnen ohne flächige Unterlage. Die Bahnen können gespannt oder mit planmäßigem Durchhang verlegt werden.

Verdeckte Nagelung ist die mechanische Befestigung einer Bitumenbahn in der Überdeckung (s. Überdeckung) mit Dachpappstiften.

Verstärkungseinlagen sind zusätzliche Lagen in Abdichtungsbereichen mit hohen Beanspruchungen.

Verwahrung ist die Sicherung des Abdichtungsendes gegen Wasserhinterläufigkeit.

Voranstrich ist eine niedrigviskose Bitumenlösung oder Bitumenemulsion, die auf der Unterkonstruktion oder im Bereich von Anschlüssen zur Staubbindung und als Haftverbesserung für zu verklebende Abdichtungen aufgetragen wird.

Vordeckung ist eine regensichere Schicht unter der Dacheindeckung, deren Funktion zum Zeitpunkt der Eindeckung endet.

Wärmedämmschicht ist eine Schicht im Dachaufbau, die den Wärmedurchgang zwischen innen und außen vermindert.

Wärmestandfestigkeit ist eine Prüfung des Ablaufverhaltens von Bitumenbahnen bei hohen Temperaturen.

Warmdach (s. nicht belüftetes Dach)

Wartung ist eine Maßnahme zur Bewahrung des Sollzustandes.

Wassergefährdungsklasse ist die Einstufung von Stoffen durch das Umweltbundesamt. 1 = schwach wassergefährdend, 2 = wassergefährdend, 3 = stark wassergefährdend.

Wickelkern ist ein stabiles Rohr (d > 60 mm), das in die Bitumenbahn eingerollt wird, ein Hilfsmittel, das die vollflächige Verklebung durch gleichmäßigen Anpressdruck bei der Verlegung erleichtert (z. B. aus Metall, Kunststoff).

Widerstandsfähigkeit gegen Flugfeuer und strahlende Wärme (s. harte Bedachung)

Wurzelschutz (s. Durchwurzelungsschutz)

WW bedeutet Holzwolle-Leichtbauplatten, ein Dämmstoff aus zementgebundenen Holzfasern für Flachdächer (nach DIN EN 13168).

XPS bedeutet Extrudiertes Polystyrol. Es wird als Plattenware für die Wärmedämmung (DIN EN 13164) außenseitig der Abdichtung angeordnet.

Zweischaliges Dach (s. belüftetes Dach)

ANHANG VI
Angaben zur chemischen Beständigkeit von Bitumen

ANGABEN ZUR CHEMISCHEN BESTÄNDIGKEIT VON BITUMEN

Angaben zur chemischen Beständigkeit von Bitumen in Kontakt mit üblichen Substanzen (Quelle: Shell Bitumen, Anwendungstechnik 1/90)

Substanz	Konzentration %	Temperatur ≤ 30 °C	Temperatur ≤ 65 °C
Anorganische Säuren			
Schwefelsäure	< 25	+	+
	≥ 25 und ≤ 95	+	0
	> 95	•	•
Oleum		•	•
Salpetersäure	< 10	+	0
	≥ 10 und ≤ 65	0	0
	> 65	•	•
Salzsäure	< 25	+	+
	≥ 25 und ≤ 36	+	0
	> 36	0	•
Organische Säuren			
Ameisensäure	40	+	0
Benzoesäure		+	
Buttersäure		•	•
Essigsäure	25	+	+
Ölsäure		•	•
Oxalsäure		+	+
Phenole		•	•
Phthalsäure		+	
Gerbsäure	< 25	+	+
	≥ 25	+	
Zitronensäure		+	+
Anorganische Basen			
Ammoniakwasser		+	+
Kalilauge		+	0
Natronlauge		+	0

Substanz	Konzentration %	Temperatur ≤ 30 °C	Temperatur ≤ 65 °C
Organische Basen			
Pyridin und Derivate		•	•
Triethanolamin		+	
Salzlösungen			
Chloride		+	+
Nitrate		+	+
Sulfate		+	+
Diverse Substanzen			
Trinkwasser		+	+
Bier		+	
Glykol		+	+
Melasse		+	+
Zucker		+	+
Seifenlösung		+	+
Jauche		+	
Abwässer		0	0

Einwirkungsdauer 30 Tage;
Legende
+ = stabil
0 = nicht stabil in allen Fällen – zu überprüfen
• = instabil

Chemische Beständigkeit von Bitumen in Abhängigkeit von der Konzentration und der Reaktionsdauer bei Raumtemperatur (Quelle: Shell Bitumen, Anwendung 1/90)

Substanz	**Konzentration %**	**Reaktionsdauer für Straßenbaubitumen Typen 20/30 und 35/50**				**Oxidbitumen**
		6 Monate	1 Jahr	1,5 Jahre	2 Jahre	5 Jahre
Anorganische Säuren						
Salzsäure	bis 10	+	0		•	+
	10 bis 30	0	0		•	+
Schwefelsäure	bis 10	+		0	•	+
	10 bis 50	0	•			+
Salpetersäure	10 bis 25	•	•			0
	25 bis 50	•	•			•
Organische Säuren						
Milchsäure		•	•			+
Buttersäure						+

Legende
+ = kein Angriff
0 = geringer Angriff
• = starker Angriff

ANHANG VII
Anwendung der modalen Hilfsverben in Normen, DIN 820-2

Lfd. Nr.	Verbform	Gleichbedeutende Ausdrücke für die Anwendung in Ausnahmefällen
1	muss	ist zu ist erforderlich es ist erforderlich, dass hat zu lediglich ... zulässig es ist notwendig
2	darf nicht	es ist nicht zulässig (erlaubt) (gestattet) es ist unzulässig es ist nicht zu es hat nicht zu
3	sollte	es wird empfohlen, dass ... ist in der Regel ...
4	sollte nicht	wird nicht empfohlen sollte vermieden werden
5	darf	ist zugelassen ist zulässig ... auch ...
6	braucht nicht	ist nicht erforderlich keine ... nötig
7	kann	vermag es ist möglich, dass lässt sich ...; in der Lage (sein) zu ...
8	kann nicht	vermag nicht es ist nicht möglich, dass ... ... lässt sich nicht ...

ABBILDUNGSVERZEICHNIS

ABBILDUNGSVERZEICHNIS

TABELLENVERZEICHNIS

TABELLENVERZEICHNIS

STICHWORTVERZEICHNIS

MITGLIEDERVERZEICHNIS

Paul Bauder GmbH & Co. KG
Korntaler Landstraße 63
70499 Stuttgart
Tel.: 0711 8807-0
Fax: 0711 8807-300
E-Mail: info@bauder.de
Internet: www.bauder.de

Binné & Sohn GmbH & Co. KG
Dachbaustoffwerk
Mühlenstr. 60
25421 Pinneberg
Tel.: 04101 5005-0
Fax: 04101 208037
E-Mail: info@binne.de
Internet: www.binne.de

GEORG BÖRNER
Chemisches Werk für Dach- und
Bautenschutz GmbH & Co. KG
Heinrich-Börner-Str. 31
36251 Bad Hersfeld
Tel.: 06621 175-0
Fax: 06621 175-200
E-Mail: info@georgboerner.de
Internet: www.georgboerner.de

dapa GmbH
Magdeburger Dach- und Isolierstoffwerk
Saalestr. 11/12
39126 Magdeburg
Tel.: 0391 30009-0
Fax: 0391 30009-26
E-Mail: dapa-magdeburg@t-online.de

Emder Dachpappenfabrik
Arthur Hille GmbH & Co. KG
Hessenstr. 6-8
26723 Emden
Tel.: 04921 9602-0
Fax: 04921 61048
E-Mail: HilleDachbaustoffe@t-online.de
Internet: www.hille-dachbaustoffe.de

C. HASSE & SOHN
Inh. E. Rädecke GmbH & Co.
Bauchemie- und Dachbahnenwerk
Sternstr. 10
29525 Uelzen
Tel.: 0581 97353-0
Fax: 0581 16218
E-Mail: info@hasseundsohn.de
Internet: www.hasseundsohn.de

Icopal GmbH
Capeller Str. 150
59368 Werne
Tel.: 02389 7970-0
Fax: 02389 7970-20
E-Mail: info.de@icopal.com
Internet: www.icopal.de

Mogat-Werke
Adolf Böving GmbH
Ingelheimstr. 2
55120 Mainz
Tel.: 06131 96008-0
Fax: 06131 96008-99
E-Mail: info@mogat-werke.de
Internet: www.mogat-werke.de

W. Quandt GmbH & Co. KG
Glasower Str. 3–10
12051 Berlin
Tel.: 030 682967-0
Fax: 030 6857098
E-Mail: info@w-quandt.de
Internet: www.w-quandt.de

SOPREMA-KLEWA GmbH
Mallaustr. 59
68219 Mannheim
Tel.: 0621 7360-30
Fax: 0621 7360-444
E-Mail: info@soprema.de
Internet: www.soprema.de

VEDAG GmbH
Geisfelder Str. 85-91
96050 Bamberg
Tel.: 0951 1801-0
Fax: 0951 1801-848
E-Mail: office@vedag.com
Internet: www.vedag.de